抚育者的眼睛

——一位爷爷对孙辈的心理解密与成长纪实

梅仲孙 著

上海教育出版社
SHANGHAI EDUCATIONAL PUBLISHING HOUSE

图书在版编目（CIP）数据

抚育者的眼睛：一位爷爷对孙辈的心理解密与成长纪实 / 梅仲孙著. — 上海：上海教育出版社，2022.10
ISBN 978-7-5720-1703-2

Ⅰ.①抚… Ⅱ.①梅… Ⅲ.①婴幼儿心理-研 Ⅳ.①B844.11

中国版本图书馆CIP数据核字(2022)第182896号

策划编辑　廖承琳
责任编辑　钦一敏
装帧设计　赖玟伊

Fuyuzhe de Yanjing
抚育者的眼睛
——一位爷爷对孙辈的心理解密与成长纪实
梅仲孙　著

出版发行	上海教育出版社有限公司
官　　网	www.seph.com.cn
地　　址	上海市闵行区号景路159弄C座
邮　　编	201101
印　　刷	上海景条印刷有限公司
开　　本	700×1000　1/16　印张 17.5
字　　数	265 千字
版　　次	2022年10月第1版
印　　次	2022年10月第1次印刷
书　　号	ISBN 978-7-5720-1703-2/G·1563
定　　价	59.00 元

如发现质量问题，读者可向本社调换　电话：021-64373213

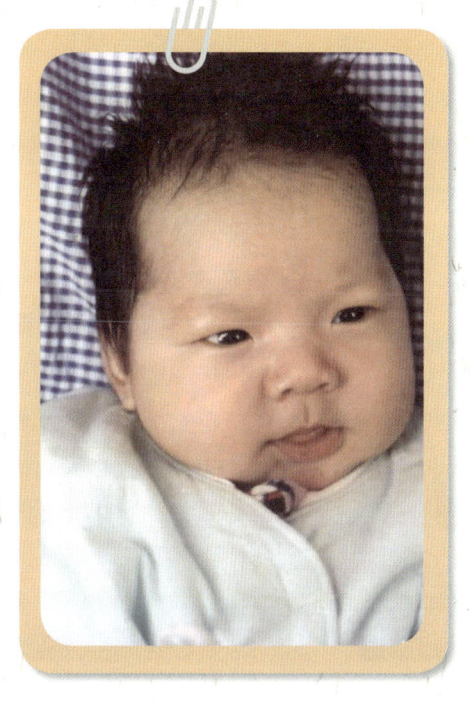
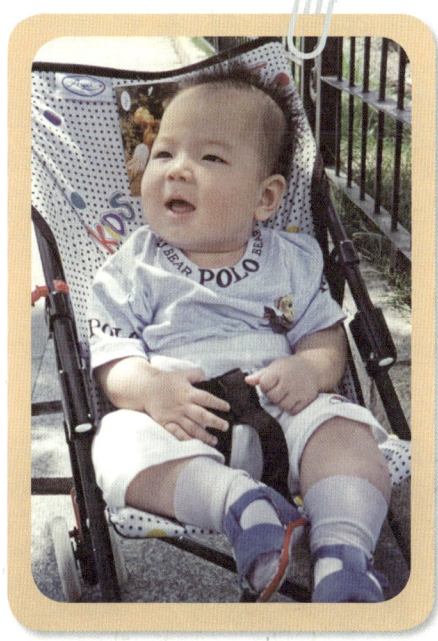

婴儿出生后第一个月需要每天20个小时左右的睡眠,在没有干扰的情况下醒来,显得特别平和,眼睛明亮。他们喜欢注视周围,带着内源性的微笑,特别惹人喜欢。

早期亲情的质量将影响一个人终生。满岁后，宝宝走过依恋的零岁，迎来好动、好玩、好奇的新生活。宝宝在关爱中成长。

巴甫洛夫说过，快乐是养生的唯一秘诀。现代国际心理学界把个体健康快乐发展看作人天赋的权利。我们要尽可能创造条件，让婴幼儿在自然、自主、自由、和谐又丰富的生态环境中快乐地玩耍，茁壮地成长。

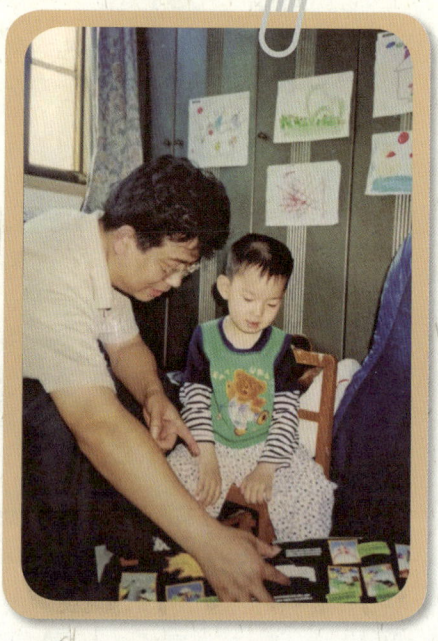

皮亚杰认为，孩子的智慧在手指上，2岁前的婴幼儿已经有创造力的萌芽。因此，从小引导他们在玩耍中成长特别重要。

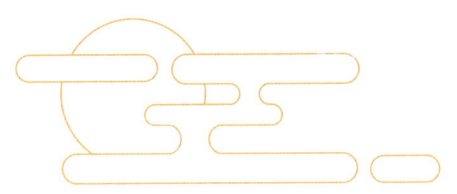

人一生,始于婴,乐于幼,成于青。
人之初,性本纯,特天真,贵在诚。
赤子心,真而美,育其心,美终生。

关注爱护最柔软群体的心灵健康。

向最美的天使致敬、学习,与他们共同成长。

序一

研究者的眼 抚育者的情

张民生[*]

1988年,我从上海师范大学调至上海市教育局[1]工作。教育科研工作属于我的分工范围,上海市教育科学研究所(以下简称"市教科所")[2]就成了我直接联系的直属单位,这样我就认识了梅仲孙老师。梅老师在市教科所中属于"正宗"的专业研究人员。他基本功扎实,为人又十分谦和,而且对基层的情况十分了解,我们亲切地叫他"老梅"(现在称他为"梅老"),平时见到,总要聊上几句。

2002年2月,由我主持的"0—3岁婴幼儿早期关心和发展的研究"正式立项为全国哲学社会科学"十五"规划重点课题。梅老师当然成了课题组的骨干研究人员。

"婴幼儿早期关心和发展"是当时国内一个新的研究领域,它是针对早期教育缺失、失当、过度问题提出的,其研究的目的是尊重婴幼儿生命成长的规律,优化健康成长的环境,科学地发现和激发他们的潜能。而另一方面是研究"早期干预",这是指早期发现和诊断婴幼儿身心发展中的问题,并有针对性地进行预防干预,以减缓障碍程度,促进个体身心健康发展。

对这些问题,梅老师其实早已开始了研究。1997年12月6日的《上海家庭报》以头版整版篇幅,专题报道了他坚持29年对女儿的成长作跟踪观察日记,

---

[*] 作者系中华人民共和国教育部总督导成员,上海市教育委员会原副主任。
[1] 上海市教育局,现为上海市教育委员会。
[2] 上海市教育科学研究所,现为上海市教育科学研究院。

并进行研究的事迹。

　　1999年，上海市教育委员会开始了0—3岁研究课题正式申报前的预研究，梅老师作为课题的研究成员之一，把他的个体跟踪研究专题融合到总课题的研究之中。当时，他的两个孙辈孩子相继出生。梅老师结合课题研究，对他们进行了逐日跟踪观察记录，尽力做到时时观察，天天记录，月月整理，到结题时积累了原始记录素材50多本，照片2 000多张。在此基础上，他对孙辈的心理发展作了深入细致的分析，对情感智慧和健康人格的培养进行了专题研究。

　　2006年至2007年，总课题结题阶段，梅老师根据跟踪研究撰写了研究论文及专著《抚育者的眼睛：一位爷爷对孙子的心理解秘》。前者作为总课题的研究成果之一纳入总报告，后者作为总课题的系列丛书之一正式出版，随即受到广大读者的好评与欢迎。

　　书出版了，梅老师的研究并没有结束，对孙子和外孙的观察记录一直持续至今。20余年，积累了200本跟踪观察日记，研究又有了新的成果。在此基础上，梅老师对前已出版的著作《抚育者的眼睛：一位爷爷对孙子的心理解秘》进行了增补，形成了本书。在书中，梅老师阐述了他对抚育和抚育者的一些新的观点，比如：对于婴幼儿，抚育者首要的责任是，把关注和保护他们的身心健康放在首位；抚育的核心是关爱为本，亲情为先，顺其自然，适性教育；抚育者要用艺术家的眼光去欣赏孩子成长中的童心、童真和童趣；抚育的追求是创设最佳环境，以充分、无私的爱作为孩子成长的心灵营养剂，促成孩子的最佳发展；要相信每一个孩子都蕴有巨大的潜能，而且每一个孩子都有其与众不同的个性特点和潜能，因此抚育方式要因人而异，因势利导，因材施教……这些观点十分精辟，我完全赞同。

　　梅老师是儿童心理学的研究者，他的研究成果十分丰富，令人钦佩。而更让人敬佩的是，本书中所述的研究主要是他60岁以后直至今天85岁这段时间中做的，工作有退休，研究无止境。这是一个真正的研究者的品格：不忘初心，执着追求。

　　那一本本观察记录本，一张张现场照片，有着祖父的深深爱心。我推荐本书，因为这是一本以研究为基础的优秀教育读本。同时，我还推荐一位优秀的教育科研者——梅仲孙老师。他是我们的榜样！

序二

育儿有道　育孙有道

桑　标*

3岁以下的婴幼儿是"社会最柔软的群体",越来越受到全社会的关注。从近年来出台的相关政策文件看,0—3岁婴幼儿的发展已经提升到了国家战略层面,例如,2016年中共中央、国务院印发的《"健康中国2030"规划纲要》将"实施健康儿童计划,加强儿童早期发展"纳入其中;2019年,国务院办公厅印发的《关于促进3岁以下婴幼儿照护服务发展的指导意见》要求"按照儿童优先原则,最大限度地保护婴幼儿,确保婴幼儿的安全和健康";2020年,上海市人民政府办公厅印发《上海市托育服务三年行动计划(2020—2022年)》,多处提及推进"科学育儿指导"。从学术研究来看,一直以来,0—3岁婴幼儿的身体发展、认知发展、情绪和社会性发展都是儿童发展心理学研究的重要主题,这些领域的研究已积累了丰硕的成果。

随着"二孩"政策的全面施行和"三孩"政策的启动,我国的人口规模和结构正在发生变化,人民群众对科学化、多元化的家庭育儿指导的需求变得更为迫切。在这种背景下,如何将已有政策要求和学术研究成果转化为科学、有效的育儿实践,还有许多问题值得探讨。本书的作者——上海市教育科学研究院心理学特级教师梅仲孙老师在这方面做了大量的研究。当梅老师将其研究成果《抚育者的眼睛——一位爷爷对孙辈的心理解密与成长纪实》的初稿寄给我时,我被梅老师孜孜以求的科研精神、别具一格的研究方法、对儿童成长的关爱之情感动。通

---

* 作者系上海市教育科学研究院院长、研究员,教育大数据与教育决策实验室主任。

读全书，有三点让我印象非常深刻。

首先，作者耄耋之年仍坚持在自己心爱的领域开展研究、写作，这种专注、执着、投入充分体现了老一辈教育研究工作者、老专家的科研精神。特别令人感动的是，梅老师在写作期间身患重病，经历了大病的考验。没有强大精神力量的支撑，梅老师是无法完成这本书稿的写作的。近期听闻梅老师病情好转，甚感欣慰。

其次，作者亲自对孙辈的成长过程作了详尽的个案研究，对孩子的心理与行为变化持之以恒地开展逐日记录。这种长周期、追踪式个案研究虽然时间成本高，但是具有较高的生态效度。在本书中，作者对孩子每个阶段的心理成长过程进行了分析和解密，同时进行了若干专题研究。每个阶段的分析和专题研究都有个案描述，有实例佐证，可读性和操作性都很强。案例是理论的故乡，大量的案例积累可以为提出理论提供实证素材。著名儿童心理学家皮亚杰（Piaget）创立的儿童心理发展理论，其依据之一就是他对自己三个孩子的个案研究结果。对婴幼儿成长的个案记录、具体教育策略的研究，可以为我们理解婴幼儿的发展打开一扇窗，提供测量法、实验法等其他研究方法所无法获取的信息。

最后，作者基于长期的观察和个案研究，提炼出了一些富有启示的婴幼儿养育理念与操作方法，比如抚育中的审美化、个性化、精细化。在本书中，作者认为，抚育审美化就是要学会用爱来培育爱，达到互亲互爱，使亲情得到升华，使好的性格得到早期培养。同时，作者也提出，在抚育审美化的实践操作中，有以下几点可供参考：欣赏性的观察、理解性的关怀、支持性的帮助、积极性的引导。在当前强调"五育"并举的背景下，这些理念和做法对于破解早期教育存在的"重智轻情"等问题很有启发，对于如何尊重生命自然成长的规律，科学合理地激发婴幼儿的潜能，优化婴幼儿健康成长的环境也有借鉴意义。

2018年，我调到上海市教育科学研究院工作，之前就知道梅老师是儿童心理与儿童教育领域的大专家。进入市教科院后，我也参加过梅老师有关研究成果的发布会，为我院有这样的科研前辈、老专家感到高兴。作为研究同行，老先生要我为他的这本新作写个序，我觉得盛情难却，也作为一个发展心理学研究者提出个人的一些观点与想法。我想补充的一点是：由于遗传、营养、教育、环境等因素的影响，0—3岁婴幼儿的发展存在个体差异，表现为不同个体的发展速度、特点不尽相同。就个体本身而言，其不同领域的发展也存在不平衡性。因此，家长在抚育孩子的实践中，还应注意因材施教，不同孩子的教育、抚养、保健方法有共性，但更应看到个性。

上海已经把促进"幼有善育"作为进一步提升城市温度、实现品质生活的重要抓手，推动幼儿发展的研究与实践任重道远。上海市教育科学研究院一直以"服务教育决策、关注教育民生、引领教育发展"为办院宗旨，愿有更多的研究者加入儿童发展研究的队伍中来，继承、发扬老一辈研究者的科研精神，在儿童发展研究上能及时回应政府和社会需求，产出更好更多的科研成果，以指导广大家长做到育儿有道、育孙有道，让每个宝宝能在抚育者的精心培育下，在德智体美劳等方面得到全面而富有个性的发展。

2022年5月3日

序三

祖孙之间的"美美与共"

檀传宝*

  费孝通先生有著名的"美美与共"之说,原来说的是世界各民族文化之间应该相互欣赏,最后达到"天下大同"的境界。我却分明在梅仲孙老师的最新作品《抚育者的眼睛——一位爷爷对孙辈的心理解密与成长纪实》一书中看到了另外一种"美美与共"——一种祖孙之间最为美好的"美美与共"。

  这里"美美与共"最重要的标志,也许就是弥漫于全书的"弄孙之乐"了。"弄孙之乐"的源泉,自然应该是"美美"。耄耋之年的梅仲孙老师十分陶醉地认为:"生命之美,人情之美,美于生命之初,美在婴幼儿早期的天性之中,美在天真天资天质之中,美在亲近亲切亲热的依恋之中,美在好动好奇好玩的探索之中。婴幼儿活泼之美、天真之美、纯洁之美、微笑之美,如同花蕾初放,美不胜收,使人赏心悦目、心旷神怡,使人为之动心动容,心甘情愿地为他们的健康成长付出一切。"他所谓的"亲近亲切亲热的依恋",其实是相互的,是一种"与共"的情感状态。故梅老师的金句"亲而不教也有效,亲而又教效果更好,不亲而教等于无效"实可谓这一"与共"状态的自然推论。

  "美美与共"的最重要的基础,当是对育儿科学的尊重。成年人,尤其是为人父母(祖父母)者,都该明白,只有科学育儿,才能避免许多遗憾与悲剧,才有真正的天伦之乐。梅老师作品最为难能可贵的,不仅在于他表达了一位爷爷对孙辈的由衷喜爱,更在于他作为一位心理学资深研究者,其所有结论都基于对于

---

* 作者系北京师范大学教育学部教授兼学部学术委员会主席。

婴幼儿长期的观察、逐日的记录与专业分析。现在这本《抚育者的眼睛——一位爷爷对孙辈的心理解密与成长纪实》，更是进一步强调父母对儿童应该"如同春天的风、夏天的雨、秋天的月亮、冬天的阳光那样给予他们以滋润、体贴、温馨和温暖"，从而发现潜能、鼓励发展。所有这些，对于所有关心儿童健康成长的成年人都是最重要的提醒。

"美美与共"的最大的秘密，无疑是抚育者应有的审美眼光。如果说对儿童的热爱、对幼儿心理及其发展的研究以及由此而提出建议是梅仲孙老师的一贯坚持，那么《抚育者的眼睛——一位爷爷对孙辈的心理解密与成长纪实》一书的最大特色，就是自觉强调了"抚育者的眼睛"理应具有的审美眼光——要"让每一位抚育者能用审美的眼光去欣赏孩子身上的特质、潜能和闪光点，使每一位新生儿能在充满爱的阳光下茁壮成长""要用艺术家的眼光去发现孩子成长过程中的智慧之真、道德之善、心灵之美；去欣赏他们成长中的童心、童真和童趣；去鼓励他们不断地认识自我、发展自我和超越自我；去研究他们成长中的烦恼，分享他们成功时的喜悦；去反思我们抚育中的失态、失误甚至失败"。他在书中提出的"欣赏性的观察""理解性的关怀""支持性的帮助""积极性的引导"等建议，中肯而实用，对于在育儿领域回应人们日益增长的对美好生活的向往而言，极其重要。

梅老师是在情感教育方面作出重要贡献的老专家。此前他曾经出版过《儿童情感发展与教育》（1998年，与朱小蔓合著）、《教育中的情和爱》（2018年）等理论著作，对情感教育的基础理论建构作出了重要贡献。他在情感智慧和健康人格培养方面所做的专题研究集《抚育者的眼睛：一位爷爷对孙子的心理解秘》（2006年）出版后，更是广受家长和教育工作者的热烈欢迎。现在这本《抚育者的眼睛——一位爷爷对孙辈的心理解密与成长纪实》，可谓前书经过岁月沉淀后的全新升级版。

梅老师与我是忘年之交。老先生嘱晚辈写序，实不敢当却又盛情难却。以上读后感权当对梅仲孙老师新作出版的祝贺，更是与读者朋友们的真诚交流。

2021年6月5日 于北京京师园三乐居

前 言

梅仲孙

我长期从事儿童心理学研究，21世纪初参加了国家"十五"重点课题"0—3岁婴幼儿早期关心和发展的研究"。当时，我的孙子与外孙相继出生，于是，我结合课题研究，对他们进行了逐日跟踪观察记录，对其心理发展作了较为深入细致的分析和解密，尤其在情感智慧和健康人格的培养上做了专题研究，撰写了《抚育者的眼睛：一位爷爷对孙子的心理解秘》一书，作为"0—3岁婴幼儿早期关心和发展的研究"系列丛书之一出版。该书出版后，受到广大读者的欢迎与好评。近年来，关心与促进3岁以下婴幼儿照护服务和发展，再次受到全社会的高度关注和重视。国务院办公厅于2019年5月发文，强调3岁以下婴幼儿照护服务是生命全周期服务管理的重要内容，事关婴幼儿健康成长，事关千家万户。这就需要我们从发展心理学、审美教育学、生命生态学、神经生物学等角度，多视角地审视和研究婴幼儿身心发展规律，给予新生儿以特殊的关怀、特别的保护和特优的抚育。本书出版之际，我将近年来研究的新成果作一补充，使抚育理念更鲜明，要点更突出，内容更充实，操作更有效，让每一位抚育者能用审美的眼光去欣赏孩子身上的特质、潜能和闪光点，使每一位新生儿能在充满爱的阳光下茁壮成长。现将专题研究汇总形成的若干抚育理念概述如下，与广大读者分享、交流。

我认为，抚育者的使命是把关注和保护婴幼儿的身心健康放在首位，使"健康第一"的抚育理念贯穿保育的全过程，以奠定婴幼儿终生发展的基础。我们要千方百计地让婴幼儿健康强壮少生病，要创造条件让他们在自由、自然、自主的活动空间中得到舒畅的发展，要从婴儿诞生之日起就为他们的心理健康发展、人格完善打好基础。最新的脑科学研究成果表明，人出生后的头三年，是人脑活动最活跃的时期，也是奠定一生智慧、情绪、情感和人格的关键期。人之初决定大未来，培养优秀的下一代，愈早开始愈好。但不可急于求成，急功近利，要了解婴幼儿身心发展的规律，要读懂婴幼儿心理发展的奥秘，要尽可能多地给予理解、尊重和满足。

抚育者的天职是关爱为本，亲情为先。我们要给予婴幼儿更多的关注、关心和关怀。抚育的真谛是爱、是情、是亲。抚育要以爱为本，以情为源，以亲为先。人生智慧之真、道德之善、心灵之美，需要从小培养。完善的人格，源于父母的爱、关怀和抚育，始于婴儿的依恋、幼儿的自信与童年的幸福。婴幼儿美好情感的孕育和生成，需要的是纯爱、厚爱和挚爱，需要的是真情、柔情和深情，需要的是亲近、亲热和亲切。我在个案跟踪研究中最深切的感受是亲而不教也有效，亲而又教效果更好，不亲而教等于无效。亲情是激发婴幼儿进行观察性学习的动力和接受教育影响的黏合剂。

抚育者的抚育艺术是顺其自然，适性培育。我们要让婴幼儿在自由中孕育创造，在尊重中培养自信，在关爱中感受幸福，在和谐中健康成长。自由是孩子的天性，我们要将自由、尊重、关爱与和谐给予每个孩子。我们的事业，既是花的事业，又是根的事业。十年树木，百年树人。培育小树苗成长，需要像园艺师那样给予细心、耐心和精心培育；需要把握季节和生长规律，既不可消极等待，也不能操之过急，拔苗助长。培育婴幼儿，需要的是从容、宽容和适时、适量、适当；需要父母如同春天的风、夏天的雨、秋天的月亮、冬天的阳光那样给予他们滋润、体贴、温馨和温暖。在婴幼儿的精神需求中，需要的是依恋、安全、信赖和归属。孩子的精神世界中蕴含着极为细腻、敏感而又善良、爱美的天性。让我们像钢琴家熟悉每一个琴键那样去了解每一个孩子，支持他们去谱写人生的美丽乐章。

抚育者的职责之一在于发现潜能，鼓励发展。抚育者的眼睛是婴幼儿精神生命成长的太阳。每一个抚育者首先应当是学习者、审美者、鼓励者和反思者。我们要善于向孩子学习，向书本学习，向有经验的教育者学习。我们要用艺术家的眼光去发现孩子成长过程中的智慧之真、道德之善、心灵之美，去欣赏他们成长中的童心、童真和童趣，去鼓励他们不断地认识自我、发展自我和超越自我，去研究他们成长中的烦恼，分享他们成功时的喜悦，去反思我们抚育中的失态、失误甚至失败。父母的爱，是孩子成长过程中的心灵营养剂。抚育者的追求是创设最佳环境，帮助孩子得到最佳发展。每一个孩子都有多元智慧和巨大的潜能，每一个孩子都有其个性特点、气质类型和能力特长。抚育方式要因人而异，因势利导，因材施教。抚育者的职责是把握婴幼儿身心发展的最佳期，创造科学的、具有人文关怀的最佳教育环境，让孩子在抚育者的精心培育下，身心得到最佳发展。

目 录
CONTENTS

序一　研究者的眼　抚育者的情（张民生）/ i

序二　育儿有道　育孙有道（桑标）/ iii

序三　祖孙之间的"美美与共"（檀传宝）/ vi

前言（梅仲孙）/ viii

第一章　生命之美，美于生命之初 / 1
第一节　小生命的孕育 / 3

第二节　胎儿照片中看到的宝藏 / 5

第三节　子宫中的性情中人 / 7

第四节　科学家妈妈的启示 / 8

第五节　做学习型妈妈 / 11

第二章　依恋的零岁 / 14
第一节　把握依恋的关键期 / 14

第二节　抚育者的心态和抱的研究 / 22

第三节　婴儿的哭与笑及怕陌生人 / 29

第四节　婴儿的吮手、翻身、触摸与爬行 / 40

第三章　好动的一岁 / 48
第一节　"上帝的密探" / 48

第二节　玩是孩子的生命 / 50

第三节　语言发展及自我中心 / 56

第四节 睡眠的意义和艺术 / 62

第四章 奇特的两岁 / 67
第一节 可爱又"可怕"的两岁 / 67
第二节 两岁孩子的特点 / 70
第三节 小小大玩家 / 75
第四节 自主感的形成 / 84
第五节 第一反抗期 / 88

第五章 不一样的三岁 / 93
第一节 爱学习 会想象 / 96
第二节 爱交往 要朋友 / 99
第三节 既倔强 又平和 / 102
第四节 自信感的萌发 / 105

第六章 父母之爱与爱父母 / 113
第一节 家庭是孩子快乐成长的摇篮 / 113
第二节 母爱与父爱都不可替代 / 118
第三节 母爱的柔情关怀 / 122
第四节 父亲的本领不一般 / 125
第五节 父母的心态和对子女的期望 / 128

第七章　祖辈抚育　隔代情深 / 133

第一节　祖辈抚育的利弊 / 133

第二节　心系晚辈情更深 / 140

第三节　祖孙亲情纪实 / 142

第四节　天伦之乐乐无穷 / 145

第五节　祖辈参与幼儿自理能力培养的细化研究 / 147

第八章　入托入园的焦虑及其缓解 / 154

第一节　提早入园的适应 / 154

第二节　分离性焦虑及其缓解 / 159

第三节　焦虑在宝宝的自我安慰中得到缓解 / 162

第四节　重视宝宝同情心的培养 / 166

第九章　抚育的审美化 / 169

第一节　抚育者的审美心态和实践 / 169

第二节　审美化抚育中的实例分析 / 173

第三节　婴幼儿心灵美的早期抚育 / 180

第四节　给幼儿一双发现美的眼睛 / 182

第十章　培育的个性化 / 187

第一节　两个不同气质类型的宝宝 / 187

第二节　一个慢吞吞、笃悠悠孩子的抚育策略 / 190

第三节　成长中"不同步综合征"的分析 / 195

第四节　早期多元智能的萌发 / 197

第十一章　操作的精细化 / 203
第一节　育婴无小事，时刻留心保平安 / 204
第二节　把握机会之窗，让孩子舒心成长 / 206
第三节　用心解难题，把脉要精准 / 209
第四节　细心耐心育自主 / 212

第十二章　精心育苗　潜心研究 / 219
第一节　我的研究之路 / 219
第二节　研究道路上的新探索 / 225
第三节　兄弟交往中的各美其美 / 228
第四节　与天使共处的感受与体验 / 231
第五节　生态美的育婴理念和操作要点 / 239

附录一　一本百科全书式的育婴好书 / 245

附录二　赐我一双审美的眼睛 / 248

附录三　你把眼睛里的秘密给了世界 / 252

后记 / 256

第一章　生命之美，美于生命之初

> 我们都是自然的婴儿，卧在宇宙的摇篮里。——冰心

有学者提出：艺术之美，源于生命。[1]在长达20多年的情感发展个案跟踪研究中，我深切地感悟到：生命之美，人情之美，美于生命之初，美在婴幼儿早期的天性之中，美在天真天资天质之中，美在亲近亲切亲热的依恋之中，美在好动好奇好玩的探索之中。婴幼儿活泼之美、天真之美、纯洁之美、微笑之美，如同花蕾初放，美不胜收，使人赏心悦目、心旷神怡，使人为之动心动容，心甘情愿地为他们的健康成长付出一切。

我这感悟受之于我国古代先哲睿智的启迪。早在2 000多年前，老子就主张"复归于婴儿"。《庄子·杂篇·庚桑楚》有言："性者，生之质也。"人生下来，其本质本性具有质朴性。所谓赤子之心，是指它具有天真、率真、纯真和质朴、素朴、淳朴等本质特性。道家提倡尊重自然、适应自然，适性发展。庄子认为，天下万物各有自然的"性命之情"，随顺生命自然本性之美，使人"至乐"。庄子倡导适性之美，是指"朴素而天下莫能与之争美"[2]。这里所讲的适性美是指适应自然美、自由美、恬淡美和朴素美的整合。这需要我们在婴幼儿成长中，用适性美的理念去培育人的平和之心，让孩子早期的身心发展和精神活动得到自由的舒展与和谐的发展。

---

[1] 祈志祥.中国美学全史（第五卷）[M].上海：上海人民出版社，2018：378.
[2] 祈志祥.中国美学全史（第二卷）[M].上海：上海人民出版社，2018：96.

上述理念在西方学者中也有类似的主张。法国启蒙思想家、杰出的教育家卢梭（Jean-Jacques Rousseau）在他的教育名著《爱弥儿》一书中写道：出自造物主之手的东西，都是好的，而到了人的手里，就会变坏。[1]大自然让人们看到的是和谐与匀称。卢梭强调：一切真正的美的典型是存在于大自然之中的。[2]因此，他崇尚自然，热爱自然。他认为人类应对自然抱有敬畏之心、赞美之情。在家庭教育和婴幼儿抚育中，要遵循自然法则，尊重和欣赏婴幼儿的天性；要从中看到他们身上蕴藏着极为宝贵的天真和素朴的自然美。这是人与自然在心灵上最初的契合。婴幼儿身上的自然美，正是人类心灵美的源头，弥足珍贵，应视为瑰宝，需要格外重视和爱护，应给予特别的珍惜和保护。

我国儿童心理学家陈鹤琴在他的儿童心理研究中，用他特有的审美眼光去审视婴儿的成长。他在对一个半月的婴儿进行观察时，认为这个小宝宝"犹若一个小卧佛"；将其四个月后的微笑赞美为"千金难买此种笑""笑时常露舌尖，这样天真烂漫的状态惟儿童有之"[3]。我在跟踪研究中也有同感。在小孙子出生两个月时，我写过一篇题为《讨人喜欢》的观察日记，现抄录如下：

  宝宝要到外公外婆家住几天。我家80多岁的老太太（小孙子的太外婆）对他怀有深切的思念之情，对我说："我们家的宝宝实在讨人喜欢，他一个人躺在小床上，自由自在，安安静静，一见人就笑。他还会主动与你讲话，引你与他对话。这就把我的心拉过去了！似乎不是你喜欢他，而是他在喜欢你，他要你喜欢他。我在与他多次接触中，这孩子总是笑脸相迎，笑口常开，而且笑得那样的自然，那样的甜蜜，使你不得不去与他对话。这时，他更加开心，更加活泼可爱。在这孩子身上，似乎有一种特别引人喜欢的特异功能。"

老太太的一席话引起了全家人的共鸣。我想老太太所说的特异功能和特殊魅力，正是印证婴儿生命之初所表现出的一种特有的亲切依恋感！这是自

---

[1] 卢梭. 爱弥儿·论教育（上卷）[M]. 李平沤，译. 北京：商务印书馆，2001：5.
[2] 卢梭. 爱弥儿·论教育（下卷）[M]. 李平沤，译. 北京：商务印书馆，2001：502.
[3] 陈鹤琴. 陈鹤琴全集（第一卷）. 南京：江苏教育出版社，2018：9.

然美令人喜爱的一种彰显，也是培养亲情感的机会之窗和最佳时期。机不可失，时不再来，为之，要加以珍惜。

这一日记记录的情景，是婴儿自然美的真实写照，又是祖孙四代审美情感交流中的感受与体验。这可为我们深入研究婴儿成长美提供生动的佐证。最新科学证明，婴儿和成人的微笑频率会影响其吸引力和他人对其的亲善度。

时代在进步，科学在发展，我们的抚育理念与操作模式也要与时俱进，不断更新与提升。当今儿童心理学受脑科学、多元智能、社会生物学、教育生态学、认知与情感心理学的影响，对新生儿头三年的抚育的重要性有了更深刻、更具体的认知。有研究指出，孩子在三岁之前，如果得不到充分的关爱，或在情感缺失与训骂声中成长，其不良影响将会终身难以抹掉。[1] 为此，我们要把握婴幼儿发展中的敏感期与关键期，要开展审美化抚育模式的研究，让婴幼儿在人生之初就留下终生难忘的美好印象，为他们今后身心和谐健康发展奠定基础。

第一节 小生命的孕育

生命的第一乐章，开始于小生命的孕育。植物的生命在种子发芽中显露，人的生命在胎儿孕育中萌动。我国教育家蔡元培就主张教育要着眼于最早的人生第一步。他在《美育实施的方法》一文中，提倡优生学，主张从胎教开始。按他的教育理想，要从公立的胎教院与育婴院着手，要为孕妇创设风景佳胜，要在平和活泼乐观的氛围中，让孕妇与胎儿受到最佳的自然和社会生态的影响，使其得到最美的教育熏陶和最爱的人文关怀。他关心孕妇的身心健康，认为孕妇的体魄和心灵有密切关系。因此，他主张重视孕妇精神生态的良好维护。[2]

我在探索小生命的成长时，很关注孕妇的身心健康和胎儿成长的研究。2001年11月，上海《健康妇幼》杂志登载了我的合作研究者写的两则"怀孕

---

[1] 艾尔·赫维茨，迈克尔·戴. 儿童与艺术 [M]. 郭敏，译. 长沙：湖南美术出版社，2008：13.
[2] 金雅. 中国现代美育名家文丛（蔡元培卷）[M]. 杭州：浙江大学出版社，2009：146.

日记"。

日记之一《这次可能怀孕了》摘录如下。

基础体温上升已第 18 天了，听医生说，持续上升 18 天以上，怀孕的可能性就大了。看着体温计上的数字，36.9 摄氏度，我心中喜滋滋的。第一次感受到成功已越来越近了。这个周期一切都很顺利，是一个顺其自然且相当安全的环境。整个周期我都沉浸在一份平静的等待与期盼之中，那份诚意带给我的是越来越多的自信。我对自己说："去做妊娠试验吧！"当我将尿样交给检验师时，内心闪现出一丝激动。六年来，我一直在等待此时此刻的到来。当试纸显现出特征性的表现时，我有些急切地问："怎么样？""是的。"听到医师的肯定回答后，我心中一阵狂喜。这份长年等待寄托了我多么美好的愿望，今天终于真正来临了！回家把检验结果告诉了丈夫，说得很平和："这次可能怀孕了。"他的反应也很平和："好好休息。"我们商量明天去看专家门诊，需要权威性的确认。我望着自己的腹部，又一次不由自主地抚摸起来，告诉自己："你要做妈妈了，你需要多多关爱自己。"无形中升腾起一份特殊的温馨感，使我沉浸在幸福之中。今夜，天上的星星也显得格外灿烂！

日记之二《母性的首次体验》摘录如下。

清晨起床，静静等待体温计的显示：36.9 摄氏度。这样，我已有了足够的把握，只要等待专家的确认。见到专家，他说还需再做一次妊娠试验。试验结果出来后，专家的确认使我的心完全踏实了。于是，专家开始为我制订计划：首先是休假与保胎，其次是避免感冒与腹泻，并及时补充所需营养。专家风趣地说："这是给宝宝吃的多种维生素与矿物质，你只是代劳而已。"这一句话激起了我从未体验过的母性意识，多么神奇！一个小生命正在我的体内孕育成长，他又是多么幸福，如此小就可以得到精心的呵护，真是美好的开端！

我的点评如下。

怀孕意味着女性另一个精神生命的诞生。从这位准妈妈所写的两篇怀孕日记中，我看到母爱之情与小生命孕育的关系。社会心理学分析，怀孕将改变一个妇女的身体形状，并拓展她的幸福感体验范围，同时也改变她的社会角色。因此，怀孕在中华民族文化中被看作人生和家庭生活的一件大喜事。这位孕妇在日记中记载着第一次感受到母性的真谛，这无疑是她在得知怀孕后，灵性得到了升华。母性和女性是两个不同的概念。女性自怀孕的第一天起，从"一人吃，两人补"的特殊生存方式中，获得了母性所特有的那种授予性、分享性、关爱性和创造性。有人说过，孕妇心理包含着给予、奉献和创造。这是母性的爱心之本、创造之源。所以，还有人说："女人，只有在做了母亲之后，才能达到她对人生情感体验的最高境界。"

我曾在一本讲述怀孕故事的书上看到：怀孕意味着一个新的小生命在母腹中孕育，这一过程，作为母亲只是万里长征的第一步，孩子未来成长之路还很长，这就要求父母在各方面做好思想准备。怀孕既是母亲一生中最美的最有意义的大事，又是艰辛烦心的难事；既感受幸福，又要承担责任辛劳。小生命的健康成长，不仅需要母爱来滋养，而且需要科学与人文精神去哺育，这就要求父母虚心学习，努力去担当这一光荣的使命。我的合作研究者，这位准妈妈，她在怀孕中体会到孕育一个幼小生命的过程，同时自己作为一位母亲去感受另一个精神生命的成长。愿每一位母亲都能与其孕育的小生命共同成长，达到美美与共！

第二节　胎儿照片中看到的宝藏

我在个案研究中看过一张胎儿的B超照片。照片中，两个半月的胎儿，头、手、脚和躯体都发育良好。有资料说明，胎儿的头三个月，是各器官、肌肉和神经系统开始形成的阶段；到第二第三个月，胎儿身上许多器官逐步完善，大脑中许多神经元都各就各位，这是胎儿发展中的一个重要里程碑。[1] 这要求孕妇对胎儿的健康成长给予特别的关注。《列女传》中就提出"妇人妊子，寝不侧，坐不边，立不跸，不食邪味……"等注意要点。这要求孕妇重视自我保护，不仅要

---

[1] 劳拉·E. 贝克. 儿童发展（第五版）[M]. 吴颖，等，译. 南京：江苏教育出版社，2002：126.

自己身心健康，而且要时刻关注胎儿的正常发育。[1]

　　对胎照所蕴含的意义，我当时理解不深。后来，我读到一位神经科学专家做母亲之后写的一本著作——《小脑袋里的秘密——探索0—5岁大脑发展的黄金期》，对胎脑中的秘密有了进一步的了解。书中提到，胎儿神经发育从第3周开始，到第7周达到巅峰，到第18周则大致完成，那时，神经发展的速度快得惊人；胎脑有一千亿个神经细胞，平均每分钟有数万个神经细胞增长。[2]后来，我又从一部心理学经典教材中看到一张胎儿在母腹中的类似照片。照片被放大了，因而十分清晰，配有这样的注释：胎儿的大脑每分钟产生250 000个新的神经元，孩子一旦来到这个世界，大脑必须做好准备。[3]这说明，胎儿在母腹中以惊人的速度进行着神经细胞的繁殖，而且神经细胞的轴突和树突也在快速增长。有资料还表明，出生后的头三年，婴儿处于脑发育的敏感期，要求抚育者给婴幼儿提供早期的适性刺激，创造丰富的生活环境和人文环境，并开展多样的游戏活动，这样可以促进婴幼儿的智慧和情感的健康发展。

　　我对一位婴儿进行过持续跟踪研究，发现这孩子不到2岁，就有强烈的好奇心和求知欲，还有良好的情感记忆能力。根据当时的现场记录，他2岁时就能背诵古诗20多首，童谣30多首。在2岁4个月时，就会在起床后自主打开播放器听读英语。他在听英语录音时，能静静地边听边看边读，一听就是一个小时左右，而且听得十分入迷。

　　从胎儿脑细胞发育到婴儿出生后的发展来看，人脑中蕴含着巨大的智慧与情感潜能，其蕴藏的宝藏几乎是难以估量的。以我跟踪研究的上述个案为例，孩子两个半月时的胎儿照片虽然模糊不清，但日后成长所显示的潜能却愈为清晰。孩子进入大学后，高等数学、算法等专业领域的知识为他开辟了一个数学的现实世

---

[1] 刘彦顺.中国美育思想通史（现代卷）[M].济南：山东人民出版社，2017：146.
[2] 丽丝·艾略特.小脑袋里的秘密——探索0—5岁大脑发展的黄金期[M].薛绚，译.汕头：汕头大学出版社，2003：71.
[3] 理查德·格里格，菲利普·津巴多.心理学与生活（第16版）[M].王垒，王甦，等，译.北京：人民邮电出版社，2003：288.

界，如同一片无垠的森林，充满着无数迷人的奥秘，使其着迷，从中可见大脑的潜在功能得到发展。

此时此刻，也许人们会赞赏他的今天，展望他的明天，而我却在回忆他成长中的往事。我想到他胎照中的小脑袋，他妈妈怀抱他时的对话及喜悦之情。我想说的是，孩子成长的智慧之美、潜能之美，其实是始于胎儿期的呵护和婴儿期的抚育。

第三节 子宫中的性情中人

在进行胎教研究的过程中，我发现有资料提及，胎儿到七八个月时，由于大脑的反射机能开始形成，能做踢脚、张嘴、弯手臂、吮手指等小动作，眼睛也能开闭，呼吸与听觉也在增强。这正处于胎儿生活的完成期，等待离开母体而独立生存。此时的准妈妈会迫不及待地开始抚摸腹中胎儿，开始谈话。我在观察研究中，看到准妈妈常对着胎儿说话："宝宝，晒晒太阳好吗？""宝宝，今天妈妈胃口好，我们多吃点。""宝宝，妈妈看电视时坐的姿势你感到舒服吗？"……我还看到她在走动时，为了胎儿特别小心，处处以保护胎儿为第一要务。

《儿童发展（第五版）》提到"子宫中的性情中人"，谈及细心周到地照料胎儿能够使胎儿获得充满关爱的外部环境，这是胎儿健康出生的保证。[1]

对胎儿的保护，我们过去知之甚少。事实上，胎儿是一个复杂而神奇的生命体。就其意识状态而言，有四种：一是深睡状态；二是浅睡状态；三是安静警觉状态；四是活动状态，胎儿有时会在子宫里攀爬或踢脚。[2] 前两种状态不易被人们觉察，后两种状态容易被觉察。我遇到过一位准妈妈，她为了让胎儿多晒太阳，呼吸新鲜空气，常去户外活动。有一天，她感觉胎儿没有动静，非常紧张焦

---

[1] 劳拉·E. 贝克. 儿童发展（第五版）[M]. 吴颖，等，译. 南京：江苏教育出版社，2002：130.
[2] 布列兹顿. 婴幼儿发展与保育 [M]. 杨婷舒，译，台湾：桂冠出版社，1995：15.

虑，急着看医生。医生检查后告知，胎儿随妈妈外出，也许是累了，此时正在睡觉呢，正处于深睡中，所以不用着急。过了一会儿，胎儿醒了，开始出现不少动作，此时大家才放心。这位准妈妈反思，怀孕期间要多学习，多增长知识，同时多体验多感受，掌握胎儿的作息规律，以避免不必要的过度紧张和焦虑，确保母婴的身心健康。

第四节 科学家妈妈的启示

我过去在照顾家人与子女上，有不少欠缺与内疚，所以对孙辈成长给予了特别的关注。在孙子和外孙还没有出生之前，我就购买、阅读了一些有关优生优育的书，其中有孕妇须知、胎儿的保护和怀孕故事等。我在分享怀孕者喜悦、期盼和焦虑的同时，也思考如何使宝宝得到最优化的保护。

其中有一本《小脑袋里的秘密》给我启示特别多，作者是一位神经科学家，又是三个孩子的妈妈。她从怀孕那一刻起就对宝宝的发育进行了超乎寻常的关注、关心和关爱，并开展精心、细心又耐心的跟踪研究。在这过程中，她既收获了三位宝宝的健康成长，又出版了育儿专著。她以科学家的特殊视角，以妈妈的独特灵感和极其严谨的学术态度，写下了这本兼具科学性、实践性、操作性的优秀科普读物。此书对如何帮助宝宝更健康、更聪明地发育与成长具有借鉴意义。

书中涉及生物学、生理学和神经科学等方面的原理及专业名词，我在学习与借鉴的过程中谈一些心得与体会。

一、先天和后天

现在不少家长对孩子成长的关注，达到关怀备至的程度，为孩子的成长付出了大量的心血。可惜，不少父母的关注点常常放在出生后的教育上，对宝宝先天发育过程中的影响因素知之甚少，对怀孕整个过程有所忽略。我20多年前在上海市教育科学研究院特殊教育中心从事幼儿心理异常问题的研究。据有关文献记录，婴幼儿发育中的异常问题，大部分与遗传或其他先天性不良因素影响有关。

如智力低下与染色体有关，也与母亲怀孕过程中饮食不当或受药物等影响有关。

遗传基因决定大脑的结构，后天经验决定神经之间的连接。这就像大楼房间的间隔是基因决定，而每户人家内部装潢是后天经验决定的。基因把你带到目的地，但到了那里之后，该怎么玩，每个人各显神通，由各人的兴趣和本领来决定。每个人玩的经验不同，各人的收获和感受也不一样。

无论先天还是后天，我们都有机会弥补遗传带来的不足。每一个孩子都是人类生命的奇观。从一个小小的受精卵长大成改变世界的人，这个过程真是令人叹为观止。为此，要十分珍惜这一生命的奇迹，要好好加以爱护和保护。

大量的听觉、视觉和嗅觉研究证明，宝宝在母腹中，已经有一定认知能力的发展。希望父母在了解胎儿大脑发育的基础上，加以精心抚育。父母要尊重孩子特殊的天赋，不可强求一律，不可急于求成，而要循序渐进地照顾好胎儿。

二、基因不可改，环境却可变

神经发育的顺序是基因设定的。基因不可改，环境却可变。发展生物学家提出球滚下陡峭山坡的模拟：基因的作用如同地心引力，迫使球非向下滚不可，但在滚下去的途中，有许多可能会干预路线。我们改不了遗传给孩子的基因，却可以改变我们为孩子准备的环境。[1]

胎儿的基因难以改变，而怀孕时母亲的心态和腹腔中的环境可以不断改善和优化，使胎儿在母腹中获得最佳的状态，得到最佳的成长和发育。

自古以来，老一辈的婆婆妈妈都要叮嘱孕妇：对自己的身体切不可大意，包含饮食、坐卧等。以孕妇早期的易累和呕吐为例，现今研究证明，它是保护胎盘与胎儿的一种手段和防御性策略，这是孕妇早期自我调节的心理机制。其生理机制是，因为胎儿早期处于最脆弱时期，处于各种器官形成的巅峰期，容易使孕妇出现疲惫的感觉，可以提醒孕妇要注意休息。呕吐症状可使孕妇在饮食时注意清

---

[1] 丽丝·艾略特. 小脑袋里的秘密——探索0—5岁大脑发展的黄金期 [M]. 薛绚，译. 汕头：汕头大学出版社，2003：29.

淡，避免不良食物给胎儿发育造成影响。进一步研究证明，孕妇想吐的感觉虽然不舒服，却是妊娠期的一个好现象，表示胎盘发育良好。进一步研究还证明，胎儿发育的畸形与缺陷以及种种异常问题发生，与怀孕三个月内接触有害物质与孕妇受到的不良照料有关。因此，怀孕期间一定要精心孕育，防患于未然，一定要慎之又慎。怀孕早期是胎儿所有器官形成的关键期，孕妇要避免接触有害物质和过度疲劳。

这阶段，孕妇的饮食直接影响胎儿营养，怀孕后一定要保证胎儿发育的营养。多方研究确认，怀孕及妊娠的头几个星期，孕妇服用含有维生素 B 群的叶酸有利于胎儿发育，叶酸可防止神经管缺陷。

母亲的一般营养，从总热量而论，在怀孕早期的三四个月内，对胎儿脑部影响不大，因为孕妇早期三个月有呕吐症状，不可能摄取较多的热量。但是，进入怀孕后半期以后，孕妇摄取营养的质与量对胎儿脑部生长影响非常大。这是胎儿神经突触发育、树突生长、髓鞘形成的激增期，也是胎儿营养摄取的敏感期。所以，这时期，孕妇摄取营养特别重要，这对宝宝日后的认知、情绪，神经的功能都有深远的影响。

三、孕妇的情绪

孕妇的情绪会影响胎儿的发育和健康。孕妇的生活方式也会影响成长中的胎儿。有关研究认为：孕妇的情绪受其体内的荷尔蒙起伏的影响，孕妇的情绪和荷尔蒙分泌会影响胎儿的发育。胎儿在母腹中能感受到母亲荷尔蒙的起伏。因此，孕妇情绪要保持平静和愉悦。

孕妇的情绪与其心理压力有关，有研究认为：怀孕期难免会受到各种压力的影响。许多孕妇能以乐观积极的心态去面对，为了新生命的健康成长，她们乐于承担和承受。她们为怀孕而兴奋，常常会容光焕发，这是兴奋激素分泌增多的效应。这些激素在怀孕期间稳定地增加内啡肽，它能调节压力激素，从而使发育中的胎儿免受母亲生活中大波动的牵动。

我在研究孕妇心态的过程中感到：从受孕到分娩，孕妇的怀孕体验一般分为三个阶段。

第一阶段，起初三个月，较多的状态是既有兴奋、喜悦、遐想、憧憬和期望，又有恶心、呕吐、疲劳、焦虑、易躁和不安等状态。此时，孕妇常常会因为一个新的小生命在自己体内孕育而感到自豪和欢乐。如同一名登山运动员那样，体能的消耗和疲惫，换来的是攀登顶峰即将成功的喜悦。

第二阶段，即中间三个月，恶心等症状消退所带来的光彩照人。随着胎儿的活动，有孕妇感受到自己与宇宙间的一个小生命的命运同在。有孕妇写道："孕育这个孩子是我的使命和天职。仿佛我在完成着生物一个阶段的进化过程。当胎儿踢脚时，我感到喜悦，我会情不自禁地与他悄悄地说话。此时，情绪极佳，我正在接受做妈妈的心理训练。"

第三阶段，即怀孕的最后三个月，胎儿处于成熟期。准妈妈急切盼望与小天使见面，内心充满喜悦与憧憬，对胎儿在母腹中的踢腿、伸展感受到一种柔道式的运动。有孕妇写道："我感受到前所未有的获得感与幸福感，我作为一个小生命的承载者，怀孕九个月，是女神与天使共存的九个月，使我终生难忘。"有的准爸爸写道："我要用爱心和亲情为小天使的降临积极准备，这是父母的职责。"

胎儿孕育的过程中充满着科学美、人文美和生态美，这是天人合一的过程，也是女神和天使共同成长的过程，我为之敬畏与赞美。

第五节　做学习型妈妈

《妇婴杂志》编辑来电向我约稿，我和婴幼儿成长研究的合作者讨论，就她的经历与体验，谈了六个专题：一是怀孕前的心理状态，包括不孕症带来的感受与医治；二是怀孕后的心态，包括优生优育上的心理准备、知识准备、物质准备等；三是临产前的医院选择与产后护理；四是对新生儿性别应采取平等的一视同仁的态度；五是在婴幼儿早期对其身心健康的保护；六是对宝宝未来发展的期望等。

就孕妇的知识准备，这位准妈妈认为育儿书籍不可不读，但需要科学理性地读，要有选择性，要少而精。生儿育女，既要承担社会责任，又要遵循自然原则；既要有美好的理想和期望，又要从实际出发。健康第一，顺其自然，要让孩子在自然自由自主的生态环境中成长；要尊重孩子天性的自然发展，在性别、体质、相貌、智能等因素上，尊重孩子的自然性和现实性。一切要以平常心和积极心态来对待。在阅读书籍的同时，也要和实际相结合，一切从实际出发，避免过于紧张，过于焦虑。心态平和放松，有利于母婴身心健康。

这位妈妈写过一篇育儿杂记，题为《宝宝长大了》。现摘抄如下，供年轻父母参考。

宝宝生于妇幼保健院，妈妈生产前后得到了医生和护理人员专业的呵护与指导，如母乳喂养、婴儿按摩、健康保健等。这一方面保证了母婴生理上的健康，另一方面也给予了母婴心理上的支持。令母婴时刻感受到生活在一个安全、祥和的氛围中。因此，宝宝也拥有了平和的心态，主要表现在睡眠上，只要一吃饱奶就立刻入睡。当然，断奶是一个令人头疼的过程，宝宝在这个过程中过渡还是很顺利的。先是白天吃配方奶，晚上吃母乳，后来晚上也逐渐用配方奶代替。断奶开始几天很艰难，宝宝用哭这一语言表达不满，前后磨合了几天后，也就进入了平稳的适应期。平和心态的养成还建立在每天有规律的生活节奏的基础上。每天入睡前是妈妈讲故事的时间，我每天给他念《童谣300首》。他听了一遍，似乎还要听，在反复诵读中，宝宝后来也学会背诵了。睡前的诵读创造了平静的生活环境、安宁的学习环境和丰富的活动环境。对婴幼儿而言，这是亲子学习时间，更是亲子游戏和交流时间，无论是孩子还是妈妈，都可以通过学习互动感受到快乐和幸福。实践证明，科学育儿能促进孩子身心健康及智能和人格的和谐发展！

母亲既有自然天性的母爱，又有社会性的教育子女的责任。孩子不只是爱情的结晶，也是母亲十月怀胎的结果。随着婴儿的降生，人们对母爱的社会性、责任性、教育性的要求也越来越高。所以，有人认为：只生不育，不能算是一个好母亲。高尔基也说过：生孩子，母鸡也会的，但要教育孩子，那是很难很难的事。育儿成长是一门大学问，它是生理学、心理学、抚育学、生态学和美学等多学科的整合。人生百年，始于婴，立于幼，功于善育。这就需要我们不断地加强学习，潜心地进行实践与反思，努力使自己成为学习研究型的抚育者，让孩子能得到良好的教育，使其健康地成长。

第二章 依恋的零岁

婴儿零岁指从出生到满一周岁,这是乳儿期。它是个体一生中身心发展最快的时期之一,也是母婴依恋并和其他亲人建立依恋感的最敏感最关键的时期。影响很广的儿童心理学著作《理解孩子的成长》一书中提到,有证据表明,在婴儿出生后的头几个小时或头几天里,母亲就能迅速地与婴儿形成联结。最强有力的说法认为:出生后的前 6—12 小时,是母亲通过身体接触与婴儿形成强烈的情感联结的敏感期。如果错过这一时期,母婴间的情感联结就会受到影响,甚至会对孩子今后的成长产生不良的影响。[1]

依恋是个体对另一个个体寻求并企图保持在身体和心理上的亲密联系。这种联系是一种积极的充满深情的心理归属和精神连接,也是一种生存能力的体现,它是个体精神生命的重要组成部分,维系着人的一生。

我在参与自己孙子和外孙早期抚育的过程中,对依恋形成的时间、意义、机制和培育的操作方法等问题,作过专题性的研究,并写了跟踪观察日记。

现将我有关依恋研究的心得陈述如下。

第一节 把握依恋的关键期

把握依恋父母关键期的重要认识,我有深刻的感受。早在我儿子出生后不

---

[1] 彼得·史密斯,海伦·考伊,马克·布莱兹. 理解孩子的成长 [M]. 寇彧,等,译. 北京:人民邮电出版社,2006:52.

久，我爱人从远郊工作调动到市区，刚换了一个新环境，人生地不熟，加之新单位的工作又繁重，她起早摸黑忙于工作，无暇顾及孩子，只好将出生才7个月的儿子送到外婆家去抚养。由于过早地与父母分开生活，后来就影响了他和我们之间更为亲切的依恋感的形成。

为了此事，我在钻研儿童发展心理学和关怀小孙子、小外孙成长的过程中，对婴儿与父母之间依恋感形成的关键期，给予了特别的关注。

根据生态学家的研究，依恋是人类的印刻，是个体生存能力的特殊反映。儿童早期依恋感的形成和发展，对于他们未来一生的幸福，具有关键性的奠基作用。心理学家普遍认为：依恋是个体生命早期的情感联结，是婴幼儿与抚育者之间一种积极的充满深情的情感联系，它对于激发父母或抚育者更精心地照料后代，对形成儿童最初信赖的个性特点，具有重要的影响。依恋作为爱的关系的先驱因素，与感情得到保证和耐受分离的能力之间有密切的关系；依恋在形成情感联系的能力和儿童向所遇到的挑战进行抗争的能力的成长中，被认为是非常重要的基础力量。其中，母婴依恋的建立尤为重要。其表现为：将多种行为，如微笑、咿呀学语、哭叫、注视、依偎、追踪、拥抱等都指向母亲，最喜欢同母亲在一起，与母亲的接近会使他感到最大的舒适、愉快，在母亲身边能使他得到最大的安慰；同母亲的分离则会使他感到最大的痛苦；在遇到陌生人和陌生环境而产生恐惧、焦虑时，母亲的出现能使他感到最大的安全，得到最大的抚慰；而当他们饥饿、寒冷、疲倦、厌烦或疼痛时，首先要做的往往是寻找母亲，接近母亲的渴望要强于接近任何别人。

母婴依恋一旦建立，婴儿就会经常欢笑而少哭闹，情绪欢快、活跃而好探索，喜欢玩弄、操作物体，喜欢尝试着接近新事物、新情景甚至陌生人。这有助于婴儿形成积极、健康的情绪情感，养成自信、勇敢、敢于探索的人格个性，并促进婴儿智力发展，培养婴儿乐于与人相处、信任人的基本交往态度。

在母婴依恋建立的过程中，母亲对儿童反应的敏感性、接受性促使形成一种稳定的依恋，这种依恋对儿童的合作性、社会性行为以及情绪的表达都有帮助。当母婴依恋发展成为更平衡的伙伴关系后，它将有助于儿童自我导向及领会别人的感情和关切。因此，依恋感的培养又是移情能力和同情心形成的基础。

依恋感形成和发展的最佳时期，是在婴幼儿时期。研究者认为，母婴依恋印刻于出生之初，它有一个从自然依恋向社会依恋、从无区别的依恋到有区别的依恋、从范围较小的依恋到范围较大的依恋的发展过程。

现代生态学研究认为，有机体在生命运行过程中，存在着关键期，又称最佳期或敏感期，是一种"印刻现象"。关键期是指在个体发展过程中，在适宜的环境影响下，发展特别迅速、习性特别容易形成的时期。[1] 这一时期内，如果缺乏适宜的环境影响，就会引起不良反应，甚至会阻碍日后的正常发展。

印刻概念最早是由奥地利生态学家洛伦茨（Konrad Lorenz）在研究生物习性时提出的。他在动物早期习性的研究中，发现小鸭、小鹅出生之后，将第一眼看到的对象认作自己的母亲，并对其产生一种偏好和追随反应。这种"认母印刻"所发生的时间是出生后10—16个小时之间（现代研究结果更精确为8—9个小时）。洛伦茨将此印刻发生的时间称为认母行为的"关键期"，并根据有关实验指出：关键期形成的印刻，作为动物的习性保存下去，是不可逆向的，即一旦形成就不能修正或还原；倘若幼畜的印刻过程遭到阻碍或被迫中断，即一旦错过了这个关键期，其认母能力就将永远丧失，母畜和幼畜将永不相识。

在人类个体早期发展过程中，也同样存在着获得某些能力或学会某些行动的关键时刻。在此时刻，个体处于一种最积极的准备和接受状态，如果这时能够给予适当的刺激与帮助，某些能力就会迅速地发展起来。由于在关键期内，个体接受外来作用和经验影响的感受性和敏感性最为强烈，所以人们又把它称为"敏感期"。从学习和培养的角度看，这时期对某种特定的行为和能力，是最适宜的学习时期，其发展速度也最快，会达到最佳状态。因此，人们又称它为"最佳期"。"最佳期"即个体在发展过程中，教育和环境影响能起最大作用，能达到最佳效果的时期。

洛伦茨的研究，不仅让其获得了诺贝尔奖，而且引起了心理学界、教育界对

---

[1] 林崇德，杨治良，黄希庭. 心理学大辞典 [M]. 上海：上海教育出版社，2003：1798.

关键期、敏感期和最佳期的兴趣，并产生了大量的相关研究。有的研究者发现，人类胚胎最容易受到损害的关键期是怀孕后 6 周以内，即主要器官发育时期；绝大多数先天缺陷都发生在妊娠的关键性的头 3 个月内。有的研究者提出，大脑发育的关键期为出生后 5—10 个月。母婴的依恋感形成的关键期为出生后 0—7 个月。还有研究者认为：2—4 岁是儿童语音学习的关键年龄；5 岁左右是掌握数字概念的关键年龄；坚持性行为发展则在 4—5 岁之间最迅速等。这时期若给予相应方面的教育，会取得最佳效果。[1] 我国教育家陈鹤琴认为：幼稚期是人生可塑性最大的时期，也是奠定人生健全发展的时期，需要适当的环境与优良的养育，以促使民族的新生。许多研究表明，儿童自出生到三四岁的阶段中，如被剥夺了感性经验，缺乏社会交往，疏忽智力开发与缺乏双亲的抚爱、照料等，都会严重影响日后心理的正常发展。

一、依恋之美在人生之开端

婴幼儿时期依恋感的建立，对个体爱心的培养，对亲社会行为发展以及未来道德人格形成具有重要意义。它不仅是个体归属感、安全感、信赖感、亲切感形成发展的基础，也是道德人格形成、发展最重要的基础。同情心、同理心、自制力、自主感、乐观、信任、积极甚至责任心都是由依恋感的衍生、发展而迁移创生的。根据精神生态学分析，儿童对父母的依恋，有可能发展为对老师和同学的依恋。对学校、对家乡、对民族、对祖国甚至对人类的亲切依恋感的产生，也与早期健康的依恋感的形成有密切的关系。为此，我们一定要从小重视健康的亲切依恋感的培养，让婴幼儿在依恋感发展的最关键时期，建立最温馨的亲子关系和最美好的人际关系，为他们今后高层次情感发展奠定基础，为未来的社会体验留下深刻的印迹和满意愉悦的基础情调。

婴儿依恋感的形成对个体情感的健康发展具有奠基性的作用。在 20 世纪的大部分时间里，心理学家一直强调儿童与照料者之间的关系，并且把他们间的相

---

[1] 林崇德，杨治良，黄希庭. 心理学大辞典 [M]. 上海：上海教育出版社，2003：1798.

互作用看作是情绪和认知发展的基础。其中,照料者的关注,对形成婴儿的依恋安全感具有特别重要的意义,为婴儿提供愉快的照料者的行为,常常使婴儿产生积极的感觉和亲密的感情。[1]皮亚杰(Piaget)研究认为,智力与情感发展始于婴儿期。可是,婴儿的依恋需要还没有引起人们的足够重视。

在中国民间的育儿传统中,人们普遍认为,对初生婴儿的照料,最重要的三要素是:吃饱、穿暖、睡足。在这种育儿观念的影响下,抚育者常常把主要精力投入喂奶和饮食营养调节安排以及大小便早期训练上,而忽略了婴儿早期交往需求的满足,以及信任感的建立。在养育方式上,年轻夫妇的心态和动作容易急躁、生硬和粗糙,缺乏耐心、和蔼、柔顺和细致。这种育儿模式,在性质上还带有某些生物学模式的影响。将婴儿视为初生的小动物,似乎只有生理性的需求,而忽视了他具有早期的心理性、社会性的需求。上述观念,在西方心理学和教育学观念中也有存在。例如,弗洛伊德(Sigmund Freud)认为:婴儿生来就有要求满足的生物学本能。[2]儿童对食物的需要表现为力求感觉的满足。弗洛伊德认为,在婴儿期,吃的活动是使婴儿得到满足的最主要的根源。为婴儿喂食的过程是精力投入的过程。因此,在20世纪前中期,美国许多儿童发展研究专家和父母把注意力大量投入儿童喂食的研究上:是奶喂还是瓶喂?按时间表喂还是按儿童的要求喂?什么时候从奶喂转为瓶喂?如何从瓶喂到用杯子喂?……这些研究后来证明,儿童对亲人依恋的强度,并不是与一种简单的方式如喂食等物质需要满足次数相联系的。事实上,根据哈罗(Harry Harlow)的实验研究,母婴联结的源泉在于接触的舒适。他认为,即使是灵长类动物,与食物相联系的愉快并不是父母与婴儿依恋联结的基础。[3]那究竟什么是婴儿依恋感形成的关键性要素呢?新弗洛伊德派认为,是用富有感情的、始终一贯的、可信赖的和柔和的方式照料。[4]埃里克森(Erik H. Erikson)提出:婴儿期内关键的发展就是建立对别人的信任感。一直能体验到养育满足的婴儿,就能成功地通过这个发展阶

---

[1][2][3] P. 墨森,等. 儿童发展和个性[M]. 缪小春,等,译. 上海:上海教育出版社,1990:124.
[4]同上:125.

段，而没有这种体验的婴儿，可能缺乏对别人基本的信任感。孟昭兰教授也认为，依恋感形成于婴儿与成人交往过程中的感情交融，这种交融的关键变量是成人对婴儿发出信号的敏感性以及反应。她要求抚育者能始终不渝地听取婴儿的信号，正确地解释和理解这些信号，并作出即时、恰当的反应。依恋问题专家安斯沃思（Mary Ainsworth）指出，成人对儿童发出的感情信号的敏感性，开始于婴儿出生后的第一个月，成人对婴儿信号的敏感性的不同，导致婴儿对他们发出的信号的效果的信任程度和对成人的依赖程度的不同。[1]

由于1岁以前尚未获得语言交流功能，所以婴儿与成人常常用微笑、哭泣、转头、手指和注视等表情和行为动作来进行信息传送。在这些信号传递中，婴儿哭泣，作为呼唤成人陪伴的工具和武器，具有显著的效果。哭声能够帮助婴儿解除饥饿、疼痛、寒冷等状态，呼唤成人对他们的注意和照抚，使他们离开那些对他们来说具有危险的有害刺激，达到消除痛苦的目的。新生儿早期反射性微笑和全身性活跃，是为唤起抚育者的爱抚，具有情感交流的价值意义。而新生婴儿的视觉反应，却常常为抚育者所忽略。

我在对一位新生婴儿进行个案跟踪观察研究时发现，新生婴儿表达需求，除了有声的哭泣之外，还有无声的视觉信号，这种视觉信号携带情绪信息，具有独特奇异的信息传递交流功能。这种功能，如果引起成人的关注，就可能成为婴儿与抚育者之间建立情感联结的媒介，成为依恋感形成的重要机制。依恋是人生美育的第一课，依恋之美，在于它是亲情之源、人性之根、德性之本。

二、婴儿依恋感形成的内在机制

依恋是婴儿与抚育者之间一种积极的、充满深情的感情和身体方面的联结。依恋感形成有一个发展阶段，它可分为前依恋期、依恋建立期、依恋明确期和伙伴行为期。婴儿期正处于前依恋期和依恋建立时期。从对依恋对象的选择来看，有关研究认为可以分四个阶段，即出生至3个月，为无差别的社会反应阶段；

---

[1] 孟昭兰. 人类情绪 [M]. 上海：上海人民出版社，1989：284.

3—6个月，为有差别的社会反应阶段；6个月至30个月左右为特殊的情感联结阶段；约2岁以后，为目标调整的伙伴关系阶段。它形成的内在机制在于对婴儿需求的觉察、认同、悦纳和满足。其中，抚育者对婴儿视觉信号觉察的敏感度，对婴儿信号传递信息判断的准确度，对婴儿需求的接纳度以及对婴儿需求的满足度，在婴儿依恋感形成的阶段起着特别重要的作用。

我在参与抚育新生婴儿晓杰的过程中有以下发现。

晓杰出生头几天，除了对母亲有亲昵行为之外，我们还观察到，他出生第三天的上午，当护士来看望他时，他的小手将护士的衣角抓住，使护士感到奇怪和喜悦，也用手去拍拍晓杰表示亲热。5天后的下午，当我去看望他，用手抚摸他时，他也用小手把我的手握住。这种依恋性的行为动作，明显地带有无条件的性质。

晓杰出生后的1—2个月，我多次发现，当他吃饱后一个人躺着，要哭的时候，我一走近，啼哭就立即停止，晓杰还以微笑与全身性的欢乐活动来给予应答。出生后2个月时，晓杰较为明显地出现了要求成人给予关注、关怀的欲望，还有与成人对话的要求。我们发现，当我坐在他身旁看书时，他显得不太安静，但当我将头转向他，不仅注视，而且与他作对话式的"交谈"时，晓杰安静下来，还向我微笑，也以"咿呀学语"的方式与我"对话"，显得十分高兴。那笑脸相迎的神态，给人以自然、天真、甜蜜的感受，似乎不是我在喜欢他，而是他在喜欢我。他以这种婴儿特有的童真的微笑，吸引我去喜欢和关注他，他主动地抓住我去与他对话。这告诉人们，新生婴儿的依恋感有其先天性、自然性和本能性。他从降生起，在诞生生理生命的同时，精神生命也同时诞生了。他生理饥饿需要喂奶，他精神饥饿需要抚爱和关怀。这一阶段的啼哭，我初做统计，约有1/3是生理饥饿和肌体不舒服引起的，而有2/3是孤独、孤单、寂寞引起的。他生理需要的满足会产生对母亲的依恋，而精神需要的满足，就会产生对母亲和抚育者的依恋。按依恋印刻现象的研究来分析，生理饥饿不满足，就以啼哭来呼唤母亲喂奶，而精神饥饿不满足，就有可能使天然性的带有本能性的依恋行为消退。成长后，那种天真般的依恋行为不可能再出现，会给人以更多的冷淡和冷漠。如果初生婴儿早期带有本能性的依恋需要获得及时的满足,有可能使他的本能性的依恋与社会性、习得性的依恋结合起来,使个体依恋感的发展更带有自然性、天真性、丰富性和真诚性。

婴儿在2—3个月时,有要求成人抚摸和亲吻的欲望。新生婴儿在1个月时,由于身体的柔弱,以睡为主。而到2个月以后,我们开始注意到,晓杰见到有人在他旁边时,小手伸伸,似乎要成人去搂抱。我认为,这是他机体要求更多的接触、搂抱以及有一定活动能力和活动要求的表现。我主动搂抱他时,他手舞足蹈,显得特别高兴。我想,婴儿的笑和手足欢乐性的活动,正是婴儿身心满足感、愉悦感的反映。个体的依恋感就在这种温馨的怀抱中成长。在婴儿需要活动而自身机体难以独立活动期间,抚育者的怀抱不仅可以给婴儿更多的温暖、体贴和肌肤性的接触,而且可以扩大他的视野和增加他的活动量。在这个阶段,我认为,多亲多抱有百利而无一弊。虽然有人认为,婴儿早期不宜多抱,多抱会增强他的依赖性,但根据我的研究:婴儿尚未形成独立活动能力之前,时时处处依靠成人的关怀,这种依赖性正是新生儿个体发展的一个阶段的心理特征。依恋,某种程度产生于依赖之中。婴儿早期的依赖,包含有信任、安全、归属、可靠、保护等多种正向心理成分。成人依从婴儿,无微不至地关怀婴儿,使婴儿在潜意识中形成一种内在的交往模式,感受到自己有需求时,有人在关注自己,体贴自己,抚爱自己,这有可能深刻地影响其安全感、归属感和对人的信赖感的形成。如果忽略了这一阶段的依从、依赖和依靠,不仅直接影响依恋感形成的速度和强度,而且会带来焦虑、淡漠、易怒、多疑、不满足等种种心理性疾病和情感性贫乏症的产生。我认为,情感性交流、情感性发展、情感性培养,萌芽于新生婴儿的早期培育。我们应当让婴儿在人生之初,就得到人文关怀、科学的抚育和健康的成长。

根据上述研究,我认为,婴儿情绪的形成,开始得很早,早在婴儿出生之初。抚育者与婴儿的种种交往,包括注视、微笑、亲吻、搂抱等都是一种情感信息的传送,热线传送和冷漠苛刻会形成两种不同的定势模式,会影响儿童未来对人生、社会以至人类世界的种种态度。鉴于以上认识,我在抚育孙辈的过程中,特别关注他们的依恋感的形成和抚育者的心态研究。

第二节　抚育者的心态和抱的研究

我国心理学家林传鼎提出，要从小培养儿童的积极情绪。[1]他指出：热情是一种强烈、稳固而深刻的情感。[2]这决定一个人思想行为的基本方向。[3]一个人的热情，来自儿童期的基本感情欣赏。[4]没有喜悦，就没有热情。[5]为此，我对婴儿成长中的喜悦特别关注。据我观察，婴儿自出生后第一个月起，就有喜悦的表现。当他睡醒后，就有微笑的表情；在摇篮车中，他感到强度适宜的柔光，收听到节奏和谐的乐曲，显得高兴、欢乐、活跃。到 2—3 个月时，有明显的以定向反射为基础的探究欲出现，那时，他似乎对周围环境的一切都有兴趣和好奇。这成为这一阶段种种表情的优势反应。对此，我特别关注，晓杰从医院出来之后，我一有空，就主动地陪伴他。对他微笑、说话、抚摸、亲吻、搂抱，抱他到喜欢的地方去走走、玩玩。有人认为，从婴儿期开始就要做规矩，要进行习惯的训练。我认为，这一阶段，许多行为习惯尚未形成，也不可能马上形成，做规矩时要尊重自然规律，大小便习惯的训练一般要到 10 个月之后。10 个月之前，对婴儿热情、亲近，及时关注，主动关怀应是第一位的。

一、发挥关注的视觉效应

婴儿依恋感的形成，要求抚育者充分发挥关注的视觉效应。晓杰 4—5 个月时，喜欢到户外去活动，我认为，这正是探求欲发展的表现，应当给予充分的满足。他在户外看到绿色的小树、过往的行人、飞驶的车辆，感受到明媚的阳光、春风的吹拂……当他听到小鸟在鸣叫时，我就抱他到鸟笼旁边，让他仔细观察，静静欣赏。我发现，他的小眼睛睁得大大的，十分专注，这会为他未来欣赏自然、探求自然带来积极的影响。我想，人的精神生活中，应当从小印刻有绿色的

---

[1][2][3][4][5] 转引自：朱小蔓.道德教育论丛 第 2 卷 [M].南京：南京师范大学出版社，2002：234.

世界、明媚的阳光、鸟语花香的氛围……晓杰看到这一切，饶有兴趣地笑了。婴儿的笑正是他通向情感世界的钥匙，婴儿的微笑正是他与外部世界良性交融的一种愉悦感的反应，应当让他及早地生活在绿色和谐世界中，积极地去满足他感知丰富世界的合理需求。

婴儿依恋感的形成和抚育者的关注心态有密切的关联。下面是我在跟踪观察过程中记下的一篇研究性日记——《抱的研究》。

我每天抱晓杰，已有 8 个多月，每天 2—5 次，时间半小时至 3 个多小时。虽然不算最多最长，但舒适度、亲切度和满意度可能超过他人。有人说，男同志力气大，抱他出去玩，所以他喜欢你抱。我想，抱有抱的学问，有抱的科学和艺术。

二、抱有抱的不同心态

为什么要抱，以怎样的态度去抱，大有讲究。主动抱还是被动抱，喜欢抱还是不喜欢抱，享受享用享乐抱还是尽责任尽义务抱，动脑筋带有研究性抱还是不动脑筋当差使抱都不一样。民间俗语说"宁挑千斤担，不抱肉疙瘩"，这反映了一种消极性的心态。我们应以积极性的心态去搂抱婴儿。

我抱晓杰是因为喜欢抱他，看到他可爱，想到他的成长，特别感到抱是一种培养感情的方式，也是建立亲切依恋感的最佳方式；是给他以安全、抚爱的一种方式，又是全方位保护他，满足他身心需要的一种基本途径。同时，对自身而言，也是一种精神享受，尤其见到他的微笑，把他抱在怀里，感到有一种天伦之乐。抱在马路上，人家说，这娃娃很漂亮，白白胖胖……在一片称赞声中，我有一种特别的愉悦感。当然，有时也有不喜欢的时候：手边有不少任务缠身，尚未完成，又急于完成，此时，抱孩子与赶任务有矛盾，似乎不喜欢抱。但又想到，任务再忙，它有一定的弹性度，可以利用晚上时间，等婴儿睡觉之后来弥补。而抱婴儿是一个硬任务，不抱，他要哭，要吵，要影响他的健康和心理发展。宋庆龄表达过这样一个思想：培育孩子的事业是不可等待的事业。发展心理学告诉我们，这一年龄段，正是培养依恋感的关键时期，机不可失，时不再来。因此，原来不喜欢抱，想到这些，也变得喜欢抱了！

主动抱的好处多：可以增强亲切感；可以有利于婴儿在怀抱中成长，让他有一种温柔感；可以调节生活方式，休息日一天抱三四次，工作日的晚上再疲劳，也要抱他一刻钟到半小时，可以保持持续性的亲密度。

抱的心态表现为一种专心、关心和细心，除此之外，我还有一个与众不同的地方，我带有研究性的心态。我将晓杰抱在手中，除了使他舒适之外，还想如何与他进行情感交流，促使他的智力和情绪健康发展……包括边抱边观察边分析，研究他的种种心态。从他小眼睛的活动注视中，小身体的扭动中，头部的朝向中，小手的抚摸中，以至咿呀学语中，在"嗨……""喊……""哇……"的发声中，去辨别、寻找他喜欢的心态和有关心声的信息。看到他喜欢外出，喜欢观察户外的红绿世界和倾听小鸟的鸣声以及观看过路的行人，我认为这正是他探求欲萌芽的表现。智力开发，不是抽象的，而是在主动地满足他探求欲的过程中，强化他的智能发展。

三、抱的科学和抱的讨论

宝宝喜欢父母抱他，这是父母与宝宝的亲密接触、情感交流，是人类感情的一部分。蒙台梭利在《童年的秘密》一书中写道：当脐带被剪断之后，宝宝脱离了赖以生存的母体，他渴望将自己的躯体贴近他熟悉的肌肤，他需要母亲继续用他所熟悉的体温温暖他。

依据我的研究，宝宝0至1个月时，要少抱多躺多睡。1—6个月，要多抱多亲，甚至越多越好。6—10个月，抱和爬、坐、站结合起来，老是抱，会有负面效果的产生。这一阶段，放手让他在地板上打滚爬行，这对他的机体发育和智能发育有很大的促进作用。有研究表明：个体发展，有一个爬行动作发展阶段，在爬行中发展机体。10—12个月，就要让他学会独自行走。到那时候，再抱，不仅不利于独立性、自主性的发展，而且对亲切依恋感的形成，还会产生负面效应。

我参加过关注新生儿前半年阶段，多抱好还是少抱好的讨论。

宝宝在头一两个月内，大部分时间处于睡眠状态，所以父母在照料宝宝时应以静为主，以保证他有足够的睡眠时间。3个月以后，尤其到了5—6个月时，宝宝的活动能力增强了，对父母的亲密度增加了，此时"亲得父母受不了""一直要人抱"的现象就发生了，于是，父母之间也会为抱孩子的事而发生争议。

有年轻妈妈前来咨询：她的宝宝三四个月之后，老是要她抱，一放到床上，宝宝就哭个不停，弄得她任何家务都不能做。她感到困惑：如果依顺宝宝，一直抱在手里，养成了坏习惯怎么办？

有研究发现，抱婴儿时，一家人的心态各异：比如，妈妈抱宝宝常常是为了喂奶；爸爸抱孩子常常是忙于把尿；外婆或奶奶抱孩子是千方百计让他睡觉……可是，此时此刻如果宝宝不饿、不困、不需要把尿，他会反感，越抱越哭吵，真所谓横着抱也不是，竖着抱也不好。

关于抱的研究，在过去粗放型的抚育时期大家很少关注，随着亲子教育逐渐精致化，相关研究逐步深入，这方面的问题就越来越受人关注了。

一些年轻父母常有以下两个困惑。

一是4—5个月之后的婴儿是多抱好还是少抱好？一哭就抱好，还是等他不哭之后才抱他？

二是父母与爷爷奶奶、外公外婆应该以什么样的心态和姿势去怀抱宝宝，才使他更舒服、更舒心，更有利于宝宝身心的健康发展？

以下是我的思考。

第一，有研究表明：母亲的胸怀是培育新生婴儿最优良的教室，是宝宝健康成长最温馨的摇篮。

有些年轻妈妈为了保持体形的美感而用配方奶粉等来取代母乳，也有些年轻父母在激烈的社会竞争中，节奏较强的工作使他们感到十分疲惫，所以也懒得去多抱抱自己的小宝宝。从科学育儿观念来看，母乳是宝宝最宝贵的食物，母亲的怀抱是宝宝最温暖的港湾。

有实验证明：0—6个月的婴儿，常在母亲的怀抱中，用小耳朵听着妈妈的心声和细语，用小眼睛看着妈妈亲切的微笑，这样心声、细语和目光的传情，是亲子间心灵的沟通，对其今后智力发展和语言能力培养会产生神奇的效果。在两组对比实验中，得到更多拥抱和对话的宝宝智力和语言能力发展特别快。宝宝对亲人爱的感受，正是通过亲人的拥抱和亲吻而得到的。因此，对于3—6个月之间的宝宝，应多抱、多亲吻为好，这样可以增强宝宝与亲人之间的情感交流，还可以拓展宝宝的视野，扩大其活动空间，有利于宝宝感知能力的发展。

第二，要以关注宝宝需求的心态去怀抱宝宝。据我们了解，一般父母和其他抚育者在搂抱婴儿时，往往从自己的需要出发，或是为了喂奶，或是为了把尿，或者为了哄宝宝睡觉，这样就可以挤出时间做自己需要做的事，却很少关注宝宝的需要。事实上，宝宝从4—5个月开始，就关注起生动活泼又多彩的周围世界。刚出生时，他只能看到0.5米左右远的东西，出生2个月时他能追踪1米以内的移动物体，而4个月以后，婴儿能够像成人那样协调眼睛，移动脑袋去追踪物体。此时，随着视觉功能的增强，他的探究欲也开始形成与发展，他能转动自己的小脑袋，到处寻找其观赏物，注视色彩斑斓的周围世界。所以，在搂抱宝宝时，要关注宝宝的需求和认知的需要，看到他喜欢外出，喜欢观察户外的景物和倾听小鸟叫声以及观看过路人等表情出现时，就要给予最大程度的满足，抱着他走近对象物，让他看得清、看个够。这种关注婴儿认知发展的怀抱方式，既有利于宝宝认知能力的发展，也有利于从小培养其好奇心和求知欲，更可以增强亲子交往中的亲情感和依恋感。

第三，怀抱的姿势要随月份的不同而不同。一般情况下，对于2—3个月之间的婴儿，要以托、扶为主。这一阶段的宝宝颈部肌肉功能尚柔弱，所以要一手扶着宝宝的头部和颈部，另一只手扶在他的背部和臀部之间，以使其稳妥、舒适和安全。当宝宝到4—5个月时，能自己支撑头部了，便以抱腰为主，逐渐向竖直抱的方向发展。这样可以为宝宝提供身体和头部自由转动的余地，又可以让宝宝有更为广阔的视野和自主活动的可能。

宝宝6个月之后，随着他能爬、能坐、能站以至能走的行为动作的出现，抱他的时间就要逐渐减少。如果还是一味地搂他在怀里，会使宝宝产生依赖性，影响他的独立性、自主性和坚韧性的发展。

四、依恋带来深刻的积极影响

依恋中的视觉效应存在着三个维度。我根据几年来直接参与婴儿抚育的实践证明：婴儿成长，吃、穿、睡是重要的，抱的姿势研究是重要的，但更需要重视的是怀抱婴儿的视觉反应和情感交流。这里存在着三个度：一是对婴儿表情、行为动作和需求关注的敏感度；二是对婴儿所给予的需求信息判断的准确度；三是抚育者对婴儿需求的认同接纳和满足度。我认为，以上三个"度"对依恋感形成具有决定性的影响。

我在抚育婴儿的过程中，全身心地去关注他各种行为、表情所反映的欲望、要求、兴趣、爱好以及活动倾向。我们经过幼儿园，听到广播音乐，他很感兴趣时，我们就走近幼儿园，让他观看幼儿做早操；看到幼儿园有木马玩具，他可以注视 5 到 10 分钟。我对视觉注视、听觉倾向、身体姿势倾斜、头部转动、小手指向、嘴巴活动、发声特征等都一一关注，仔细揣摩，力求迅速及时作出准确的反应，尽可能满足他合理而可能满足的种种要求。例如，我感受到，不到 10 个月的婴儿，已经对幼儿园产生了强烈的兴趣和向往，因此，我主动地与附近幼儿园的老师商量，在不影响幼儿园正常活动的情况下，利用下午 4 点以后的时间，让宝宝有机会到幼儿园体验一下那儿的游戏世界。此时此刻，那欢乐的情景，使他非常兴奋。由此使我想到亲子学苑开办的必要性，幼儿园可以向更小的婴幼儿开放，早日实现托幼一体化。

在几年来抚育婴儿的实践中，我感受到，这一阶段（0—1 岁）重视依恋感的培养，对个体的身心发展和良性人际关系的建立，正在发生着深刻的影响。取得的显著效果有以下四点。

第一，建立了超乎寻常的亲切依恋情感。周围人都说："这孩子对你特别亲。一见到你，不仅迫不及待地要你抱，而且，抱在身上，更是眉开眼笑，笑口常开。有时还会伸出舌尖，带有特别亲昵的神态。"在我出差时，家人告诉我："这孩子居然爬到你床上，看到你平时穿的那件风雪大衣，他闻闻你的衣服也显得特别高兴。"这是他出生后 8 个月时出现的依恋现象。这现象在他对母亲的依恋中，也时有发生。它带有爱屋及乌的移情性意义。家人还说："你研究依恋感，现在尝到了依恋感的味道了，你走到哪里，他跟到哪里，一清早当他见到你时，就连漱口洗脸的时间也不给你，他扑到你身上，缠住你不放……"这使我想起有一首歌："情是牢，爱是牢，缠在身上吃不消。"婴儿初期这种依恋需要珍惜，至于今后如何把握好依恋度，需要再在跟踪观察中加以进一步研究。

第二，依恋感带来明显的安全感。具体标志是我抱他睡觉的效率特别高，入睡速度特别快。疲倦时，只要我一抱，他可以在几分钟甚至几秒钟就进入睡眠状态，而且，即使没有达到极度疲劳时，在一般状态下，我抱他睡觉，他也比较安静、安稳、安定地伏在我肩上，静静地躺一段时间，再进入睡眠状态。这说明他伏在我的怀中，有一种心灵上的归属，这有助于他的身心健康和快速进入梦乡。

第三，由于我对他的关怀，似乎他对我也显得特别的亲昵和尊重。除了经常性地将他认为可口好吃的糖果塞到我嘴里之外，还对我心爱的图书给予出奇的爱护。在晓杰没有出生之前，我们全家最为担心的事是我家有藏书几千本，而且散放在家里的每个角落。当时大家害怕婴儿出生后，出于好奇好玩而会撕书。可是，从宝宝出生后的几年来看，不仅没有出现过撕书的行为，而且，在看到那么多图书时，有时出于好玩，晓杰会一本一本、一页一页地翻动它，似乎看得很认真。我想，依恋感形成的教育效应，使婴儿对他依恋对象的观察性学习能力明显提高。

第四，依恋感形成还有利于婴儿活动性、探求欲的增强。我发现他在依恋对象的身边更活泼，精力特别充沛，可以较长时间地进行各种活动……而在陌生人的身旁，就有很大的拘谨性和紧张度，会影响和抑制婴儿的潜力发挥。

当然，也有不少问题需要进行更深入的研究和探索。首先，婴幼儿依恋感形成的内在机制是他的需要的满足。事实上，在个体成长的过程中，婴儿的种种需要不可能都给予满足。当某些需要得不到满足时，婴儿会任性并啼哭，此事如何处理为好？其次，婴幼儿依恋感的形成，具有相当大的动态性。早期关怀，有利于依恋行为的形成，但需要不断强化，一旦接触减少，依恋的强度也会随之而削弱。而且，依恋水平也有一个逐步提高的过程。婴儿早期，物质需要和抱他外出活动需要的满足，容易建立依恋关系，而随着个体物质需要和精神需要水平的不断提高，抚育者的关怀水平也要及时跟上，否则，有可能损失依恋的内在价值，影响孩子终生发展。

第三节　婴儿的哭与笑及怕陌生人

一、哭，是婴儿的第一语言

年轻父母对婴儿的哭与笑往往有两种不同的态度：见宝宝微笑，会眉开眼笑，满心喜欢，爱意倍增；而一听到婴儿的哭声，不是心烦意乱，手忙脚乱，就是不知所措，甚至产生抱怨、责怪，骂孩子为"爱哭鬼"。还会说："你越哭，就越不喜欢你！"其结果，孩子会哭得更厉害，久哭不止，带给父母更多的焦虑和不安。造成上述心态的原因是，我们对婴儿啼哭的意义缺乏了解。有人认为，对婴儿的哭，应不睬不理，不依不抱，让他去啼哭，此举一度被认为能够克服孩子的任性，是一种培养独立性的方式。对此，有医学专家认为：这是对婴儿啼哭的误读。有专著在解读"婴语"密码时认为：当宝宝哭泣时，一定要立刻抱他，因为哭是宝宝向妈妈传递情感需求的重要方式；如果置之不理，就会对宝宝的发育造成不良的影响。[1]

美国哈佛大学怀特（Burton L. White）教授在长达19年对婴幼儿的跟踪研究中也认为：不理睬婴幼儿哭声者，是愚蠢无知者，漠视、不关心婴儿的哭声会给婴儿未来发育造成终生的伤害。怀特教授认为：让婴儿号啕大哭是有益的看法，是一种思想上的混乱。他认为：头七个月的婴儿不会被惯坏，因为，新生婴儿的啼哭，是一种合情合理的自然现象。哭是婴儿最有效满足需要和减少焦虑的生存方式，它带有期望要求、诉求和安慰及关怀。因此，抱抱、摇摇对解除婴儿不愉快是有效的办法。有研究表明：经常、迅速对婴儿的啼哭作出反应，能使抚

---

[1] 王玉玮. 读懂宝宝心，激发正能量 [M]. 北京：中国人口出版社，2013：8.

育者和婴儿之间更加依恋。大量证据表明，婴儿天生适合被人抱，抱能够使得头脑、眼睛、耳朵等发展得更好。此外，抱一抱也是使婴儿从烦恼转为愉快的少数几个可靠的方法之一。[1]

　　桑标教授也认为，哭泣是婴儿表达情绪的一种常见方式，是为了加强婴儿与照顾者之间的联系。新生儿哭泣的原因很多，最初主要是因为饥饿、冷、湿、疼痛、睡眠不足等。婴儿发出不同类型的哭泣通常反映其痛苦的不同性质。有关研究认为：婴儿哭泣可分三种模式，一是饥饿的哭泣，二是愤怒的哭泣，三是痛苦的哭泣。它有三个发展阶段。第一阶段：生理—心理激活（出生—1个月），新生儿哭泣是饥饿、腹痛或身体不适所致；第二阶段：心理激活（1个月起），表现为低频、无节奏的、没有眼泪的"假哭"；第三阶段：有区别的哭泣（2个月—22个月），这是一种社会行为，反映出婴儿的某种需要，传递某些信息。[2]

　　我在参与婴儿抚育的过程中，也发现常见的啼哭原因是饥饿或要换尿布，感到太热或太冷，累了想睡觉，或身体不舒服，或者感到孤独、寂寞，需要亲抚和伴随。

　　我还发现，婴儿的啼哭，除了一般意义上的信息表达之外，还有生存适应和审美性情感交流的特殊意义。卢梭在《爱弥儿》一书中提到：啼哭是婴儿的第一语言，当婴儿啼哭时，我们要细心辨别他因需要大人的帮助而用哭声向大人提出的要求。我们从审美化的观点来看：婴儿的啼哭是一种对父母的依恋、信任和亲情的表现。发展心理学家埃里克森认为：这是婴儿早期健康人格形成最初阶段的适应性和信任感形成期的重要特征。我们过去不了解：婴儿出生之前，他在胎儿阶段是生存在羊水之中的，其水温和气压均有特殊的稳定性、适应性和舒适感。有研究认为：婴儿出生后开始依靠肺脏和其他各种生理系统的活动生存，这些生理系统是他在母体内所从未使用过的。此外，对于许多婴儿来说，出生过程本身就是生理上的一个艰难历程，分娩时婴儿的疲劳感，人们很难理解。所以，最初

---

[1] 伯顿·怀特. 一生的头三年 [M]. 刘庆衍，等，译. 北京：北京出版社，1987：25.
[2] 桑标. 当代儿童发展心理学 [M]. 上海：上海教育出版社，2003：303.

阶段，他需要较长的睡眠。母胎内外两种完全不同的生存方式之间有一个适应性的过渡阶段。[1]因此，婴儿的啼哭是人生早期的生存智慧——求助能力的体现，是在口头语言尚未发展的情况下，他所试用的自我保护的特殊的替代性语言，以此来请求解除他体内外的不适应、不适意或带有痛苦性的伤害。因此，我们要以理解、信任和细心的态度去倾听并寻找婴儿啼哭的内外原因，去满足他的诉求和解除他的痛苦。

我在小孙子出生后的13天内，专门写过几篇"哭的研究"，以下摘录其中一部分。

> 宝宝从产科医院出来之后，有一周了。我在抱宝宝时，有时见到他十分安静地看我，那时，他眼睛睁得比平时大，显得十分可爱。可是，好景不长，不到十分钟，他莫名其妙地哭吵起来。我想，婴儿啼哭总不会是无缘无故的，这需要我们去研究。我从一本婴儿保健宝典上看到，婴儿的哭，并不都是挨饿引起的。有时是因为过饱或尿布湿了，或是身体某一地方不舒服，或是没有伴同，他有寂寞感、孤独感……总之，原因种种，我们要护理好婴儿，首先要读懂婴儿哭声的含义。
>
> 此时，我家太外婆提醒我要仔细地查查其原因。
>
> 她说，过去她看到过一个婴儿整天哭，一查发现有针刺在身上。她又说，我家宝宝有时会哭，除了常规性原因之外，是否与他的胃不舒服有关，表现为转奶、吐奶。经老太太提醒，我在细查中发现，宝宝的尿布包得太紧，大腿之间有点红肿，于是，解开尿布，重新作了宽松的包护，他不仅止住了啼哭，而且还露出了笑容。这使我联想到婴儿研究中的记载："人生第一时期是属于最不适意的时期，不愉快的感觉总是占优势，常要啼哭，一直到睡着为止。"这就要求我们在新生儿出生后的头三个月，给予婴儿以特别的理解与信任，以特殊的方式给予关心、照顾和护理。为此，我在抚育中尽可能使他舒服和快乐，在抱他时，不断变换姿势，并给予摇摆与走动，还时

---

[1] 伯顿·怀特. 一生的头三年 [M]. 刘庆衍，等，译. 北京：北京出版社，1987：9.

常注视他。此时,他也以微笑对我,并开心地注视我。

我从德国心理学家普莱尔(W. Preyer)著的《幼儿的感觉与意志》一书中看到:人生最初三个月,婴儿不快之感的外部表现是啼哭。[1]其特点是:在疼痛时,是刺耳而持久的哭;身体不舒服时是一种呜咽;在洗冷水之时是不断的并且大声的;在饥饿时是常常中断的;假如是要什么东西而得不到,就是啼哭增加到出乎意料的强度,又很快地变弱,不久又加了无音节以及有音节的声音,作为不舒服的表现。[2]婴儿还不能够哼哼呻吟,他只能出声啼哭……[3]此书还记载着:婴儿啼哭有外部原因与内部原因。外部原因之一是衣服裹得太紧;内部原因是睡眠不足、困倦。也有抚育者不细心、不耐心而引起的粗暴及不满情绪的发泄,会给婴儿带来情绪上的惊恐、惊吓、骇愕等负面影响。因此,我们应给予婴儿以充分的信任与理解,以积极的态度,想方设法去消除一切引发婴儿啼哭的原因。

我在最近的观察中,感到婴儿的孤独感是引发其啼哭的主要原因之一,婴儿似乎有一种强烈的心理需要,他要求成人给予他抚爱与伴随,这使他在心理上有一种安全感和舒适感。这阶段的婴儿,虽然还没有认人,但有人在他身旁,在抚摸他,在注视着他时,会使他产生安全感,因此,常常会眉开眼笑。我家84岁的太外婆见此情态常说:"这孩子从小表情很足,微笑时很能引人喜欢。"

我在参与抚育小外孙时,也写过有关哭的研究日记,现摘抄如下。

今天上午,我去看望宝宝,将宝宝抱在身上,靠南窗有阳光照射进来,加上我的轻微摇摆,宝宝十分舒适,眼睛略闭,似乎在微睡中。过一会儿,宝宝哭吵起来,我忙用玩具去哄他,与他对话,抱他走动,可不奏效。我从他响亮的哭声中似乎听到:"我饿了!我饿了!"此时,我把宝宝交给他妈妈,让他妈妈给他喂奶。他妈妈还发觉尿布湿了,于是,就给他换尿布,让他舒服。过了一会儿,他眼睛略闭上。在微睡状态时,电话铃响了,宝宝惊

---

[1][2][3] W. 蒲来尔. 幼儿的感觉与意志 [M]. 孙国华, 等, 译. 北京: 科学出版社, 1960: 90.

醒，哭了几声，我及时作出反应，不仅马上把他抱在身边，而且还又哄、又走动、又摇摆，能想到的办法都用上了。他止哭后，躺在我怀里，略带微笑，看看我。那时，他外婆说："样样依顺他，不要惯坏。"据我了解，新生儿在第一个月中，抚育的主要方式是关心，使宝宝舒服、满足和搂抱、摇动，让宝宝在抚育者的关心中感知和适应环境。

普莱尔认为：人生最初的幸福感来自不舒服感的排除。怀特也认为：对新生儿抱抱、摇摇，对于解除婴儿不管由于什么原因引起的不愉快都有相当好的效果。他认为：儿童个性的基础是在他与照料他的成年人最早的相互接触中形成的。[1]

我当时虽然感到抚育新生儿很累，但想到给婴儿的舒适与愉悦是第一位的……，便觉得更要付出爱心、耐心及细心。

上述日记记于将近20年前，后来的跟踪研究证实，有关专家的论断是可取的。根据埃里克森的观点，在生命的第一年，儿童必须发展与"信赖别人"相关的能力。信任是健康人格的基本组成部分。在婴儿生命最初的一年，"信赖别人"能力的养成取决于得到信任和关爱的质量。[2]

因此对婴儿的哭，抚育者不应该讨厌或心烦，而是要善于倾听和分辨，要以极为敏感的心态去作出准确的反应，并尽可能给予满足。我们应把婴儿的啼哭看作是他唯一有能力表达自己意思的一种手段。身体健康、活泼可爱的婴儿一般不会无缘无故地哭，他们的哭一定是有理由的，对此我们一定要及时满足而不能漠不关心。有研究表明：婴儿在两三个月时，正是最容易啼哭的时期，也是生理和心理需要获得满足感最为强烈的时期。这对于每一个抚育者来说，是把握婴儿满足感、安全感和亲热感形成的最佳时期。

有研究证明，新生儿有着与生俱来的对特殊刺激的反射行为。有些是适应性的，它具有生物学意义，如在光线强烈时闭上眼睛，扭动身体以避开不适等；有

---

[1] 伯顿·怀特.一生的头三年[M].刘庆衍，等，译.北京：北京出版社，1987：4-5.
[2] 默里·托马斯.儿童发展理论：比较的视角（第六版）[M].郭本禹，等，译.上海：上海教育出版社，2009：28.

些反射则是遗传留下的过去生活的痕迹，如拥抱反射等。林崇德教授在他所著的《发展心理学》上提到：新生儿的无条件反射有 70 多种，如食物反射、吸吮反射、抓握反射、觅食反射等。[1] 这些出生时就具有的本能，为婴儿的生存提供了先决条件。这些本能行为，有些随生长而自然消退，有些由广泛化向精准化方向发展。因此，我们对婴儿的早期行为要有更多的理解和尊重。

在这个阶段，婴儿的任何需要都带有合理性，所以在抚育方式上，要百依百顺，这是对宝宝早期的自然生存需求的尊重与关怀，也是对其身心健康发展的早期保护。对婴儿行为的调控，要有一个顺其自然，逐步适应的过程，不可操之过急。以睡眠作息为例，对于成人来说，日作夜息已成常规。对婴儿来说，则不然，要给予理解和尊重。

二、婴儿的微笑——心花初放时的灿烂

我在长期进行的"教育中的情和爱"的研究中，提及过小学生的傻笑和教师的微笑，也在 20 世纪 80 年代阅读过三联书店出版的由法国作家让·诺安写的《笑的历史》等有关笑的专著。这次在整理抚育婴幼儿成长日记的过程中，对婴儿的微笑，写过好几篇研究日记，对婴儿微笑在他们健康成长中的意义与作用，有了不少新的认识。

在国外，有人对笑有专门的研究，包括笑的生理学研究、哲学研究、社会学研究等许多方面。诺安在《笑的历史》一书中，提出了笑的含义、原因、种类，分析了它与人的情感发展及人格形成的关系等问题。诺安认为：微笑是属于怡然自得性的笑，它发出一种奇妙而又真诚美丽的生命信息，有利于人的身心健康，有利于婴幼儿情感发展与完美人格的早期培育。书上提到达尔文对婴儿的观察研究，达尔文用一片树叶搔一下生下来只有 48 天的婴儿的脚心时，就会看到孩子缩回脚掌，并发出某种声音，同时做出一种可以称之为微笑的表情。[2] 关于婴

---

[1] 林崇德. 发展心理学 第 2 版 [M]. 杭州：浙江教育出版社，2019：156-157.
[2] 让·诺安. 笑的历史 [M]. 果永毅，许崇山，译. 北京：三联书店，1987：46.

儿的微笑,既有生理因素,又有心理因素。面容灿烂、双臂舒展、神采飞扬、喜形于色,是生理与心理的整合,能引人喜欢。笑能反映婴儿生理上的舒适、心理上的满足,它具有亲和性的感染力。发展心理学认为:婴儿的微笑是一种社会性财富。父母及祖父母们会试图引发这一甜蜜的表情,如同心花初放时的灿烂。婴儿的微笑有多样化的含义,它能对许多刺激作出反应。

桑标主编的《当代儿童发展心理学》一书中,吸收与分析了鲍尔贝(John Bowlby)等人关于婴儿微笑发展的研究成果。婴儿微笑的发展分三个阶段。第一阶段,自发微笑(0—5周),又称内源性微笑。表现为用嘴作怪相。第二阶段,无选择的社会性微笑(3—4月起)。它由外源性刺激引起。此时,婴儿在微笑时十分活跃,眼睛明亮,眼睛周围的皮肤也随之皱起,微笑持续的时间相当短。从3个月开始,婴儿的微笑次数增加,这标志着选择性的社会性微笑的开始。这种社会性微笑,在模仿和维持婴儿与成人之间的互动过程中起了一种替代作用,被认为是婴儿发展的重要里程碑。第三阶段,有选择的社会性微笑(5—6个月起)。随着婴儿处理视觉刺激的能力增强,他能够认出熟悉的脸和其他的东西,开始能对不同的个体作出不同的微笑反应。这种有选择的社会性微笑增强了婴儿与照顾者之间的依恋。[1] 这方面,我开展过婴儿依恋感形成的内在机制和抚育者的视觉反应的专题研究,其成果发表在南京师范大学"道德教育论丛"第二卷上。[2]

我在对婴儿的观察研究中,发现婴儿最早的微笑出现在生命的第一个月。宝宝刚满月,我就发现他有明显的变化,似乎变得更懂事,哭闹明显减少。在满月那天,他睡得很好,醒来之后,安静地躺着。他妈妈对奶奶说:"现在像个大小孩子了。"这说明,满月是一个成长阶段性的标志。

普莱尔在《幼儿的感觉与意志》一书中提到:出生后不久,饥和渴就出现了。如果饥渴之感不解决,小孩就哭,并躁动不安。出院后头十天,宝宝吃饱了

---

[1] 桑标.当代儿童发展心理学[M].上海:上海教育出版社,2003:304.
[2] 朱小蔓.道德教育论丛 第二卷[M].南京:南京师范大学出版社,2002:231.

奶后睡着时，我看见他的嘴有微笑的样子，这是饱餐之感的出现，带有生理上的满足。这一微笑经常出现。后来，出现的次数越来越多。婴儿最初的微笑，可能还不是一种社会交往的形式，但常有引起成年人照顾者的正向情感，带有社会性微笑的因素。我在宝宝出生第四个星期后，见他吃完奶到开始睡眠之间，常有表示满意的讯号出现，张开眼睛发笑，然后再闭上眼，发出无音节的声音。即使没有看见他，大人也可以从这些声音中知道他的满意和满足。普莱尔认为：在健康婴儿的身上，充饥是最大的快乐。因此，我们要对婴儿的饥渴感和饱餐感适度把握，让他感到舒适为好。

经过细致的观察研究，我发现婴儿的微笑有三种：一是生理性满足后的微笑；二是社会性交往的微笑；三是认知性的微笑。以上三者常常又整合在一起，要求抚育者在与婴儿的交往中，不仅单纯满足他的生理上的需要，而且要多与他接触、亲吻、对话、交谈，来提高他的微笑的水平与质量。我在宝宝满月后的另一篇日记中，有如下叙述。

普莱尔认为：在一切感官之中，新生儿刚出生时，味觉是最先发展的。婴儿能立刻分辨出甜与苦，酸、咸与苦的不同。我家宝宝，我给他品尝的汽水，有明显的甜味，还略带有一点酸味。他的小嘴在品尝时，富有表情，用微笑表示高兴、开心，还略带有一些好奇的表情。

普莱尔认为：小孩在生命最初期的感情，无疑没有很多种类，但很强烈。他常受适意或不适意所支配。我们要了解初生儿早期的交往性的情绪状态，要细致地观察其面部表情。有研究说明：出生三天的新生儿在快速眼动睡眠中出现微笑面容，是婴儿身体处于舒适状态的反射，是先天性情绪模式的最早显露。这一点，我在观察中也发现，新生婴儿在出生后的2—3天，常有微笑的显露。

宝宝出生后的20天里，我们在婴儿面前频频给予他亲切、亲热的安抚，使得他的舒适感不断增强，出现了人际交往中的社会性微笑的萌芽。

人类情绪学认为：这是人类婴儿的生物——社会适应的典型的情绪交往模式出现的例证。这种良性的社会交往中的亲热行为，来自婴儿为生存和母亲哺喂之间的生理性满足的联系，使人们感到婴儿更加甜美和可爱可亲。由此，彼此间亲近亲切的行为也会更多。这种社会性的微笑，成为婴儿对亲人交往的一种应答，与此同时，又是主动唤起成人亲近的激活器。这为婴儿与亲人之间的良性交往提供了情感交流的互动机制，为美美与共的家庭早期审美化抚育提供了范例。

有研究还证明：爱笑的宝宝长大后大多较聪明。这是在系统研究年龄与智慧之间的关系后得出的结论。天真快乐效应是婴儿与他人交往的第一步，在精神发育方面是一次飞跃，对大脑发育是一种良性刺激，被誉为智慧的一缕曙光。至于无人自笑，乃是婴儿在生理需要方面获得满足后的一种心理反应，这两种笑均有益大脑的发育。医学界还认为：笑是一种"器官体操"，对内脏器官有"按摩"的作用。因此，笑不仅是开启婴幼儿智能与情智的一把"金钥匙"，也是促进其全身各器官均衡发展的一种"体育运动"。所以，父母要在与宝宝的接触中，多用欢乐的表情和亲切的语言以及玩具等来激发其天真快乐的积极效应。新生婴儿从降临人间之初，就能在互亲互爱，自然微笑中健康成长。

我在宝宝四个月后，写过一篇题为《微笑是开发婴儿心灵的钥匙》的日记。

多元智能理论的创始者，加德纳（Howard Gardner）在《艺术与人的发展》一书中提到：我们把微笑当作通向婴儿情感状态的钥匙，我们会发现，它最初是由内在因素——一般的身体均衡或需要之减少所确定的。[1] 对宝宝的微笑，应特别加以关注。我见我家宝宝对我特别亲，一见我，总是笑脸相迎，先是脸上笑，后再伸出舌头，带有特别亲昵的笑。当我抱他时，他更是手舞足蹈，开口大笑。他奶奶说："现在爷爷身边最亲的人就是这小宝宝。"

埃里克森在从事个体成长研究的过程中，提出同一性、认同性的观点。他认为：婴儿的微笑正是自我满足的一种积极性的应答。一个婴儿可以从一

---

[1] H. 加登纳. 艺术与人的发展 [M]. 兰金仁，译. 北京：光明日报出版社，1988：96.（"加登纳"即加德纳，两者系译法不同）

开始就表现出类似于自主性的动作,他的微笑正是生理上的满足、机体上的舒适、交往上的愉悦、认知上的好奇等多种因素的积极应答,这种基本信任应视为有活力的人格形成的基石。

以上日记,写于宝宝出生后的头几个月。在我跟踪研究的 20 年后,日记中的美好愿望正在实现,其中提到的研究成果也得到证实。这孩子从幼儿园到小学、中学至大学,老师们均称赞他为阳光少年,性格平和、为人热情、宽厚待人。他在作文中多次写道:"赠人玫瑰,手有余香。"老师的评语是:"你的可贵之处在于平和而又大气,平和而宠辱不惊,豁达而大度大方,与每一位同学相处都很好。"我联想到以上一切,与他婴儿期所获得的奠基性的抚育与影响有关。

三、怕陌生人

我孙子出生 4 个月左右时,大家就开始议论他的认人表现。他奶奶说:"这孩子在变,变得连奶奶也不要了,只要妈妈。"他妈妈也认为那么小的孩子就认人,多不好。别人家的孩子 5 个月了也不认人,谁去抱他他都要,这多好!

其实,婴儿心理学的研究发现:新生儿出生第二天就能注视像面孔一样的模式刺激物,而不喜欢看没有图形模式的圆盘。这似乎告诉我们:婴儿对人的面孔有特别明显的兴趣,他们注视人的面孔的时间比注视其他东西的时间更长。但是,这现象并不能说明婴儿特别地认识人的面孔,因为有人把五官位置颠倒的面孔给婴儿看,他们也同样产生兴趣。

还有研究表明:0—2 个月的婴儿还没有形成图像知觉,所以常常分不清楚自家人与陌生人。出生 3 个月之后,婴儿已有了接触人面孔的经验,对母亲与抚育者面孔的辨认逐渐由模糊变得清晰。这种对亲人图像模式视觉的发展,对婴儿成长起着很重要的作用,它促进婴儿的认知水平和社会性情感发展的提高。3 个月大的婴儿已对人的面孔形成了清晰的印象,他对熟悉的亲人面孔尤其喜欢,这也是对亲人的一种肯定和接纳。

从三四个月到五六个月,随着婴儿对亲人面孔辨认细微度的提升,以及对亲人语音、气味等熟悉度的提高,他对亲人显出更大的偏爱。在不同人之间就有了一种选择的能力,并对陌生人显出警觉和回避反应。这正是婴儿心理功能水平提高的重要标志,也是亲人恒存意识开始形成的体现,这为婴儿对亲人产生强烈的依恋感、亲切感、归属感提供了认知基础。

儿科医生对婴儿的陌生感有过不少记载,有人写道:通过观察,发现孩子在不同阶段对陌生人有不同的反应。在2个月时,婴儿不大有陌生感,他们见到医生、护士不怕,有的孩子躺在体检台上,看看医生,看看妈妈,似乎若无其事。有的孩子还会感到高兴,会手舞足蹈。到五六个月的时候,婴儿对医生、护士的态度开始有了变化,他们逐步能辨认出医生和护士是陌生人,并感到害怕,还竭力想躲避。说明这个阶段的婴儿进入了认人的特别敏感期,他们从五六个月的观察中获得了某些识别记忆,开始能识别自己的父母,并且喜欢与他们在一起。因为与父母在一起使婴儿感到安全、愉悦和温馨,他们逐渐形成一种对亲人的恒存意识。任何不熟悉的人出现时,婴儿在记忆的检索中找不到这个人的形象,他就会产生警觉,并感到不安、焦虑和害怕。这种怕生现象的出现,正是婴儿认知能力发展的体现。对婴儿这种认人的心态,不应采取否定态度,而要给予理解和尊重。

我家宝宝认人有这样一个过程:出生后2个月认妈妈,3个月认爸爸,4个月开始认爷爷、奶奶、外婆、外公,到五六个月之后逐渐认太外婆等。其中,有一个重要因素是与他交往的亲密度,谁对他关怀多,他就对谁更亲近。妈妈爸爸与他同住一室,朝夕相处,所以较早形成一种特殊的依恋感。小孙子出生后,我积极参与抚育孩子的任务,因此我成了宝宝亲近的人物。我家80多岁的老太太,虽然十分喜欢这个重孙子,但由于年事已高,平时与宝宝接触相对较少,因此,这孩子出生后有一段时间还把老太太当作陌生人来看。对此,我们大家表示理解,采取较为宽容的态度,让他有一个从陌生到熟悉,再到亲近的发展过程。

对于婴儿怕陌生人的现象,不必过分担心。我家宝宝认人较早,起初,我们也担心他将来不喜欢交往,不合群。但事实证明,到了1岁半之后,他的合群心态表现得较为强烈,在与人交往的过程中,也表现得较为自然。

宝宝半岁之后,他妈妈要上班,我们曾联系过一位阿姨来照看他,但他这个时候怕陌生人怕得厉害,常啼哭不止。后来,我们又联系到了另一位阿姨来照顾他。为了使孩子不感到过于突然和害怕，我们便让这位阿姨与孩子多一点接触。我们先抱宝宝到阿姨家玩了一段时间，让他逐渐熟悉阿姨和新的环境，有了一个适应过程后，这陌生人也就逐渐成为熟悉者，然后成为另一位可亲近的人。

其实婴儿见到陌生人哭泣、躲避、害怕甚至吵闹是正常现象，不要误认为是"无理取闹"和"不懂礼貌"，而去责怪或打骂孩子。这样做不仅无济于事，反而会强化婴儿怕陌生人的心理。

有些年轻父母，为了让自己的孩子从小就学会与人交往的本领，常常喜欢带孩子到同事家或公共场所去接触更多的陌生人。其出发点和用心是好的，但不宜操之过急。1岁以内主要培养与父母的交往，然后再扩展到亲戚、街坊四邻和同伴。有研究认为：2岁以前，婴儿对陌生人及陌生环境的警觉和惧怕心理依然存在。所以，这阶段，培养交往能力要逐步进行，比如先经常抱孩子到邻居家串门或抱他到街上去散步，让他在自然的社会交往中多接触社会与熟悉他人，为孩子提供与人交往的环境氛围。尤其要多和小朋友接触，让婴幼儿在与同伴的游玩中，增长社交能力和培养合群性格，使其怕生感逐渐消退。

第四节 婴儿的吮手、翻身、触摸与爬行

一、吮手的快乐

小孙子零岁时，我常见他把大拇指放在小嘴唇上啃啃舔舔，像吃棒棒糖那样有滋有味，神态显得十分快乐。对此，我家出现了两种不同的看法。一种认为这是不卫生的行为，如果不及时制止，其后果是手指吮得又红又肿，远期后果是有可能成为坏习惯带入幼儿园和小学。所以，主张要及早采取坚决而果断的措施，只要他将小手一放入嘴里，不是马上拿掉，便是去打他的小手。可是，这两者均不收效，带来的却是大哭大闹，有一次居然哭了半个小时，弄得大家束手无策，似乎他的手不放在嘴里就无法安定和入睡。

另一种认为，对此应当给予研究和理解。有研究发现：胎儿在妈妈肚子里就开始吃指头了。婴儿吃手指其实是一种自我安慰的习惯，弗洛伊德认为：在婴儿

期，吃的活动是使婴儿得到满足的最主要的方式，这年龄阶段正处于快感的口唇期。如果口唇吮吸需要得不到必要的满足，就会延缓婴儿身心的发展，以致影响他的情绪——不是暴躁，便是消沉。

还有人认为，婴儿期吮手指是智力发展的一种信号。新生儿出生时，由于大脑皮质尚未发育成熟，他们还不能指挥自己的小手。到了两三个月时，随着大脑皮质的发育，婴儿不仅出现了看手动作，而且还出现了吮吸大拇指的灵活动作。这标志着婴儿心理发展进入了一个新的阶段，即进入手指功能分化和手眼协调的阶段，这不是什么不好的行为，而是正常的行为。婴儿从吮吸手指中获得某种快感，即母亲不在身边，吃不到奶头时的一种替代，也是寂寞、孤单时寻找一种情绪稳定的安慰剂。对此，父母不必担心和反对，婴儿两三个月时的吮手，是一种暂时性的现象。因为手的功能随年月的增长会向探求性方面发展，婴儿会自然而然地将自己的小手从吮吸中解放出来，以更大的兴趣去触摸周围各种物体，探索多种多样的玩具。

如果1岁以后孩子还是整天吮手指，并变得沉默呆滞，那就要引起父母的注意，要寻找原因了。据了解，一部分幼儿养成吮手指的习惯，其主要原因是缺乏心灵上的慰藉，是由于缺少父母关爱造成的。解决的良策是父母要想方设法成为孩子的游戏伙伴，多带孩子到户外去活动，多用玩具来逗引他，让有趣的活动吸引他的注意力，分散他吮手指的兴趣，这样，吮手指的习惯就会得到克服。所以，对2—3个月左右的婴儿吮吸手指的行为，不可粗暴训斥，强行干涉，而要真诚理解和善于逐步引导。否则，不但不能克服孩子的吮指行为，而且还会强化这一行为，以致影响孩子未来情绪和智力的正常发展。

二、翻身的喜和忧

按有关婴幼儿身心发展关键期的研究，1岁内婴儿智能发育的正常指标为：一视、二听、三抬头、四握、五抓、六翻身，七坐、八爬、九扶站，十捏，周岁独站稳。这主要指婴儿的感知觉和行为动作发展的某些标志。我把它与小孙子的发育情况做了对照，感到大体吻合。5个月时他不只是能用手抓物，还有了翻身动作。

有研究认为：婴儿翻身动作的出现，对其身心发展有重要的意义，这说明婴儿的意欲性行为的出现，活动能量的拓展，这使其运动机能得到提高，也使婴儿变得更加活泼，运动花样也日益增多。

我小孙子的翻身动作出现得较早，也许与他父母给予的早期训练有关。按照中国民间流传的"三翻、六坐、八爬"的说法，我记得在宝宝100天以后，他的父母就开始对他进行翻身动作的训练。他们在婴儿仰卧时，用玩具吸引，促使其向左或向右翻身为侧卧。开始时，父母在左右两侧用手托住其背部或搬动下肢帮助翻身，同时还用手托住他的头部，以保护颈部。后来又进一步从仰卧翻成俯卧，从俯卧翻成仰卧。翻身成功后，又用亲吻、拥抱加以鼓励。这一训练一般在哺乳前1—2小时的空腹时进行。训练时间与次数不多，一般是在婴儿很自然的情况下进行的，所以给婴儿的不是惊吓，而是一种舒展的感觉。大概是由于这个原因，宝宝的自主性翻身动作不仅出现得较早，而且熟练程度和活动性也较强。

一旦宝宝会翻身了，成人就要格外注意安全问题。有一天傍晚，因为看护人正在接听电话，分散了注意力，孙子翻身的时候不慎从床上跌了下来，而且是头部朝下，异常危险。好在这孩子在翻身时头部碰到了看护人的腿，受到缓冲作用，落地不重，前额碰到地板，有点红肿，而"天灵盖"和后脑未受损伤。又经过2—3天的持续观察，没发现异常情况，大家悬着的心才算落了下来。

这故事给了我们一个警告：照料婴儿一定不可麻痹大意，要专心。随着婴儿翻身动作和其他机能的增强，对其关注度和敏感度更要提高。记得在我幼年时，有一次过春节，由于过度兴奋，在床上学滚翻动作，结果动作没有把握好，从床上跌到了地上，造成了锁骨骨折。时至今日，天气一有变化，伤处还会隐隐作痛。为此，婴儿期的照料和保护，一定要把安全放在头等重要的位置，但也不要"一朝被蛇咬，十年怕井绳"，弄得过于谨小慎微，陷入过度保护和过于封闭的状态。比如，若因此而始终将宝宝放置在四周有屏障的小床上，这一做法，我不敢苟同。最好每天上午、下午各用一小时左右的时间，让婴儿在宽敞的场所自由自在地玩耍。

在天气晴朗、风和日丽的日子里，我们常带宝宝到户外看看绿色的树叶，晒晒明媚的阳光，在草坪上铺好地毯，让宝宝在地毯上自由地滚翻和舒展他那好动的天性。此时，大地如同母亲的胸怀，让婴儿从小感受到一种广阔和舒坦，并从中获得一种自然生命的气息。

至于婴儿翻身动作何时训练为宜，要因人而异。有研究认为：小婴儿在什么时候应该学会翻身，根本没有一定的时间，这件事完全因人而异。在翻身动作训练迟早的问题上，千万不要和别人家的孩子比，因为比较和竞争会使父母本身受到一种无形的压力。想让自己的宝宝去赶上人家，这实际上是没有必要的。最重要的一点是：从小要尊重孩子，按婴幼儿本身的性情能力发展的需要，去保护他的身心发展，这才是抚育者的职责。

三、触摸增添智慧

婴儿9—10个月之后，又有许多明显的变化，尤其是一双小手，不再像过去那样"安分守己"了，总是动个不停，对见到的任何东西都要触摸、把玩或乱抓。我小孙子七八个月时，有一次我抱他到窗口去望风景，哪晓得他不看窗外的景色，只对玻璃窗前的铁栅栏有兴趣，用他的小手去触摸和把玩。当这根铁栅栏由于他的摇动而发出吱吱的声音时，他更是兴奋不已，边笑边摇，像发现了新大陆那样高兴。起初，我觉得这铁栏杆上有灰尘，乱抓乱摸会弄脏手的，也不安全，便把他的小手拉开，可他却拼命要抓摸，一旦抓到，又好奇又开心地对我微笑起来，好像告诉我："宝宝胜利了！"

此时此刻，我想到意大利儿童教育家蒙台梭利在她的名著《童年的秘密》中关于手的论述：人的特征之一就是自由，人能自由地运用他的手，这手不只是运动的手段，而且是智慧的工具。手使心灵得到舒展，使整个人跟他的环境建立起特殊的关系。当婴儿第一次伸出小手去触摸外界物体时，正是他智慧的表现，发展自我的开始，是令人惊叹和神圣的举动。作为成人，应该为之充满喜悦地期盼，并给以赞美和支持。在日常生活中，人们常常以相反的态度去对待婴儿这一神圣的举动。成人害怕这双小手伸向那些毫无价值的东西，总是千方百计不让婴儿去接触周围的一切，而且，还会不断地重复说："别动！""不许碰！"哪晓得，这种干预和防患的后面，隐藏着一种极大的危险，影响着小生命未来智慧的拓展和人性的发展。瑞士心理学家皮亚杰也认为：婴幼儿的智慧起源于早期的触摸、抓弄等动作运行的过程之中。

婴儿到了六七个月时，手的功能在抓抓、握握、触触、摸摸中得到了提升，尤其是触觉和运动机能得到了发展，其中还包括对冷暖、轻重、软硬及痛觉的感知能力。婴儿在到处抓摸的过程中，产生了一种强烈的好奇心和探求欲，还得到了运动舒展的快感。因此，婴儿心理学十分重视早期经验的获得，认为婴儿对物体的操作，对其今后理解未知世界和发展都具有头等重要的意义。所以，不仅不可阻止，而且应创造各种条件，让婴儿多看、多听、多动、多摸、多抓、多握，在接受丰富的动作刺激中，增进智慧和才能。

几乎每个家长都盼望自己的宝宝从小聪明灵巧，那么，就要把握婴儿早期好动、好玩、好抓、好摸的关键期，让婴儿在自由自在的抓摸中感受各种物体的性能，促进脑功能的发展，为婴儿智慧的提升奠定基础。

人们常说：心灵手巧。从婴儿智慧发展的顺序来看，更应强调手巧心灵。科学研究证明：手的活动与手指精细灵巧的动作，可以刺激大脑皮层中的手指运动中枢发展。人的大拇指在大脑皮质上占有的区域，几乎比大腿在大脑皮质上所占有的区域大10倍。手指的活动越多，越精细，就越能刺激大脑皮质上相应运动区的生理激活，从而促进人的思维发展。不少心理学家都认为手指是智慧的前哨，动作是智慧大厦的砖瓦。对于婴儿来说，他们无法懂得怎样思维，只有先通过具体的身体动作，来促进思维的发展。婴儿手的动作先于语言，手比语言更早反映其心灵世界。我们要了解婴儿智力发展是否正常，测量其智力的水平，主要依据就是看他动作技能发展的水平。

发展婴儿的动作能力，首先要创造丰富的活动环境和鼓励婴儿接触事物的积极心态。心理学重视调节强化的教育功能，在保证安全的情况下，对婴儿触摸物品的行为不应制止，而是应该鼓励和赞扬。

让婴儿有机会触摸不同质地的东西，如摸摸硬的不锈钢勺子、盆、锅；去抓握柔软的毛巾、单衣、毛衣、塑料品、橡皮、长毛绒玩具；去接触冷水、温水、粗糙的刷子、梳子；也可以经常接触妈妈、爸爸的脸颊、头发、手指等，以促进婴儿的触觉和运动觉的发展，提高其鉴别不同质地物体的能力。

在日常生活中，要重视各种感觉能力的训练，在训练中，应做到循序渐进。5—6个月时，可以用一捏会发声的塑料玩具逗引婴儿伸手去抓握，练习摇晃、敲击、摆弄，也可让婴儿玩成人的手指等；7—8个月时，婴儿两手的协调能力有了提高，可训练他拍手、握手、招手，用手指抓取糖果、撕纸、滚球等等；9—10个月时，可以训练婴儿用手指剥糖纸、拿饼干、摆弄积木等。

玩玩具既可以促进婴儿手指动作的灵活发展，又可以提高手眼协调和双手协调技能的水平。在鼓励婴儿动手的过程中，可以配上儿歌，边唱边拉着宝宝的小手做有关动作。

在积极鼓励和重视触摸训练的同时，安全和卫生还是要引起注意的。因为婴儿在两手变得灵巧的同时，也会把拿在手里的任何东西放到嘴里去品尝。因此，家长一定要将小宝宝活动范围内的东西进行全面清点，对于危险品，如尖锐、锋利的物品，易燃易烫伤的物品，药片等全部收起来，防止意外事故的发生。

总之，照顾这个阶段的婴儿时，成人既要做到手巧心灵，又要注意安全卫生。

四、爬是学走的第一步

我在抚育小孙子的过程中，发现10个月前后的婴儿对爬特别有兴趣。放他在床上自由自在地爬行，比你抱在怀里还要高兴。爬，对于这个年龄阶段的婴儿来说，是第一次获得自由和解放。你看他四肢舒展、手舞足蹈、笑口常开。可是我们又怕他从床上爬到地下，弄得又脏又黑，翻得乱七八糟，不仅不卫生，还不安全。所以一般还是抱得多，放在童车里走得多。可是，一不注意他就会到处乱爬，而且显得十分开心。此现象引起了我的注意。

早在1882年，德国生理学家兼心理学家普莱尔就在《儿童的心理》一书中，专门研究了婴儿早期的爬行动作。他认为婴儿早期的爬行是他四肢舒展的需要，是满足婴儿机体感觉活动快感的信号，同时也是学走路的第一步。普莱尔认为，爬行是自然的预备走路的学校，是人类祖先进化过程中获得的一种特别有用的动作。我们不仅不能阻止，而且要给予高度重视，特别关注和积极鼓励，让婴儿在爬行中得到强身和增智的目的。

我国儿童心理学家、幼儿教育家陈鹤琴先生也在他的婴儿观察日记中写道：第11个月的婴儿很喜欢在摇床里爬。爬行是一种很好的运动，应该适当地任小孩子爬来爬去。当代心理学也认为：婴儿早期爬行，既是一种综合性很强的强身健体活动，为以后的站立和行走打下基础，又能促进大脑发育，扩大认识世界的范围。因此，爬行是启动先天素质或遗传结构的动力因素。它可以帮助宝宝在移位中发展空间知觉，有利于双眼辐合与协调，有利于探索周围的环境，有利于思维和解决问题能力的培养，有利于体力和意志力的锻炼。婴儿心理学十分强调要鼓励婴儿爬行，还鼓励指导和训练婴儿爬行。

有研究表明，婴儿爬行有一个生物预置程序化的过程。3—6个月是爬行的准备期；5—6个月时可训练俯卧、抬头；7—8个月时可开始训练爬行，让宝宝左右两腿轮换向前匍匐；9—10个月之后可以让婴儿自由自在地进行爬行活动。

早期训练时，先学会抬头，再学会低头；先学会向后爬，再学会向前爬；婴儿在俯卧位时，先抬头，后撑腰，起先让他匍匐前进而后再四肢爬行。起初四肢并不协调，动作笨拙、缓慢，不要性急，从不协调到协调，笨拙缓慢到灵活迅速有一个过程，动作熟练于10到12个月。其中有个体差异性，不强求一律，需要的是逐步引导。

当婴儿不会爬行时，父母不要急躁，而是要耐心指导。第一步，先让孩子趴下，俯卧，再仰头，并用手把身体撑起来。此时，父母可把宝宝的腿轻轻弯折放在他的肚子下，再在宝宝面前放些会动的、有趣的玩具，如不倒翁、会唱歌的娃娃、电动汽车等，引起他的兴趣，逗引他爬行。第二步，父母可用手在他的臀部轻轻推一下，或用手掌托住他的小脚掌，孩子常常会向前扑去。第三步，如果发现婴儿上肢力量较弱，不能撑起身体，可以拿条毛巾放在婴儿胸腹部，然后提起毛巾，使婴儿的胸腹部离开床面，让全身重量落在身和膝上，再反复练习，待小腿肌肉结实后，就会自行爬行了。

婴儿的爬行经验将直接影响他的空间认知能力的发展。因为婴儿爬行常常是在追物游戏过程中进行的，他要抓住某一目标物时，需要有较高的视觉注意水平，准确的空间定位及空间位置记忆能力。婴儿爬行找物，是一种主客体相整合的活动，它可以使原有以自我为中心的空间定位策略转向以客体为中心的空间定位策略。通过明确客体、自身及环境之间的关系来搜索或定位客体位置，能够帮助婴儿对空间关系的认知得到更为精确化的发展。此时，可以先让婴儿自由寻找玩具，然后再将玩具藏起来，让他在爬行中搜寻玩具。隐藏的难度可以逐步提高，这样可以提升婴儿对目标物的敏感性和空间定位的精确性。因此，婴儿爬行不只是学走的第一步，还是培养自主能力和提高认知水平的十分重要的一课。

有专家认为：婴幼儿未经爬行及爬行不充分，是导致婴幼儿期情绪不稳、学习滞后、人格偏异的主要原因，也是造成以后感觉统合失调的主要原因之一，因此，要充分让婴儿爬行，这正是全方位感觉统合训练的一个重要内容。脑科学研究证明，爬行经验与婴儿脑前额叶及枕叶脑电活动的增强有关。爬行，不只是学走的第一步，而且是大脑发育的催化剂。为此，我们要给孩子开辟一个让他充分爬行的自由空间，让他任意地摸爬滚打和探求、探索以至探险。婴儿爬行时，有时会到处乱抓、乱动、乱翻，把整洁的房子弄得一塌糊涂，此时此刻，父母最好少加干预，更不要训斥孩子，而要感到欣慰和愉悦，因为这正是宝宝发育良好的表现。

婴儿初学爬行时，有一定的迟缓感和恐惧感，遇到不确定的情况时，会举步不前，抬头观看父母的表情。当父母做出愉快和鼓励的表情时，婴儿会继续前进；当父母发出恐吓和阻止的声音时，他就会停止爬行。这是父母情绪信息给予婴儿爬行训练的影响。婴儿爬行的地板要打扫干净，铺上地毯或棉垫之类的东西，使婴儿爬行时增加兴趣和安全系数。要将周围所有会对婴儿构成危险的物品，如硬币、别针、药片、香烟及化妆品等收拾好，放在孩子爬不到、摸不着的地方。由于婴幼儿的好奇和无知，触电、坠落等事故时有发生，因此，在婴儿爬行时，要有大人在旁边悉心照料，以防万一。

第三章　好动的一岁

1岁是婴儿向幼儿的过渡时期。学术界一般认为，婴儿是指1岁至3岁阶段，也有指0岁至2岁，即以行走和说话作为婴儿期结束的标志。[1]这阶段以好动好玩好问为主要特征。我在研究中，认为以下几点应特别关注。

第一节　"上帝的密探"

婴儿1周岁之日，按传统习惯要庆贺一下，祝贺孩子生日快乐，健康成长。此时此刻，人们也许很少想到，一周岁孩子除了更加活泼可爱之外，还要进入一个不安分的好动阶段。也就是说，这个时期孩子的行为举动常令人惊异，也会使人头痛和担心。因此，父母在照料孩子时，要格外耐心和细致。

我在对小孙子进行跟踪研究时发现，这孩子满周岁后独立活动能力增强了不少，常常不是坐在地板上玩着各种玩具，就是在房间里到处乱走乱翻。大人不注意时，他会把家里的衣橱打开，把大大小小的衣服乱翻一通，弄得他父母非常生气。他到我们房里，看见我桌上的电动剃须刀，就要把它打开来，还要学大人样，在自己的小脸上乱推乱磨。后来，他又发现太外婆的床头有一只原来装香烟的小圆筒，摇摇它还有声音，于是千方百计地要将它打开来。当他看到里面是太外婆积蓄了多年的各种硬币时，兴奋得手舞足蹈，结果将所有硬币倒了一地。此时此刻，是批评、训斥、禁止，还是加以引导？

---

[1]林崇德，杨治良，黄希庭.心理学大辞典[M].上海：上海教育出版社，2003：1570.

对于婴幼儿的好动行为，意大利教育家蒙台梭利认为：这年龄段的儿童是小小的探索者，是"上帝的密探"。苏霍姆林斯基也指出：儿童就其天性来讲，是富有探索精神的探索者，是世界的发现者。瑞士心理学家皮亚杰在跟踪研究他的3个孩子时发现：儿童的智慧，既不是起源于先天的成熟，也不是起源于后天的经验，而是起源于动作。这阶段的孩子，正处于智慧的萌芽阶段，处于感知运动的智力阶段，其主要特点是：千方百计地通过动作去认识周围的世界，具有强烈的探求欲，在他力所能及的范围内，他想了解一切奥秘。比如我的小孙子在翻箱倒柜时，知道了箱柜中有衣服；在拨开电动剃须刀时，知道了这个东西是干什么的；在打开小圆筒时，发现了里面的硬币，并对圆筒的形状有了一点认识，而且还认识了硬币，知道这个硬币能够买糖果，坐电动小火车。

学会走路后，他的活动范围也逐渐扩大，并将他周围的一切事物都纳入其探索的范围。例如，他看见我床头放有一部电话机，就要拿在手里随意拨打，有一次居然将"121"气象台拨通了，他对此感到十分好奇、好玩，表现出异乎寻常的高兴。我想，正是婴幼儿的探求欲望和探索性行为动作，才使他发现了新的奥秘。

为此，皮亚杰认为：这年龄段幼儿的探求性的一系列活动的出现，正是感知—运动智慧在发展的表现，我们不能训斥和阻止，要珍惜幼儿这一探索行为的出现。

探求，对于孩子来说是获得知识和实践经验的一种动力。孩子的行为动作正是他们心灵活动的镜子，是智慧之花开放的体现。孩子的好奇心、求知欲，正是在他们日常行为动作中表现出来的。我们有时候将婴幼儿这一探索行为误认为顽皮、淘气、捣蛋、破坏和闯祸；还认为孩子从小那样任性、倔强，将来会无法无天，所以一定要加以管教，否则脾气会越来越坏。事实上，这是我们对婴幼儿的一种误解。

对于婴幼儿的探求心理和探索行为，我们一定要加以爱护和鼓励，并创造条件给予他们必要的满足，有空的话还要与他们一起去探索。在亲子互动中发展婴幼儿那种好奇的探索精神，能够为他们将来成才奠定基础。只有这样，才有可能使今天的家庭环境探索者成为将来学习上的研究者和科学发明上的创造者。

第二节　玩是孩子的生命

联合国《儿童权利公约》提出，要给儿童享受娱乐、休闲的权利。玩，能激发儿童的兴趣，有利于他们的身心健康。有学者提出"人之初，性本玩"，玩具是婴幼儿成长的教科书，我们要让婴幼儿在游戏中成长，在玩耍中发展。游戏中有科学，玩中有艺术，有人倡导建立"游戏学"，让儿童在玩的过程中学习与成长。我在抚育宝宝时，对此作过探索。

一、玩与游戏是孩子的权利

1—2岁的宝宝特别好动，且不懂事，所以也容易"闯祸"。

我在对小孙子成长的跟踪日记中曾记载过这样几件事。

一是小孙子1岁8个月的时候，早上起来喝苹果汁不肯用麦管吸，而是要将它倒在杯子里喝。由于他的小手灵活性和协调性还较差，所以不是将果汁倒在凳子上，就是倒在地板上，反正弄得一塌糊涂还不肯让大人帮忙。这时我发现，对于这一年龄段的孩子来说，喝果汁不仅为了解渴，更是为了好玩。对于他们来说，玩似乎比吃更重要，更有兴趣，在玩的中间还包含对自身能力的测试。

二是喝桶装水的事。每次，他都要自己拨开开关倒水，即使水流满地，弄湿衣袖，他也要自己倒，如果大人不让他玩，他就要大哭大闹。我想，婴幼儿这种玩水游戏，正是促进其智慧发展和动作灵活的一种很好的活动，所以我没有过多地干预。

还有一次，他看见奶奶买来好多面条，感到十分好玩，于是就用小手一根一根地触摸面条，还不时去拧、拉、搓，用小鼻子去嗅，用小舌头去舔。面条落到地上时，他还会一根一根把它们拾起来。哪晓得过了一会儿，他将面条下面的报纸一拉，整团面条都落到地上。他爸爸见此情景发火道："你怎么到处闯祸？"在我观察记录的一个小时中，像这样的"闯祸"就发生了8起，如乱按电脑键盘，伸手到鱼缸里去抓金鱼等等。对此，如何处理为好呢？

我认为首先要转变所谓"闯祸"的观念。

这一年龄段的孩子，许多行为实际上不是"闯祸"，而是一种探求性游戏。皮亚杰认为：婴幼儿的游戏是一种寻求沟通感知运动与运算思维活动之间的桥梁。以玩面条为例，对宝宝来说，他既对面条发生兴趣，又对自己去触摸、摆弄它感到好奇，这正是一种玩耍动作本身带来的强化刺激。这不是外加的要求，而是内在的"机能性的快乐"，是婴幼儿认知发展的内在动力和条件。所以，作为父母和爷爷奶奶，对于宝宝喜欢玩面条一事应当予以理解。

我儿子后来在观察中发现，宝宝常常"手痒"，喜欢东摸摸西摸摸，一刻不停，于是他就买了各种颜色的橡皮泥，利用双休日和宝宝一起玩橡皮泥，教他捏各种小动物的形状。这样，既可以防止以上"闯祸"的发生，又可以培养宝宝的动手能力，还增加了父子之间的亲近感，真可谓一举三得。

宝宝贪玩是很正常的，父母应该提供一些适合宝宝玩的玩具，让孩子在玩玩具中愉快身心，培养耐心，增强自信心，提高动手能力。

不少儿童心理学家都认为：玩具是儿童的生命，是他们智慧发展的有效载体和工具。因此，父母在条件允许的情况下，要尽可能为宝宝提供各种适合其年龄的玩具。男孩子对小汽车之类的玩具比较喜欢，女孩子一般比较喜欢洋娃娃。对于1—2岁的婴幼儿来说，积木、皮球、橡塑动物以及各种拼装性的组合玩具是他们的最爱。如"几何积木火车"等玩具，既可以当小火车在拖拉中增加婴幼儿学步的兴趣，又可以帮助婴幼儿在摆弄中发展动作思维，认识各种几何图形和基本颜色，发挥多功能开发智慧的作用。

对于宝宝的贪玩，除了要理解和引导之外，父母最好还要参与其中，和宝宝一起玩。由于宝宝年小幼稚，总希望父母能在自己的身旁，这样可以获得一种安全感。父母应在与孩子同玩的过程中观察和了解孩子的性格与智慧特点，以便给予适当的指导。在共玩同乐中，父母和孩子还可以分享游戏成果。因此，我认为父母再忙也不能忘记教育子女的重要性。而教育子女最好的方式之一就是寓教于游戏之中。父母要多花一点心思和时间来陪孩子玩耍，这对于婴幼儿身心健康发展有事半功倍的成效。

当然，在共玩中，父母不要做干预者和指责者，而要做合作者与支持者、鼓励者与引导者。在参与共玩同乐时，还要学会控制成人与婴幼儿玩耍的速度和动作，千万不能操之过急或包办代替，要给孩子足够的玩耍时间，要尊重他们的意愿和想象力。让孩子能够自己成功地去完成自己想做的事，从中获得成就感和自信心，这才是育儿的关键性要素。

二、1—2岁的游戏没有规则

许多家长对于以下问题很困惑：1—2岁的宝宝特别贪玩怎么办？做游戏不守规则怎么办？老是闯祸怎么办？等等。

我在对小孙子进行跟踪研究的过程中也发现过这些问题，我想谈谈我的一些看法。

好玩和贪玩是儿童的天性，正如陈鹤琴先生在《儿童心理之研究》和《家庭教育》中所讲的那样：儿童生来好动，除了睡眠和生重病之外，无时不动。因此，当有家长对我说"我家的宝宝不要说3分钟，就是3秒钟也不能停"时，我认为这正是婴幼儿正常的、健康的表现。有关研究表明：1—2岁的婴幼儿正处于"好动的1岁"阶段，他们的机体发展处于快速生长时期，大脑皮层在不断发育。他们除了睡眠之外，几乎一分一秒也不能停止活动。有人称这年龄段为"不安分的年龄"，是"特别贪玩的年龄"，又叫"令人惊异的阶段"。

这阶段需要抚育者在照料时格外小心和耐心，既要注意安全，又要给予尊重和自由。以走路为例，这年龄的孩子正处于学走会跑的阶段，他们喜欢独来独往，不喜欢父母牵着扶着。作为抚育者来说，要尊重宝宝的意愿，不要牵扶和阻挡宝宝，以免影响其自由走动。抚育者只要在宝宝身后给予关注，以防他跌跤和碰伤就可以了。此时，最好能为宝宝创造自由走动的各种环境和条件，让他想走、爱走、敢走和放开走。我曾带小孙子到野外的草地上让他自由走动，这样既能让孩子从小就接触大自然，又可以让他获得自由发展自身机体的机会和能力。

我儿媳去外地旅游时，将孩子也一同带去。她发现这孩子在整个旅游过程中表现得十分活泼和积极，汽车每到一处，他第一个就要下车，到处观看和走动，见到有山就要爬，根本不肯在山脚下休息，一定要妈妈抱他上山，还要自己爬山。通过这次旅游，我们发现这孩子在身心发展上有明显的进步，不仅懂得很多，而且机体活动能力得到了增强。过去喜欢大人抱的他，现在则喜欢自己走，而且走得很快，也比过去稳健多了。这正如陈鹤琴先生所写的那样：只要是天气晴和，他总要带孩子到野外去走走，让孩子在旷野里跑来跑去，看见野花采采，看见池塘就抛石子入水以取乐。这种郊游对小孩的身体、知识、行为都有很好的影响。

婴幼儿期的游戏活动应以自发性的无规则游戏为主，不宜过早强调它的规则性和有序性。

一对年轻父母带着他们 20 个月的宝宝去参加亲子活动，这活动的名称叫作"走小路"。组织者用几根绳子平行地做成几条"羊肠小道"，让小宝宝们按要求在"小路"上独自行走，看看哪个宝宝走得更快更好。可他们的孩子在做游戏时不照大人的要求，乱走乱跑，弄得父母手忙脚乱，不知所措，所以前来向我咨询，问这样不懂规则的孩子怎么办？

我认为，对于这年龄段的小宝宝来说，要他进行有规则的游戏并不适宜。据皮亚杰的研究，游戏最早出现于婴儿 2 个月时，宝宝看到小床边有气球或响铃就会手舞足蹈，以后还逐步会用小手去摆弄玩具。1—2 岁时，随着婴幼儿独立行走能力的获得，以及双手活动能力的增强，他们的游戏范围由感觉性游戏向运动性、操作性游戏扩展。但是，这年龄段的孩子还处在自我中心阶段，他们常常处于独自游戏状态，因为他们还没有玩伴意识。他们喜欢一个人摆弄玩具，即使有其他小朋友在场，他们也是自顾自地，如入无人之境。而规则性游戏的意识，是在与玩伴的合作过程中逐渐形成的，它一般出现在 4 岁以后。随着智力水平的提高，孩子才有可能逐步理解和遵守规则。

20 个月的幼儿，其认知和行为水平一般来说还处于无规则阶段，这年龄段适合自发性的独自游戏。婴幼儿心理学认为：婴幼儿早期，自然赋予他们一种永不满足的好奇心和探求欲，促使其想活动、想抚摸、想模仿、想摸索、想交往。

抚育者不要给予过多的干预和限制。这一年龄段孩子的游戏是由自发性的内驱力策动的自由自在的活动，它是一种本能的宣泄，它会给小生命带来快感和愉悦，它会给婴幼儿早期发展带来健康和积极的影响。

三、一刻不停的宝宝

2岁孩子的发展，最明显的是运动机能。在醒着的时间里，他们都在不停地活动。一般来说，20个月前和20个月后的婴幼儿，在成长过程中有着明显不同的特点。前者主要处在学步期，以动作行为发展为主。婴幼儿独立行走，自由活动，为其独立意识的形成提供了条件。从人类学的观点来看，接近两周岁的婴幼儿，身体虽然还处于比较原始的阶段，脚短头大，走路时脚步不太稳，姿势、躯体稍有前倾，很像旧石器时代的尼安得特人那样。[1]但由于他们活动能力的提高，手脚的解放和白天大部分时间都处在活动之中，他们会不停地进行游戏，而且喜欢到处乱跑和四处捣乱。此时，作为主要抚育者的父母，要给予孩子深度的理解和格外的关心。如果按照平常的思维方式来处理这年龄段孩子的种种行为表现，就会难以理解和处置不当。

我曾目睹这样一个实例。那是一个刚满20个月的小宝宝。起初，他在客厅里专心地看着电视。当电视屏幕上出现妈妈与小朋友一起做游戏的情景时，他就跑到房间里去找妈妈。可是，妈妈不在，他看了爸爸一眼，见爸爸在专心地打电话。于是，他就打开柜子，将里面的衣服和其他东西翻了一遍。在翻箱倒柜中，偶然见到一盒袋装茶叶，出于好奇，他将所有袋装茶叶都倒了出来，弄得床上和地板上都是一小包一小包的袋装茶叶。他爸爸见到这一情景，马上加以制止，可小宝宝似乎没有听到，不仅不停止，还变本加厉地将茶叶拆开来，好奇地要看个究竟。这一下，他爸爸发火了，把小家伙按在床上敲了几记小屁股，孩子"哇"地一声哭了起来，他妈妈跑来进行协调和劝阻，将茶叶放好，把宝宝带到客厅去

---

[1] 资料来源：中国台湾大孚书局有限公司1998出版的亲子教育系列丛书9《怎样教养零～九岁的孩子》（第99页）。

看电视了。

　　此事引起了我的思考。我们究竟应该如何认识这一年龄段婴幼儿的捣乱行为，又应该怎样处理呢？我想，首先要了解孩子的行为是有意的恶作剧，还是出于好奇、好玩的一种探求活动。这一年龄段的宝宝处于学步期的后期，走路、奔跑等能力有长足进步，而且，体内的平衡系统和运动机能迅速发展，他们向上跳，往下冲，以至摔倒爬起等动作显得十分协调，因此，整天静不下来。发展心理学称之为"自发使用原理"的发展法则，它是指有机体内部的某些功能形成和发展到一定水平后，婴幼儿就会自发地充分使用，这是婴幼儿个体自主性早期发展的表现。上述的实例正是这个孩子在自主自发地利用自己的活动功能——在倒茶叶的活动中探索袋装茶叶的奥秘，发挥他充沛的精力及潜能。

　　不少家长会觉得孩子四处奔走、吵闹以及翻箱倒柜是不好的行为，都想加以制止。事实上，这个年龄段的孩子开始有了自己的想法，他想按自己的想法去做，如果得不到父母的理解和支持，他就要起来反抗，表现为任性、执拗和不听话。例如，衣服要自己穿，手要自己洗，路要自己走，东西要自己拎，玩具要自己玩，袋装茶叶要自己倒……这正是这个年龄段婴幼儿自我主张和自主意识的萌芽。婴幼儿心理学认为：这一年龄段孩子出现的"自作主张"和反抗意识，正是婴幼儿成长发育的正常表现。年轻父母要想让婴幼儿顺利地通过这个自我中心期，达到与父母的协调关系，就要学会用巧妙的方式和积极的态度来应对婴幼儿这一"自作主张"与反抗的心态。

　　要做到这一点，父母必须细致地了解婴幼儿的内在心理，要懂得两岁前后婴幼儿的心理特点。此时，他们虽然尚不会说许多话，但已经有了自己的许多小主意。可是，他们的社会性思维能力还未形成，所以许多想法都带有以自我为中心的色彩。他们还不会体会或考虑对方的心态及自己的行为造成的后果，再加上他们的自我控制能力较弱，即使和他们讲道理，他们听不懂也不会听，还十分自信。然而，在实际操作过程中又会遇到困难，那时，他们就会产生希望有人来帮助自己的愿望。这种矛盾的心理不少父母不能理解，也很难应对，容易责怪、训斥和打骂孩子。我认为对待婴幼儿这阶段的矛盾心理的最好办法是学会观察和等待，采取因势利导的对策。这样既能满足婴幼儿好奇好玩的心理，又能培养自主自信的好品质，还可以防止宝宝的逆反心理。

就上面提到的那个小家伙来说，我想，父母要及时地觉察到孩子有玩耍的需求，一方面可以和宝宝一起将袋装茶叶一包一包装进茶盒里，这样可以培养他的秩序感和整理东西的好习惯；另一方面，可以引起游戏比赛的机制——父母可与小宝宝比一比谁装得快、装得好。此外，可以拿出其他玩具来转移他的兴趣，让上述行为向更好更高的活动层面发展。

第三节　语言发展及自我中心

有专家对婴儿的语言发展进行了专题研究，结果表明，婴儿出生后 11—13 个月习得的词语与跟成人日常交往时所用的词语相符率高达 80%，这说明模仿在言语获得中的重要地位。有研究认为：11—13 个月婴儿语言获得的主要途径是模仿。婴儿语言是经过有选择地模仿并经过概括而成的。[1] 我对此进行了观察研究。

一、小宝宝学说话

语言发展，既是婴幼儿社会交往的需要，也是智能发展的基础，更是成长的重要标志。因此，儿童心理学家都把语言发展作为婴儿认知发展的核心内容之一。皮亚杰认为，语言对儿童来说，有一种符号表征的功能，婴幼儿通过语言，去认识更为复杂的世界。许多家长对宝宝的语言发展给予了极大的关注，从出生后数日起，不少父母就开始对新生儿说话，一旦看到孩子稍有反应，就会眉开眼笑，兴奋异常。有关科学研究证明：从出生到 8—10 个月，为婴儿理解语言意义的关键期。好多家长常常为自己的宝宝早开口、能说话而欢欣鼓舞；也有家长为自己的宝宝迟说话而忧心忡忡。以上两种心态是可以理解的，但如果处理不当，

---

[1] 孟昭兰. 婴儿心理学 [M]. 北京：北京大学出版社，1997：267.

家长有可能走进误区。

有一个 16 个半月的幼儿,他在体检中测出身高为 81 公分,体重 11.4 公斤,但在语言表达上连爸爸、妈妈、爷爷、奶奶、外公、外婆都不会叫。医生诊断为:身高超常,语言有障碍。这使其父母十分担心,害怕会影响他今后的智力发展,为此前来咨询。我针对他们提出的问题翻阅了不少资料。皮亚杰认为:语言源于智力。从个体发展来看,语言一般出现于 18 个月左右。婴儿在语言出现之前,先为咿呀学语阶段,即 6—10 个月,为前言语行为阶段。另有研究表明,婴儿第一个词语产生于 10—14 个月之间。我国儿童心理学家吴天敏、朱曼殊等教授的研究也证明:0—4 个月为单音节阶段;4—10 个月为多音节阶段;11—13 个月为学语萌芽阶段;14—15 个月至 19—20 个月为单词句阶段。这是婴儿语言发展的一般规律。

还有研究表明,婴幼儿语言发展存在着很大的个体差异性,一般女婴语言发展要比男婴快。以上面那个男孩为例,与他同龄的女婴,10 个月就开始会叫妈妈、爸爸了,而这男孩到 16 个月还不会叫妈妈、爸爸,那么能否说明这个男孩有语言障碍呢?这需要对男孩进行跟踪观察和全面分析。

第一,婴儿会说话之前,先有一个理解言语的过程。例如这男孩在 4—5 个月时,也就是咿呀学语阶段,表现非常积极,人们都叫他"小啰唆"。在 6 个月时,大人说到"灯在哪里"他就会抬头看看天花板来作出应答性行为表现。这说明他虽然不会说话,但在理解言语能力上还是正常的。

第二,语言发展心理学研究还证明,在个体语言发生和发展的过程中,婴儿之间存在着较大的个体差异。这差异不仅表现在掌握字、词的速度和数量上,也表现在第一批语词出现的时间上。不过,这种差异很难与未来智慧发展的快慢与高低有直接联系。伟大的科学家爱因斯坦开口会说话的年龄为 3 岁。中国科学院前院长卢嘉锡,19 岁大学毕业,24 岁获英国伦敦大学博士学位,40 岁成为新中国第一批中国科学院学部委员。可是,他"年满 3 周岁还不会说一句完整的话,着急的家人差点以为他有言语障碍"。他父亲发现自己每次到私塾给大孩子上课时,小卢嘉锡总是搬个小板凳去旁听他的课,这说明他在听力上没有丝毫问题。

至于说话较迟，只能说明语言在个体发展过程中存在着差异性。

有的孩子开始说话较迟，但在听话过程中，理解性语言或缄默性知识积累较多，当他能说话时，可能清晰度和丰富度超过他人。这正如长跑运动员，有人开始跑得快，但由于后劲不足，有可能会逐渐落后；而有人开始跑得慢，但后劲较足，会越跑越快，最后夺得胜利。当然，也有人从一开始就始终保持第一。卢嘉锡在语言发展上是属于先慢后快者。他在3周岁后的一个除夕夜，突然就能说话了。那晚大家放烟花爆竹，有一种花炮叫"天地炮"，小卢嘉锡对父亲说："叫'天地炮'不对，应该叫'地天炮'。"见父亲不明白，他执拗地坚持道："它先在地上响，再在天上响，应该叫'地天炮'。"[1]这一事例说明：一个婴儿只要听力没有毛病，开口说话早晚，对其未来智慧发展影响不大。

二、妈妈教，宝宝说，真开心

我们在前面讲到的那个男孩，他虽然在16个月体检时表现出语言表达的迟缓性，但在语言理解能力上还是可以的。比如，带他到草地上去玩，有一只小足球滚到他面前，大人说"宝宝踢"时，他会用右脚去踢球。至于发音与表述能力较为迟缓，这是需要父母在日常语言交往中逐步进行训练的。

在对婴幼儿进行语言训练时，还要重视飞跃期的把握。有研究表明，19个月左右时，孩子一般能说出50多个单词。这时他们开始把两个词放在一起来表达一个比较明确的意思。如"看狗狗""玩球球""外面去"等等。由于这些双词组合能够表达更为完整的意思，而且基本上符合简单的语法规则，故被称为"双词句"。在第一批双词句出现以后，不同性质或不同种类的词之间的联结逐渐增多。有人发现，19个月后的孩子掌握新词的速度进一步加快，平均每个月能学会25个新词，这种掌握新词速度猛增的现象，称为"词汇激增"或"词语爆炸"现象。随后几个月，婴幼儿掌握句子数量的速度能达到非常惊人的程度。所以人

---

[1] 傅宁军. 卢嘉锡：科学界公认的"一代宗师"[J]. 新华文摘，1998 (4)：133.

们称"婴儿期是儿童言语发展的一个关键期"。[1]

对婴幼儿的早期说话训练,需要注意以下几点。

第一,把握和关注婴幼儿急需说话的心态。在婴幼儿急需说话时进行语言训练,会收获意想不到的效果。比如,我家小孙子在 8—10 个月时,他见到妈妈,急于要妈妈抱,此时妈妈教他说:"叫妈妈,叫妈妈抱。"他会出于依恋需要而说话,并且学得特别早,也特别快。几乎所有婴儿最先学会的词是"妈妈"和"爸爸",这与其恋母、恋父的需要有关。

孩子 1 岁至 1 岁半之间,随着交往范围的扩展,需要周围更多人的关心和帮助,那时他们会说"爷爷""奶奶""外公""外婆"等,有时会一个早晨学会"阿姨""舅舅"等好几个称谓词。另外,情景也会给孩子学说话创造一定的氛围。例如,有个 1 岁半的孩子在吃哈密瓜时,突然冒出"不要啦"的否定词,因为他吃得多了。这就是在特定情景、特定需要中表述出来的。因此,我们要重视交往和交际环境的创设。

第二,教婴幼儿学说话时,用说、看、摸三结合的方法加以引导更为有效。例如,婴儿要吃饼干时,可以一边拿饼干给他看,一边让他模仿大人说"饼干",还让他用手去拿饼干,让他在边说边吃中学会说"饼干"。各种水果和食品名词的掌握,都可以采用这种直观的方法。

第三,让孩子多接触自然和社会环境,在认识各种事物的过程中启发孩子表达自己的意思,并鼓励孩子通过模仿来学习说话。有的家庭从丰富孩子的生活着手,从孩子出生后八九个月开始就带他到户外去进行观察活动,看到什么就教他说什么。开始时,孩子也许还不会说,但日积月累到 16—20 个月时,他就可能见到一样会说一样。我在跟踪研究中,发现一个孩子,他 1 岁半时,由他妈妈带去旅游,这次旅游不仅使他更加活泼,而且话也增多了不少。

第四,为婴幼儿提供丰富的语言环境,给他多讲故事,多学唱一些儿歌,多进行语言对话和交流。婴幼儿学唱儿歌是很适合的,因为儿歌语意易懂,语句易

---

[1] 庞丽娟,李辉. 婴儿心理学 [M]. 杭州:浙江教育出版社,1993:256.

学,节奏明快,合拍押韵,与声音、形象、动态、情感等糅合在一起,为婴幼儿所喜欢,对他们语言的发展有很大帮助。如儿歌《照镜子》:"大镜子,照一照,里面有个好宝宝。你哭他也哭,你笑他也笑。"念儿歌时,如果让孩子边照镜子边比划着做动作,看表情,使声、形、动、情相结合,既能激发孩子学语言的积极性,又能点燃他们情感的火花和好奇心。

总之,在婴幼儿的语言训练过程中,千万不可操之过急,要求过高,否则会事与愿违或适得其反,还有可能造成孩子学话过度紧张,轻者会口吃,重者会得语言恐惧症等。我们主张在婴幼儿的语言发展过程中,既要创造语言训练的氛围,又要顺其自然,不可强行硬逼。要让婴幼儿在自由自在中开心、开口和开窍。

三、宝宝为什么会以自我为中心

孟昭兰在《婴儿心理学》一书中讲到,自我中心化思维是 2 岁左右幼儿的心理特点。按照皮亚杰的理论,婴幼儿时期存在着显著的自我中心化现象。这是指,婴幼儿时期,思维从"我向思维"逐步向现实性思维转化;从自我中心向社会化思维转化。这是一个过程,以后,随着其社会化水平的提高,自我中心化现象会渐渐消失。孟昭兰在分析这一现象时写道:2 岁左右的孩子还不能从客体或他人的角度去思考和判断,因此,表现出明显的自我中心现象。对此,我们无论如何不要将其与自私自利等同起来。

可是,在实际生活中,我们常常会看到不少大人将 2 岁左右孩子的自我中心现象误认为"自私自利""小气鬼""不大方"等,而且还害怕其性格有问题而忧心忡忡。

有位父亲告诉我,他的孩子 23 个月,有一天客人送来了一筐橘子,他看到后便将橘子朝自己房里拿,一点也没有想到周围的亲人和客人。他担心,孩子这么小就自私自利,长大后怎么办?

有位年轻妈妈曾来咨询,说她孩子 22 个月了,有一次,孩子 5 岁的表哥来玩,他却把表哥手中的玩具抢过来只顾自己玩,甚至连表哥坐他的小凳子也不许。妈妈教育他，要他把玩具还给表哥，他不但不肯，还大哭大闹。

还有一个 2 岁的孩子，与他爸爸一起去店里买了碟片回来，奶奶问他手里拿的什么东西，他马上把碟片藏在身后说："弟弟的。"他爸爸说："你看，这么小的孩子就知道他手里的一切都是弟弟的。满脑子以我为中心，这样下去怎么得了！"

针对上面三个例子，我认为家长对孩子的行为评价都有待商榷。

例一，这孩子见到客人送橘子来，他拿到自己房内，这是一种自我需要寻求自我满足的表现，不仅可以理解，而且也合情合理。至于他当时没有想到他人或没有顾及他人，则反映了他这一年龄段的特点。他的思维能力和意识水平还不可能达到想到别人也有种种需要或在行为礼节上要懂礼貌、守规矩等。如果过早提出这一要求，既不合情，也不合理，因为超越了其心理发展水平。

例二，孩子由于受"我向思维"的影响，自我中心表现得特别强烈。在玩耍中不仅自己的玩具不许人家拿，就是人家的玩具也要抢过来，这正是"我""你"不分的表现。面对这一问题，家长最好不要烦躁，要耐心，让孩子在与同伴交往的过程中逐步了解各人有各人的玩具，自己的玩具要学会保护，别人的玩具也要学会爱护，要玩可以借，不可抢，自己的玩具也要借给别人玩……相信随着孩子年龄的增长，他们能够逐步理解与掌握有关游戏的规则。

例三，这个年龄段的孩子以自我为中心是一种正常的心态。作为抚育者，不但不能作出否定性的评价和不必要的担心与焦虑，还应当感到欣慰，这说明孩子的自主意识在成长。

皮亚杰在他的青年时代就对婴幼儿行为中表现出来的种种现象产生了兴趣。他当时就认为这也许不是婴幼儿的缺陷，而是我们成年人对孩子的评价有问题。后来，皮亚杰结婚并有了 3 个孩子，他花了大量的时间与精力，对每个孩子 2 岁以前的行为方式和思维发展过程进行了观察和实验研究。结果发现，这个年龄段的婴幼儿有一种明显的自我中心现象。这种自我中心现象并不是自我的无限扩张，而只是主体和客体还不分的一种表现。这就是说，由于年幼，孩子还不能区别一个人自己的活动和对象的变化。以后，随着与外界接触和交往的增多，婴幼儿才逐渐学会区别主体与客体，自我与他人。

皮亚杰在分析婴幼儿思维发展的过程中认为：初生婴儿开始还不能意识到自己的存在，他们会将自己的脚当作玩具来玩耍，吮吸自己的手指。随着月龄的增长和与客体世界的不断接触，孩子先感觉到自己身体的存在，于是形成了以自己身体为轴心的自我中心。满2岁时，孩子不仅意识到自己的身体是属于自己的，而且还意识到自己的衣服与用品是自己的，进一步还意识到周围他所喜欢的玩具与物品也是自己的。

孟昭兰认为：婴儿在2岁前后还不知道对同一事物还有他人观点的存在，所以他们以自己的观点、态度或需要作为衡量事物的唯一标准。为此，我们对这个年龄段的孩子的心理特点要有正确的判断。

我们建议对2岁左右孩子的"我向思维"、自我中心给予理解，要看到这是孩子的思维水平在提高，心理水平在提升，自我意识在增强。千万不能讲他是"小气鬼""自私自利"等，这样对孩子的成长有害无利。

在与孩子交往时，要尊重婴幼儿"我向思维"出现后的一系列自我中心的表现，例如，孩子的东西有他自己安放的秩序。作为父母，要爱护宝宝的玩具和尊重宝宝摆放玩具的秩序，不要随意去移动它，以免影响孩子自信心和秩序感的培养。

此外，父母和家里人在与孩子交往时，或与他人交往时，一定要事事处处体现出大度、大气，要具有爱心和耐心。用我们的社会化交往模式及行为举止来影响孩子，让孩子受到感染、熏陶，并以此为榜样，摆脱早期的"我向思维"和自我中心的影响，逐步向"现实性思维"和"社会化思维"的方向转变。

第四节　睡眠的意义和艺术

睡眠是婴幼儿生活中的头等大事，也是宝宝生长发育之本。抚育者要认识睡眠的重要意义，想办法使宝宝睡得又香又甜，并养成按时睡觉的良好习惯，保证身心健康成长,使其受益一生。

一、睡眠——聪明和长高的关键

在抚育婴幼儿的过程中,人们对周岁后孩子的睡眠问题感到头痛。原因在于1岁前,婴儿总体上睡眠时间较长,睡眠次数较多,抱他睡觉也较容易。可是周岁以后,由于活动能量增大,宝宝开始学会走路,想站、想立、想走、想玩的欲望与日俱增,原来的生活规律、作息习惯和睡眠时间常常会受到影响。原定白天有2—3个固定时间睡觉的,现在缩短至1—2个了,甚至影响晚上睡眠,为此,不少年轻父母十分苦恼。有的父母或放任不管,任其自由;或强行处理,一到时间就坚持要孩子睡觉,弄得孩子哭吵不止。这样处理不仅不能使孩子养成良好的睡眠习惯,而且会使孩子在打骂的强刺激之下再度兴奋,造成兴奋与抑制的平衡失调,使正常的抑制功能遭到损坏。这会影响孩子的身心健康。因此,我们对孩子睡眠习惯的养成要给予足够的重视。

有关婴幼儿保健学、心理学和脑科学的研究证明:睡眠是保证婴幼儿大脑健康发展的必要条件,睡眠可以使婴幼儿的脑功能得到增强,记忆能力得到提高。最新科学研究还证明:睡眠有助于婴幼儿记忆技能的完善,增强免疫系统的功能,甚至对大脑思维模式的形成都会起到十分重要的作用。睡眠时新陈代谢率较低,氧和能量的消耗量少,有利于消除疲劳;睡眠时内分泌系统释放的生长激素比平时增加,有利于小儿生长发育。所以,睡眠是婴幼儿健康成长的先决条件和关键性的保证,它能使婴幼儿精神活泼,食欲旺盛,促进生长发育。反之,则表现为情绪不稳定,容易烦躁发怒,食欲减退,体重下降和生长发育缓慢。为此,要保证婴幼儿以充足的睡眠。

一般情况下,出生后1个月的婴儿除了吃奶,其余时间就是睡觉;周岁以内的婴儿白天睡2—3次,每次1—2小时;1—2岁为1—2次;2岁以上为1次。婴幼儿每日需要的睡眠时间与年龄成反比,年龄越小睡眠时间越长,当然有个体差异。表1是小儿睡眠时间的参考表。

表 1　小儿睡眠时间参考表

月　龄	睡　眠　时　间
新生儿	约 20 个小时
2 个月	16—18 个小时
4 个月	15—16 个小时
9 个月	14—15 个小时
12 个月	13—14 个小时
15 个月	约 13 个小时
24 个月	约 12.5 个小时
36 个月	约 12 个小时

根据参与抚育孙辈的经验，我认为：1 岁至 1 岁半的婴幼儿，白天睡两次觉为好，上午、下午各一次；晚上睡 9—10 个小时。总之，每天保证 13 个小时的睡眠时间为好。

为了使婴幼儿的睡眠充足，能量得到保证，我感到抚育者还要注意把握婴幼儿睡眠的规律，调整好婴幼儿的睡眠"生物钟"。任何事物的运动，总是在一定的时间和空间内进行的，睡眠也有一个时间运行的轨迹。睡眠习惯的形成，心理学上又称为"动力定型"。睡眠是有周期性特点的活动，它是大脑皮层弥漫性抑制，从兴奋到抑制有一个运行过程，有它的定时性和前兆性。以 15—16 个月的幼儿为例，他们一般早晨醒来比较早，因此，要在上午 9—10 点钟时，安排孩子睡觉了；到下午 1—2 点钟又要午睡一次；晚上 8—9 点钟时也要上床睡觉了。

孩子疲劳想睡时，一般的预兆为：由活跃转向安静，由机灵转向迟缓，由活泼转向平稳，或由平和转向烦躁，还有打哈欠和闭眼睛增多等现象出现。此时，父母应及时作出反应，放下手边的事，安排宝宝及早睡觉。

上床睡觉前，要防止过度兴奋和过量活动，以避免打乱孩子"生物钟"的正常运行。

二、睡眠氛围的创设

为了使婴幼儿得到充足的睡眠，抚育者要创设安静宜人的睡眠环境，做好睡前的各种准备。

在宝宝入睡前要让他安静下来，并关上电视，拉好窗帘，关闭灯，防止强光刺激，将房间门关好，防止声音干扰。

为了提升婴幼儿的睡眠质量，最好有一个固定的睡觉程序，帮助其建立起睡眠的条件反射。每天都要按一定的程序安排宝宝睡觉，如：先洗脸，擦身体或洗澡；撒好尿换上干净尿布，脱去衣服，盖好被子；哼哼摇篮曲，轻轻地拍拍宝宝的身体，让宝宝在一种安全、舒适、温馨的氛围中进入梦乡。

摇篮曲的哼唱是一种心理氛围的创设，它传递着父母对孩子深切的爱。像《宝宝睡觉》那样的儿歌，颇有催眠曲的功能，它的歌词是："小宝宝，快睡觉，不要吵，不要闹。好妈妈，轻轻摇。小月亮，挂天上，花儿睡，鸟不叫。小宝宝，疲倦了。风不吹，树不摇，睡好觉，能长高。小宝宝，要睡觉，妈妈也，睡着了。"像这样的摇篮曲，它能给婴幼儿一种温暖、和顺、甜蜜的安全感，促使孩子由兴奋状态转入抑制状态，直到进入安静的睡眠状态。

至于是否要让孩子单独睡的问题，有研究认为：0—3岁的婴幼儿，还是和父母同睡一室为宜，但要及早让他独睡一小床。这既便于父母照顾，又可以从小培养生活自理能力和增强独立性，减少依赖性，还能提高婴幼儿的睡眠质量，促进其心理健康发展。

睡眠姿势，常有仰卧、侧卧和俯卧三种，它们各有利弊，既可以交替采用，又可以随婴幼儿成长加以自由选择。培养良好的睡眠习惯，需要抚育者耐心、耐心再耐心，要揣摩婴幼儿心理，使之睡得顺心和称心。

有些年轻父母非常羡慕人家的孩子好带养，每天的作息时间很有规律，宝宝情绪愉快，到时间就乖乖地睡觉了。其实，这一切很大程度上取决于抚育者的心态和教养方式。我在一篇题为《催眠艺术》的日记中有过如下记录。

这几天家里人问我："你带宝宝睡觉效率为什么特别高？是否有什么特

异功能和秘诀?"特异功能是没有的,我想,秘诀主要有以下三点。

一要顺心,要观察宝宝的情绪状态,把握他睡眠的时间和火候。一般上午9点左右的时候,我见宝宝情绪状态正处于非常活跃的时期,就带他外出玩个痛快,尽可能让他在户外进行各种游戏,如让他到马路旁去观看车水马龙,引起他的好奇和兴奋;或带他到小区花园里与小狗小猫嬉戏;在家里时则提供各种玩具,让他在尽兴玩耍中感受到你是最关心他、最懂得他的需要,也是最能满足他要求的亲人。建立了亲近感,见他疲劳时再带他上床睡觉,就十分顺理成章,他睡眠时也会更加安心。反之,他会感到你在硬逼他睡觉,由此产生逆反情绪,讨厌并形成反感性条件反射,这就会好心做坏了事。

二要称心,要注意抱或睡的姿势。竖着抱容易使他的头侧睡而不舒服,一般仅抱以玩、看、活动为主,我在竖着抱时注意不摇孩子的身子,不哼催眠曲。只有到他疲劳了,准备要让他睡眠时,再给他横侧抱的姿势,使他头部和整个身体在横躺中,感到舒坦,这也是一种条件反射。

三要耐心。一般情况下,我做好各种准备后让他在安静的环境中睡眠。他一时睡不着,就给他讲讲《格林童话》《安徒生童话》,以及中国民间故事等,让孩子在听故事的过程中逐渐平静下来,然后由浅度睡眠进入深度睡眠。

遇到特殊情况时,那更要耐心和细心。例如,有一天,我家来了很多客人,都要去亲吻和拥抱孩子。此时,孩子既新鲜又兴奋,他的睡眠"生物钟"受到了干扰,这是可以理解的。我等客人离开之后,马上将床铺好,做好一切安睡前的准备,然后把孩子带到他的小床上,先给他看《婴儿画报》,讲世界幽默经典漫画故事——《父与子》的故事,然后再哼催眠曲……前后不到10分钟,他就睡着了。此时,我在他身边观察了一段时间,我见到他在浅睡眠状态中,会时不时张开小眼睛,见到我还在,他似乎放心地又睡了。

睡眠是婴幼儿生活中一件头等大事。为了保证孩子的生长发育,促进孩子的智力发展,让孩子从小形成良好的睡眠习惯,我们一定要在耐心、细心上下功夫,这是十分必要的。

第四章　奇特的两岁

2—3岁是人生发展的一个特殊时期,这一阶段面临着许多新的挑战,需要学习许多新的技能。

我在翻阅众多的婴幼儿心理学与早期教育学书籍的过程中,看到人们对2—3岁年龄段的描述用了许多特殊的词汇。美国儿童发展和幼儿教育专家杰克曼(Hilda L. Jackman)在《早期教育课程——架起儿童通往世界的桥梁》一书中写道:2—3岁是人生发展的一个特殊时期,这一阶段面临着许多新的挑战,需要学习许多新的技能,它要求父母采取适宜性的教育,不要操之过急。

美国另一位著名的儿童心理学家玛丽琳·西格尔(Marilyn Segal)在她所写的《快乐成长列车》一书中讲到:2—3岁之间,儿童在成长的各个方面都有许多可喜的进步,给父母带来许多快乐,同时也有各种挑战和烦恼。她走访了50多位养育2—3岁儿童的父母,在观察这些父母和孩子相处的过程中,她发现孩子在情感和行为上的很多特点,如好动、好奇、好问的同时,又喜欢乱写、乱画、乱翻、乱掷,还有一不称心就要大哭大闹,跺脚、噘嘴,有时还会像老板那样发号施令,随心所欲或乱发脾气,常常使年轻的父母手足无措,哭笑不得。

我们要关注和面对这一年龄的奇特性和可爱又"可怕"的矛盾性。

第一节　可爱又"可怕"的两岁

人们将2—3岁视为人的一生中最重要的发展阶段之一。因为2岁以后,孩子变得更加懂事，对周围事物的兴趣和好奇心增强，喜欢观察、提问；开始有自我中心的意识，喜欢坚持己见，遇事要自己去尝试，常说"我自己来"，表现出很能干的模样。但是，2—3岁的孩子毕竟还很小很小。

有人认为，1—2岁是婴幼儿喜怒无常、情绪不稳定的时期，而2—3岁时情绪较为稳定。2—3岁的婴幼儿处于人生的一个路口，充满着矛盾，既渴望独立，又想依赖大人；既想自己穿衣，又不会自己穿衣；既想"金鸡独立"做一些"杂技"表演，又"弱不禁风""摇摇欲坠"，常常需要成人加以保护。但如果大人真的给予他很多的帮助，他又会"怒气冲冲，大发脾气"，甚至还会动手打人或用牙咬人。所以，又有人将这一年龄段称为"可怕的两岁"。

"可怕的两岁"是孩子人生的第一个心理反抗期。这一时期，孩子的独立欲望特别强，时时刻刻想逃避依赖，事事处处要以自我为中心，他们常常会说"让我做""我能做""你不要管"，甚至还会说"我不理你""你走开"等等。他们对父母的指令常常以反对或置之不理来反抗。这是一个从"依赖"世界走向"自立"世界的过程，它要求抚育者用一种特殊的心态和教育方式来引导这一特殊年龄段的宝宝。

我在带小孙子和小外孙的过程中，进行了一些探索，利用他们进步快的特点，天天给他们上游戏活动课。

小孙子满2岁之后，我发现他成长得特别快，送他到领他的阿姨家时他也不吵，分别时还会礼貌地说："爷爷再见。"傍晚接他回家时，他也知道说"奶奶好""爸爸好""妈妈好"，所以大家都很喜欢他。此时，我考虑得最多的是如何把握好2—3岁这个重要的生长期，为他一生的发展奠定良好的基础。因此，我决定利用每天傍晚我负责抚育的一段时间，给他上"游戏活动课"，使他的智慧、语言、情绪、情感和社会交往行为能力得到更好的发展。

提到上课，人们会理解为定时定点，有组织、有要求、有教材的一种知识传授形式。还有人提醒我要多教小孙子识字。但我认为，这一年龄段最重要的还是要给予孩子充分的活动，激发孩子的生活兴趣，培养孩子亲近周围环境的情趣，以利于其今后生活质量和学习兴趣的提高。例如，我见小孙子喜欢爬到我床上翻阅我给他拍的照片,我想,这是一种自我认知的需要,是自我意识发展的表现,就给他上"自我认知课""家人亲情课"和进行"谁是我"的游戏活动。我见他饶有兴趣地一张一张观看照片,就在一旁问他:"这是谁?""那是谁?"他回答得很好:"这是弟弟。""这是爸爸妈妈。""爸爸妈妈抱弟弟。""爷爷奶奶抱弟弟。"当他见到自己刚出生几天的照片时,用了"毛毛头"这三个十分确切的字来描述自己。

后来,他又要去翻阅床边的婴幼儿画报,我就给他讲《小鸟鸟玩芝麻街》的故事,这是本卡通画册,他边翻边看,我就一页一页给他讲。他对画面有兴趣,对我讲的故事能听得很专心,还向我提出了几个画册中的问题,要我解释。我想,每天能有半个小时或1个小时和孩子交流,让他在喜闻乐见的游戏活动中感受亲情,得到才智的增长和情感的发展,那孩子的未来一定会更加美好!因此,我将这种"上课"定位为一种自然、自主、开放、双向的亲情游戏活动,它有以下特点。

首先,应无要求、无时限、无教材、无强制地上"兴趣课",用一句话来概括就是:"上不封顶,下不划一。"这是指,我在带小孙子和小外孙的过程中,尽可能多地给予他们丰富多样的环境刺激,促进他们的脑机能和感知能力的迅速发展,这为他们今后学习和适应社会奠定基础。"无要求"是指,只要他们喜欢做的事,不带危险性和破坏性,我都尽量地满足和积极地支持。例如,带孙子到商场五楼玩具中心时,他对磁性画板有兴趣,要买,我就给他买了一块。回家后,他边看边玩,异常喜欢。我没有对他的乱涂乱画指手画脚,更没有要求和强制他做什么,因为对他来说,这就是一个涂鸦时期。我记得多位教育家讲过:兴趣和好奇就是孩子成长的第一要素和教育的最本质的要求。

其次,应随时、随地、随遇、随机上"自然课"。一般情况下,婴幼儿早晨醒得早,我们可以打开窗子让宝宝看看晨曦、彩霞,呼吸呼吸新鲜的空气,让宝宝从小感受到清晨云彩的美丽和变幻,还可以伸伸手、弯弯腰、踢踢腿,做做早晨操。而当夕阳西下时,我们又可以让宝宝看到太阳公公落山时的情景,那也别有一番情趣啊!

我在带小外孙的过程中，发现他对城市夜空中飞机飞行时闪烁的航行灯灯光特别有兴趣。当他见到移动闪烁的灯光时兴奋异常，不仅每夜都要观看，而且一看就是好长时间，嘴里还要说个不停："灯灯灯灯亮晶晶……"这个时候，我们可以自编一些儿歌来提升孩子的口语水平，如"灯灯灯灯亮晶晶，飞机飞机来上海，拍手鼓掌迎客人"。我想，夜晚景色璀璨迷人，我们可以引导宝宝认识多姿多彩的照明灯光，有红的、黄的、绿的，又有各种变化。这不仅能够提高宝宝的辨色能力，而且对宝宝来说也是美的享受和乡情的早期孕育，是热爱家乡种子的播种……一举多得，何乐而不为呢？

第二节　两岁孩子的特点

一、自由自在是孩子的心愿

早在 18 世纪，法国启蒙思想家卢梭在《社会契约论》中提到：人是生而自由的，但却无法不在枷锁之中。他的教育名著《爱弥儿》一开头也写道：出自造物主之手的东西，都是好的，而一到了人的手里，就会变坏了——强使一种土地滋生出另一种土地上的东西，强使一种树木结出另一种树木的果实；将气候、风雨、季节搞得混乱不清……扰乱一切，毁伤一切东西的本来面……不愿意尊重事物天然的样子，甚至对人也是如此，必须把人像练马场的马那样加以训练；必须把人像花园中的树木那样，照他喜爱的样子弄得歪歪扭扭。这不是爱护，而是摧残。这不是教育，而是人性的扼杀。卢梭恳求慈爱而有先见之明的父母们，不要受社会上各种干扰舆论的冲击，要按照孩子发展的自然规律，让他们在自然自主和自由自在的环境中成长。2—3 岁的宝宝，正是应该在自由自在中开心，在"自说自话"中开口，在"自作主张"中开窍，在自由活动中开胃。

我喜欢带小孙子和小外孙到野外草地上去自由活动。每当我将他们从我的怀抱中放到草地上时，他们那种欢喜、愉悦、天真、活泼的样子，实在使人感动和羡慕。此时此刻，他们不要你在身边牵引和保护，他们在草地上自由奔跑，即使跌跤，似乎也是一种享受和欢乐。而当他们通过自身的力量爬起来时，他们就会对我自豪地微笑，好像告诉我："你看，我真行。"

2—3岁正是婴幼儿口头语言发展的最佳年龄，这时期是他们掌握最基本语言的阶段，学起话来既容易又迅速，尤其对听和说有高度的积极性和强烈的学习欲望。但我并不刻意追求语句的完整和词汇的丰富，也不过于用成人的语言表达方式来进行语言训练，而是鼓励宝宝用他自己能表达的语言方式来说话。我买了《幼儿看图识字》的挂图，一共有46张。我把它挂在小孙子的床边，让他天天看，他非常喜欢。在我不刻意教的情况下，他能自认自念许多字，如："飞机""船""火车""汽车""爸爸""妈妈""电脑"等。他还能指着画说："这是妈妈的嘴巴，这是爸爸的耳朵……"这是婴幼儿的一种自由联想，也是一种口语的扩展。对婴幼儿来说，讲话、识字、看图，实际上是一种个体认知发展的内在需要，我们要因势利导，不要过于苛求和强制，否则有可能使孩子产生厌恶和恐惧心理。

据我了解，孩子出现口吃常常是由于父母要求过高、过急造成的。所以我认为，在2—3岁的口语发展最佳时期，创造一种自然自主和丰富宽松的语言环境特别重要，让孩子在没有压力的氛围中，自由地表达自己的意愿。对于内向的孩子，不要过于勉强和逼迫，更不要处处树立父母的权威，以致影响孩子的语言发展。

二、"自作主张"是孩子的特点

"自作主张"也是这个年龄段孩子最明显的特点之一。2—3岁的孩子说"不"正是他们的"独立宣言"。他们处于自我意识发展的阶段，所以，2—3岁又称为"怀疑主义阶段""独立实践阶段"，是自主、自立、自信、自强性格形成的时期。作为年轻的父母，对婴幼儿的"自作主张"不应感到无奈和进行压制，而是要理解、尊重和保护。我看见我的小孙子和小外孙都喜欢拆弄玩具，直到拆开为止。他俩甚至趁我不在的时候把我的珍爱的半导体收音机拆坏了。我想，这是他们好奇心和探求欲的一种表现，这个年龄段如果没有一点小"破坏"，将来很难有大发明。许多科学家的童年，都有过这样的经历，所以我也没有责备孩子，只是今后在放置较为珍爱的物品时加以注意就是了。

"在自由活动中开胃"是指，我们在组织孩子活动的过程中，不要画地为牢，不能有过多的活动限制，而要让孩子在操场上、草地上、小区的活动区域内尽情地玩耍和奔跑。只有当他们玩得筋疲力尽时，才会感到饥饿，才会在吃饭时大口大口地张嘴。自由活动最能够保证婴幼儿的身心发展和健康成长。

不少科学家认为，出生后头3年是人生发展的关键期。有人提出，2—3岁的孩子学习任何语言都非常容易，但如果等到18—30岁时再学习新语言就会变得十分困难。上述研究无疑对早期教育有启发和导向的作用。任何事物的发展，包括人类的个体发展，都受到一定的时间和空间的制约，它自身的运行要保持质的发展的稳定性和时间的阶段性，因此，婴幼儿发展也有一个时度、容度、限度和程度的要求。教育心理学家张春兴教授提出：在儿童教育中要防止"过度教育"的现象，我认为这是十分必要的。

父母只有发展孩子天性的职责，而没有束缚孩子自由发展的权利。在家庭教育中，不能用父母的偏见、权威、需要、先例去制约孩子。就我带孙子和外孙的过程来看，他们俩在气质和性格上，在动手能力和语言表达能力上，都有明显的差异，为此，我在抚育中也因人而异，有快有慢，学会理解、等待和宽容。

我国古代思想家老子在《道德经》中赞赏婴幼儿的纯真，倡导"复归于婴儿"。他赞扬婴幼儿的纯朴无邪、天真和未凿之美。在老子眼中，婴幼儿具有纯真自然的天性，没有利害得失的计较，显示了人生之初的勃勃生机。当我们看到婴幼儿那润泽的肌肤、柔软的体态、稚嫩的声音、无忧无虑的表情时，我们就可以想到这是生命之初的状态，它如同旭日东升，灿烂无比。卢梭在《爱弥儿》中就表达了对婴幼儿的尊重，实质上也是对自然生命力的尊重，是对自然敬畏感的一种体现。他说：教育孩子，表面上看来好像很容易，而这种表面的容易，正是贻误孩子的原因所在；只有当我们真正尊重他们的时候，才能找到与他们心灵交融的共同语言。因此，我们要将自由、尊重和关爱给予每一个孩子，让他们从小就能在自由中哺育创造，在尊重中培养自信，在关爱中得到健康成长。

三、好奇是孩子的天性

好奇是智慧之窗，知识之门。

我小孙子 19 个月时，有一天，他奶奶从菜场买回来一串大闸蟹。这孩子看到后十分好奇，不仅要走近观看，而且还要用小手去捉蟹。他奶奶怕他的小手被蟹弄痛，我则怕他万一被蟹夹了之后，会形成不必要的恐惧心理，所以我们大家都坚持不让他去靠近蟹和触摸蟹。哪知道他却执拗地要去靠近蟹，还非要去捉蟹不可！弄得又哭又闹，一时难以阻止。

此时我想，孩子出于好奇，要触摸一下蟹，未尝不可，他的这一心态不仅合情合理，而且对他增强求知欲和丰富触觉感受都有好处。婴幼儿心理学中也提到：这一年龄段的婴幼儿正处于触觉的饥饿期。孩子渴望通过自己的躯体运动和皮肤感觉去与周围世界接触，来认知世界。于是，我将蟹的两只蟹螯用粗绳子捆扎住。这样，它的另外 8 只脚还是可以横行的，但不能施威了。只见小孙子用小手大胆地去触摸蟹的硬壳，脸上写满了兴奋和满足。因为他获得了对甲壳类动物的一种直观的感性知识，同时还获得了与祖辈交往的浓浓亲情，所以他特别高兴。

这一事例使我想到很多。早在 1925 年，我国著名儿童心理学家陈鹤琴先生在他写的《家庭教育》一书中，有过关于好奇心的专门研究和论述。他说：小孩子生来好奇，6 个月大的婴儿一听见声音就要转头去寻，一看见东西就要伸手来拿。再大一点的孩子好奇动作格外多。我们对此要尽量给予爱护和满足。他认为，好奇心对婴幼儿心理发展有很大的用处。若小孩子不好奇，那就不去与事物相接触了，不与事物相接触，那他就不能明了事物的性质和状况了。陈鹤琴曾说：好奇动作是小孩子获得知识的一个最紧要的门径。

心理学研究证明：青年时代所出现的问题，常常需要追忆到婴幼儿时期的心理影响。据我的小孙子说，他小时候特别喜欢小动物，可是他所接触的小动物不是有生命的实体，而是经过人工制造的玩具。这些玩具动物给婴幼儿玩，似乎很保险，很安全，但不少家长没有想到，在这样的保险和安全后面却是婴幼儿好奇心和满足感方面的饥饿。这是因为玩具和自然性的生命体不仅动态性和刺激性不同，而且给予婴幼儿心理上对生命的感受、体验和价值的理解也是不相同的。为此，我们要在重视玩具游戏活动的同时，重视让婴幼儿从小接触生命体，让他们从小去亲近和拥抱大自然,用小手去触摸小动物,从中去感受和体验生命体的可爱、可亲、可敬、可畏。只有这样,才能使婴幼儿在好奇心得到满足的同时,也获得对自然的亲近感和敬畏感。不过,与此同时,要做好安全上的保护。

从智能开发最佳期的角度来看,美国心理学家伯顿·怀特所著的《一生的头三年》中特别强调,孩子从8个月到20个月左右,是教育发展中最重要的,也是人类生活中最值得注意的阶段。他认为:过去,我们忽视早期教育是历史的悲剧。今天,我们要重视早期教育,要充分地认识早期发展和培养好奇心的重要性。他认为,在这个年龄段,对于稳定的教育发展来说,没有比单纯的好奇心更为重要的了;要让婴儿自由地进行探究,从教育的角度来说,其重要性怎么强调也不会过分。他还认为,这个年龄段,正是好奇心发展的最关键的阶段,如果引导得好,有可能使婴幼儿的好奇心发展到惊人的程度,它是未来学习发展和取得成就的动力基础。这一阶段,不仅应该允许婴幼儿去触摸周围的物体,而且要给婴幼儿创造各种机会,让他们能最大限度地在家中自由活动,并给他们以惊喜和稀奇,来鼓励他们好奇心的发展。

人类是大自然的产物,而大自然在赋予人类身体、头脑的同时,也赋予了人类一种探索的天性——好奇心。当人类尚处在婴孩期时,就开始以充满好奇的眼光,在对周围五光十色的世界的注视中,产生最早的理性思考。好奇心正是人类的智慧之源,科学的创新之本,我们要给予格外的珍惜和保护。

当然,发展与培养好奇心,也要注意安全。好奇心与危险性有时是同时存在的。

好奇心具有双重性,它既是学习、探索的动力之源,有时也埋伏着事故和悲剧的隐患。所以,不少父母时常产生各种担忧,这是可以理解的。不少心理学家也提出:这一年龄段孩子的父母要担当起婴幼儿生活环境的设计师和日常活动的保护神,要关注孩子生活区的安全,防止发生意外事故,包括注意易碎物品、尖利器皿、电线和电源插座等,还要考虑户外安全。不过,千万不可因噎废食,限制过多,否则就会抑制婴幼儿好奇心的发展,最后,甚至会使孩子的性格受到影响。

第三节 小小大玩家

玩是孩子的生命，爱玩是身心健康的表现。

一、两岁是婴儿特别爱玩的时期

1992年，美国麻省理工学院出版社出版了一本关于儿童认知发展问题的学术专著，书名为《超越模块性——认知科学的发展观》。此书出版后获英国心理学会优秀著作奖，作者是世界著名心理学家、皮亚杰的学生和助手——A·卡米洛夫-史密斯。她在这部著作中整合了婴幼儿智慧发展的先天和后天建构等综合理论，提出：儿童是小小语言学家、小小数学家、小小生理学家、小小心理学家和符号创造者。

我从自身的跟踪研究中感受和体验到，与其把婴幼儿看作是小小语言学家，倒不如看作是一位大玩家。我认为，在婴幼儿时期，就要让孩子学会玩耍，成为真正意义上的大玩家。中国留美哲学博士黄全愈写过一本叫《玩 de 教育在美国：玩——素质教育的摇篮》的书，他在书中表达了这样一种教育理念：玩，是孩子对这个世界最大的贡献；玩，是孩子发现自我的桥梁；玩，是孩子情感发育的实践基地；玩，是孩子走进社会的模拟训练场；玩，是孩子道德养成的摇篮；玩，是孩子必需的生长维生素；玩具，是孩子认识世界的工具。

湖北省有一位中专老师，他在培育三个女儿的过程中，进行了一场家庭教育革命。他通过创造各种玩耍的办法，让孩子们在游戏中玩耍，在玩耍中学习，最后，三个来自农村的女孩都成了博士生。大女儿是德国耶拿大学的博士生，老二是德国慕尼黑工业大学的博士生，小女儿是中科院地球物理研究所的硕博连读生。这一令人难以置信的成功经验，其最初的过程就产生在玩中，这告诉我们：玩物既能丧志，也能启智、育才、立志。数学家陈省身提倡要让儿童从小学会玩数学；学者王国维则认为文学是游戏的事业，而哲学家金岳霖也认为逻辑"很好玩"。因此，玩在健身、开智、育德、成才方面的功能是巨大的，问题在于如何看待和如何引导。

早在2000多年前,孔子童年的时候,学礼就受到了"为儿嬉戏"的熏陶。玩,带给孔子深远的影响。明代教育家王守仁对学童遭到鞭挞绳缚、若待拘囚的教育进行了无情的揭露。他指出:这是扼杀幼儿天性的施教方法,造成了幼儿视学舍如图圄而不肯入,视师长如寇仇而不欲见。他说:"大抵童子之情,乐嬉游而惮拘检,如草木之始萌芽,舒畅之则条达,摧挠之则衰痿。"他认为:教育幼儿应从他们"乐嬉游而惮拘检"的特点出发,以诱导、启发、鼓励的方法来代替"督""责""罚"的方法,使他们"趋向鼓舞,中心喜悦","譬之时雨春风,霑被卉木,莫不萌动发越,自然日长月化"。[1]

现代教育家陈鹤琴先生认为:从出生到3岁,是儿童爱玩的时期。在这个时期,我们应当给他们各种会响的玩具,如摇铃、吹箫(一种小的乐器,是专门为儿童设计的)、拨浪鼓、口笛等。一方面,可以使他们独自玩耍,不致缠绕父母;另一方面,又可以帮助他们学听各种声音,提高听力。

我在带小孙子和小外孙的过程中,发现他们平时除了吃饭睡觉就是玩耍,他们精力充沛,不停地玩耍,而且不仅自己要玩,还要爸爸、妈妈、爷爷、奶奶、外公、外婆陪伴他们一起玩。尤其是2岁之后,他们玩的花样品种越来越多,从玩小积木到造小房子,从玩小汽车到骑儿童摩托车,从玩拼图到玩各种各样的奥特曼,真是五花八门。有时,我带他们去儿童玩具商场,他们就要买各种玩具。我统计了一下,单单玩具小汽车,就买了几十辆。他们见到父母操作电脑,也要跟着玩电脑。

当然,婴幼儿年龄不同,他们玩的要求也不同。作为玩伴的成人,提供帮助的方式也要有所不同。有研究者认为:适合孩子发育特点的玩耍和游戏,能唤起孩子玩的兴趣和乐趣,否则,他们就会拒绝和讨厌。就以玩水为例,由于胎儿生长在羊水之中,所以,降临人间后也就特别爱玩水。我在观察中发现:婴儿在头3个月只是能适应水,感觉舒服和喜欢;4个月之后,就开始嬉水、拍打;9—

---

[1] 潘黎勇.中国美育思想通史(明代卷)[M].济南:山东人民出版社,2017:158.

10个月后，他们已经会用水来和妈妈、爸爸做游戏了，比如，常常会把水泼到父母脸上和身上，这是婴儿玩水水平提高的表现。父母此时不仅不能训斥和讨厌，还要为之高兴，这说明宝宝玩的本领在增长。

出生后12个月至18个月时，宝宝喜欢在洗澡时玩各种玩具。这时，在浴盆中放些塑料玩具、小皮球等，可以让孩子边洗边玩边观察浮力现象。一般来说，孩子对放水的水龙头也颇有兴趣，他们看到妈妈在开水龙头时，有哗哗的水喷出来，便感到十分好奇，于是就要自己开水龙头，来进行放水的试验和探索。这本身是一种富有探究性的小实验活动，然而父母为了不让热水烫伤宝宝，常常不让他们进行这种带有一点冒险性的尝试探索。我建议，婴幼儿可以先从开冷水龙头开始，满足一下探求欲，然后，在大人的照料下慢慢地放一些温水，逐渐感受到热水的烫手。这样，孩子就会从玩水的实践中感受到水的冷热，并对水产生一种既想玩又不敢玩的"敬畏感"。

2岁以后，幼儿玩水的积极性更加高涨，他们洗手不仅是为了清洁卫生，更是为了满足嬉水的兴趣。但由于年幼的关系，他们在用水龙头的时候，常常会开而不会关，因此，抚育者要注意协助他们关水龙头。这个年龄段的孩子还对游泳有了兴趣，当父母带他们去游泳时，他们便会喜出望外。但由于性别差异，男孩与女孩的兴趣有时略有不同，我们要学会尊重孩子的兴趣爱好。

有研究表明：2岁前，男女宝宝的游戏行为差异不太明显；2岁后，差异日趋明显。一般女孩子喜欢抱布娃娃，自己装扮成妈妈、医生和护士的角色，进行给布娃娃喂饭、打针和吃药的游戏。在内容选择上，她们更喜欢弹琴、跳舞、唱歌、踢毽子等活动。经济学家于光远在他的《外孙女成长日记》中就记载着他的小外孙女在1—2岁时踢毽子的动作表现和兴趣爱好。

而男孩子在玩耍时，一般对踢球、画画、玩小汽车、骑小自行车更有兴趣。我的小孙子1岁时爱玩皮球，2岁时爱画画，3岁时爱玩汽车和奥特曼。他的汽车玩具多达几十种。我想，小孙子喜欢玩车，也许和他爸爸有关。当他见到爸爸开车时的那种样子，即表露出一种兴奋、羡慕和渴望模仿的神情，似乎在告诉我们："我长大了也要像爸爸那样学会开汽车。"后来，他还告诉我一个小秘密：

"爷爷，我长大后想买一辆真正的汽车。"我连连点头，相信他幼年的梦想完全可以成为现实。

二、在玩中开发多种智能

宝宝在玩耍中，有可能孕育着一种或几种特长和才能，作为抚育者的我们，要细心观察和精心培育，通过扬其长、避其短和补其缺等多种策略，为多元智能的早期开发提供经验，为人才早期培养奠定基础。

当代世界著名的发展心理学家，哈佛大学教授加德纳于 1983 年提出了多元智能理论，引起了世界范围的广泛关注。他认为人类智能不是单一的语言与数学，而是由多种智能组成的，其中有语言智能、数理逻辑智能、空间智能、运动智能、音乐智能、人际交往智能和内省智能等好多种。这些智能的形成和发展，常常由多种因素造成，既有先天的遗传因素，又有后天的环境影响，还有个体在活动中的主动参与。有人说婴儿是天生的学习者，问题是我们能否为他们的成长提供丰富的自然环境和文化环境，以及给予适应性的教育。

最新的脑科学研究成果告诉我们：孩子出生后的头几年是一生中最重要的时期，应该给他们提供一个能看、能听、能说的丰富环境，因为这是他们一生发展的基础。

按婴儿大脑发展的规律来看，它需要从外部环境中吸取信息，以确定使用相关资源的最佳途径，基因只是提供人类智力发展的潜力，而外部环境决定这种潜力被实现的程度。婴幼儿 3 岁时，他们大脑的突触连接的数目大致是成人的 2 倍，也就是说在 1 000 万亿个左右。问题在于我们是否鼓励婴幼儿通过他们自己的活动来丰富早期的经验，促使其智能的综合发展。玩是婴幼儿认识发展的基石，婴幼儿应当在玩耍的过程中发展其多元智能。

有研究证明：孩子在早期发育和学习的特定阶段，会倾向于学习某些特定技能，科学家把这些特定时期称为"第三期"或"机会之窗"。又有人把"第三期"描述为"经验期待"。这时，学习行为的建立，正是在期待某些经验的基础上形成的。

我在带小孙子的过程中，并没有一个固定的培养计划。我认为，卢梭在《爱弥儿》一书中表达的观点是可取的，他说：家庭教育的本质特征在于自然教育，要尊重儿童天性的自然发展，父母和其他抚育者应给予他们以博爱的关怀，使他们在自然发展过程中能自由、自然、自主地得到健康和谐的发展。与此同时，也不能失去敏感期的把握和机会窗口的利用。我按照0—6岁是感官敏感期的理论，从孩子出生之日起就创造各种条件，让他充分运用听觉、视觉、味觉、触觉等感觉来熟悉周围环境，了解各种事物，让他透过潜意识的"吸收性心智"来吸取周围丰富事物的积极影响。为此，我除了每天带小孙子到大楼下的草坪等地方去上"野外活动课"之外，还提供适合婴幼儿智能发展的各种文化环境。例如，给他订了几份儿童画报，买了绘画、折纸、泥塑等方面的材料和资料等。我给孩子买这些读物的目的并不是要求他一定要练习，而是按照"上不封顶，下不划一"的原则来提供他自主活动时的选择机会，本意是让他在早期成长中，在各方面条件许可的范围内，受到尽可能多的自然刺激和文化熏陶，能够从小见多识广。我并没有采取限制性目标要求和给予严格的训练，只是从培养兴趣的角度出发，为他的自主发展提供"脚手架"。

我的小孙子2岁时，见到他爸爸妈妈上班去了，就会爬到我的床上，拿起磁性画板来画画。虽然只是乱涂乱画，但只要他画得好，如把圆画圆，把线条画直，我就拍手鼓掌，以示表扬和鼓励，这样，他就会画得更起劲了。我想，婴幼儿的画画与学习兴趣，很大程度上就是在这种自由自在的玩耍中，自主的潜能显示中，或周围环境的熏陶中培养起来的。他奶奶曾经考虑过是否要请专业的美术老师来教他画画，这样可以使他的绘画才能和兴趣发展得更快一点。但我认为过早有意识地进行绘画技能的严格训练，有可能会造成适得其反的效果。国内外教育家在研究中得出这样的结论：儿童画画有四个时期，一是涂鸦期，为2—4岁；二是象征期，4—7岁；三是黄金期，7—12岁；四是转折期，为13岁之后。在婴幼儿的涂鸦阶段，其小手的肌肉和骨骼还很不发达，因此只能在纸上随便乱画，这是婴幼儿绘画走出的第一步，一般称之为乱画或涂鸦。正是这种乱涂和乱画，可以显示出幼儿的一种自主活动的意向和能力。在涂鸦的过程中，孩子在一张白纸上发现自己创作的痕迹，会使他产生一种新奇的视觉反应，从中获得一种视觉快感。他们来回自由地乱画，好像手脚在蹦跳和舞动，不仅得到了肌肉的运动，而且在心灵上也得到了一种满足和快感。我想，这阶段的涂鸦，正是宝宝最真实的童心、童真、童趣的自然表露，也是绘画兴趣形成的初期。我们要在这阶段把培养广泛的活动兴趣放在首位，还要把握孩子的心理，学会耐心观察、细心体会，使婴幼儿的学习兴趣和绘画等潜在能力得到开发，千万不可操之过急，不可一开始就提出严格的要求，要知道任何兴趣和爱好都有一个逐步形成的过程，我们要学会从容等待和精心指导，这应是多元智能开发的一个重要策略。

我在研究小孙子绘画兴趣形成的过程中发现，他到两岁半时，不仅要玩磁性画板，而且开始要用铅笔和蜡笔来模仿成人画简笔画了。我就有意识地给他看一些诸如儿童简笔画的小册子。我发现，他看到这些书后显得非常高兴，迫不及待地拿起铅笔在画册上乱画起来。由于笔画简易，难度不大，他画得十分起劲。比如，简笔画册上有一辆公共电车，有两条连接电路的电线管，我把这电线管说成是"两根天线"，他却迅速地纠正道："这是'小辫子'。"我很惊讶，觉得孩子的理解和表述要比我更直观、更形象、更生动、更确切。这说明孩子画画的过程，不仅能够培养绘画能力，也能够综合开发绘画潜能和形象思维。

到小孙子 32 个月时，他爸爸发现他辨别颜色的能力有待提升，于是特地到食品商店去买了一盒彩色糖果，让孩子边吃糖果边进行色彩辨认，我认为这也是一种可取的方法。总之，婴幼儿的潜能开发，既不可消极等待，也不可操之过急，而要在细心观察、潜心研究的基础上，通过玩耍等自主、自由的游戏活动来发现和培养。

我与小外孙朝夕相处时，看见我女儿在小外孙临睡之前，总要给他讲讲故事，哼哼童谣。而且白天邻居大妈妈[1]带他的时候也会教他一些唐诗。起初，我认为这个年龄段的孩子较多是以机能性的感受游戏和体能性的活动游戏为主，所以对唱童谣、背儿歌并没有引起足够的重视和关注。而时间一长，我发现，不

---

[1]方言，一般指年纪比妈妈大一些的女性。

到 2 岁的外孙居然也能背 6 首唐诗，唱 18 首童谣了。他在背诵王之涣的"欲穷千里目，更上一层楼"时，还给我做了一个登楼的跨步动作，并很有表情。在唱儿歌"走到外婆家，妈妈牵着我，我抱布娃娃"时，居然能自动走到他妈妈身边，用右手抱着小玩具，左手去牵妈妈的手，边走边唱，模仿得十分逼真。这说明幼儿在背唱唐诗和儿歌的时候，已经有认知等因素的参与。但是，从整体来看，童谣的背唱对他而言纯粹是一种好玩的游戏。比如，他会一遍又一遍地唱《骑马康康》《斗斗虫虫》《独木桥》，给人的印象是：这对孩子来说不是在背诵，而是在玩耍和游戏。他在唱"小老鼠，上灯台，偷油吃，下不来。喵喵喵，猫来了，叽里咕噜滚下来"时，边唱边笑边做动作，这反映了幼儿对小动物的一种特有的情趣。童谣特别朗朗上口，贴近童心，自然质朴，连印度诗人泰戈尔也认为，儿歌中那种跳跃式的情节对儿童而言，似乎是一种好玩的游戏。儿童在吟唱中，可以进入一种无拘无束的自由心态。因此，儿歌是婴幼儿心灵的游戏，它如同空气中的香氛、声音、嫩叶、水滴、雾气等等，给童年生活带来一种迷人的、有趣的欢乐，它可以帮助婴幼儿与大自然建立起一种心灵上的联系，建构起智慧之桥梁。

当然，2 岁左右的孩子在背唱儿歌、古诗时，会有漏字漏句或吐字不清的现象。在这方面，我们既不要苛求他们，也不要给予指示性的要求，应当从孩子的特点出发，将儿歌吟唱的活动作为一种游戏，可以让他们自由创造，自然发展。这既可以启迪智慧、发展语言，又可以熏陶感情，获得美好享受。此外，还要因人而异，千万不可强求一律。

三、玩得出格怎么办

婴幼儿在 2—3 岁阶段特别喜欢玩耍，我在和孩子们一起玩耍的过程中，感到玩耍对婴幼儿的身心发展有许多作用，比如能增智、健身、育情、美德等等。同时，我还感到：婴幼儿年龄小，他们各方面正在成长过程中，不论动作、智慧和性格都处在早期发展阶段，所以时常会有各种问题产生。比较突出的有这样两个问题。

第一个问题：孩子过于顽皮，还常常发脾气，弄得成人无所适从，不知怎么办为好。

我在和孩子们一起玩耍时发现，两岁半左右的幼儿开始显得特别顽皮，表现为以下几点。一是不好好走路，喜欢东荡西晃地走；好端端的马路不肯走，喜欢走石阶或花坛的边缘。二是与小朋友一起玩耍时，开始出现"霸道行为"，比如，有的小朋友一见到别的小朋友的玩具，只要他喜欢，就要抢着一个人玩，而当大人把他的玩具给其他小朋友玩时，他又坚决不肯。三是出现某些"攻击性行为"，例如，有个男孩特别喜欢小汽车，儿童节时，他爸爸妈妈给他买了一辆遥控电动小汽车，按理他应该相当满足了，可他还要买这买那，他爸爸妈妈没同意，他就大发脾气，乱抛东西。孩子的父母告诉了我，并主张要实施"强制教育"和"惩罚教育"。

我想，孩子上述的种种顽皮和"霸道行为"的出现，确实不可视而不见，听而不闻，一味迁就或放任其发展，但也不可粗暴草率处理，最好还是进行冷处理。如何冷处理？这要分析了。有研究表明：1岁以后的幼儿，由于脑神经机能的发展，他们的兴奋与抑制的协调机能也在增强，因此，幼儿的行为抑制随着教育的加强而逐渐增强。如不制止这年龄段幼儿的某些攻击性行为，会给他造成错觉，似乎做什么事都可以随心所欲，不考虑后果。这样发展下去，会使其逐步养成一种粗暴的性格。因此，当幼儿过于顽皮，过于放肆，过于鲁莽时，家长应当及时地制止，但不可草率应对。

大人在制止2—3岁幼儿种种顽皮行为的过程中，要先仔细分析，孩子的有些行为看似出格或顽皮，也许是一种童心的表露。例如，孩子在走路时，喜欢走路边高出的台阶，这是出于一种平衡运动的需要，或出于好奇、好动。为了保护宝宝的童心童趣，最好不要一味地批评、干预或制止。

对于和小伙伴争夺玩具时的那种无理行为，也要分析，不要笼统地说成是一种"霸道行为"或称孩子为"小气鬼"。这类话说得多了，也会对幼儿未来的性格发展带来负面影响。我认为，2—3岁幼儿在与小伙伴的玩耍中争抢玩具，原因主要在于他们还处于自我中心阶段，在游戏规则的掌握方面还处于"无规则"

阶段。一般情况下，他们处于"独自游戏"期，所以与小伙伴之间争抢玩具的现象带有不可避免性。成人可以采用适度分隔法，让幼儿独自进行游戏，或给予两个以上相同的玩具，让他们各自玩各自的玩具。

制止孩子的不文明行为时，大人的行为一定要文明，要讲究刚柔结合，不能"以攻击对攻击"。否则，不仅不能制止孩子的攻击性行为，甚至可能造成更严重的攻击性行为。或者，今天暂时制止了，而孩子从父母打骂的粗暴行为中，也学会了打骂。所以，最好的办法还是以引导为主。例如，我曾见过这个年龄段的孩子在脾气发作时乱掷小枕头等东西，我想，这也许是幼儿的一种情绪的宣泄吧。只要不带有破坏性，我认为，对幼儿的这种宣泄行为，一要观察，二要理解，三要宽容，四要引导，五要关注其事态的发展。孩子偶然乱掷一两次，家长要以宽容与理解为主；或用严厉的目光，或用严肃的语言向他表示：你这行为我们不喜欢、不允许，你用这种办法提出的要求是不可能被满足的。除了行为制止外，家长还可以用情绪转移法或劝阻、劝导法来加以引导。

我在处理孩子的情绪发泄行为时，常备用一种"秘密武器"——新东西。我出差到外地时，见到新玩具、新产品，总是选择几样带回家，但不马上拿出来。当孩子发脾气时，我就将它作为一种情绪转移的工具。比如，当小孙子与小伙伴争抢玩具时，我就说："这玩具你让他玩吧，爷爷有更好的玩具，可好玩啦！"此时，孩子出于好奇，会将注意力转移到"新玩具"上，上述的争抢行为就消解了。至于必要的批评和开导，最好放在孩子情绪相对稳定后，这样，可以达到事半功倍的效果。

第二个问题：孩子在玩耍的过程中，把家里的东西弄坏了。

2—3岁的孩子在玩耍中经常会做出使成人不愉快的"错事""坏事"和"烦恼的事"，常见的行为之一是将大人的珍贵物品弄坏和抛弃。

我在带孩子的过程中，也有此类烦恼。比如，有一次，我和小孙子两个人在家，我想哄他午睡，可是，他那时精神特别好，要我带他下楼去找爸爸，我答应了。就在我做下楼的准备工作时，他却将我放在床头的一只半导体收音机拆坏了，这是我托人远道带回来的。当时我十分恼火，很想好好地惩罚他一下，但转念一想：他拆半导体收音机的行为动作和心理状态，完全是一种好奇和探求，如果我给予他严厉的批评或惩罚，不仅会使亲情受到影响，而且还会使孩子宝贵的好奇心和探求欲受到压制，而这份好奇心和探求欲，或许就是孩子培养学习兴趣的火花！我提醒自己要冷静，我想，物品的珍贵是有价的，而幼儿心理上的宝贵品质是无价的；物品的损坏是可以修理的，而孩子智慧之花的摧残是无法修复的。由此想来，我认为要批评的不是孩子，而是我自己，收音机的损坏是因为我放置不当而造成的。

心理学认为：2—3岁幼儿的破坏行为可分为"无意破坏"和"有意破坏"两类，而大部分破坏行为属于前者，包括我小孙子的上述行为。他手部肌肉的发育过程中，大脑活动和骨骼肌肉的神经联系虽已接通，但尚缺乏练习，反应和协调机能还很薄弱，以致脑、眼、手、足之间的协调还不和谐，远未达到熟练的程度。也就是说，他尚未完全具备如成人那样的"得心应手"和"运用自如"的机能。因此，幼儿在这一阶段的破坏行为不仅有心理原因，还有生理原因。作为抚育者的我们，不该一味责怪孩子，而应当给予充分的理解。这要求我们一方面保护好孩子们纯真和强烈的好奇心、探求欲及研究兴趣，另一方面也要将那些较为珍贵的物品放置在孩子不易发现或不易拿到的地方。总之，凡事预则立，不预则废。在抚育婴幼儿的过程中，事事处处预防在前为好。

第四节　自主感的形成

婴幼儿发展心理学认为，1—3岁是自主感对羞怯感的时期，它是人的一生中最重要的发展阶段之一，尤其在情绪、情感和性格的形成上，具有里程碑意义。医学心理学认为：婴幼儿1—3岁时，他们的情绪活动进一步分化，能体验到高兴时的愉快、受赞扬时的满足，但总的情绪还很不稳定。这一年龄段表现出幼稚而又强烈的自主意识和独立要求，要摆脱大人的约束，自己要干自己的事。有人认为，这是"小能人"成长期，是从依赖、依从向自主、独立的过渡期；是对大人意见进行反抗的违拗期；是爱发脾气的高峰期；是社会情感和人格发展的敏感期；它是步入人生的第一心理反抗期。抚育者需要对这个年龄段宝宝的情绪情感发展特点作更深入的理解。

一、两岁是获得自主感的时期

美国哈佛大学心理学教授埃里克森长期从事发展心理学的研究，他认为：一个人从出生到死亡，大体经历着八个相互联系又有特质的阶段，每个阶段包含着两个对立的相互矛盾的特定的心理状态。他认为：0—1岁是信任感对不信任感的时期；1—3岁是自主感对羞怯感的时期。自主和自豪，相对羞耻和疑惑，这是人类第二个核心冲突；为了发展孩子的自主性，必须建立坚定不移的、不容置疑的、连续的早期信任感。[1]这阶段，婴幼儿逐渐掌握爬、走、抓、握、说话、控制大小便等能力，他们开始有条件独立处理事情，自我认知开始萌芽，为此，时时处处希望体现自己的自由意志。这一阶段的关键，是让婴幼儿感觉到自己的力量，感受到自己对环境的影响力，这是自主感的源泉。它要求父母给孩子以适度的自由、教育和训练，尊重孩子的意愿，防止溺爱或苛求。溺爱或苛求会加重孩子的疑虑和羞怯，会影响其情绪情感及人格的健康发展。宽容和尊重能够帮助幼儿获得良好的意志品质，为今后形成自主决策、自我约束和自我要求等良好性格奠定基础。

我们在抚育过程中，要特别重视和关注孩子自主感的发展，要给孩子以更多的自主、自由、自在的发展机会，让他们的自信心、自尊感得到早期培养。

大量的观察研究证明，1—3岁是"自作主张"的年龄，表现为衣服要自己穿，鞋带要自己系，筷子要自己拿……如果成人加以阻止，孩子就会大吵大闹。比如，有一位2岁的宝宝，见到家人用牙签吃草莓，也一定要自己用牙签吃。这时，父母怕牙签对宝宝造成伤害，便加以阻止。可宝宝就是不听，不依不饶，非要自己干不可。他那种执拗的蛮劲让父母束手无策。最后，全家人只好都改用小

---

[1] 埃里克松. 童年与社会 [M]. 罗一静，等，编译. 上海：学林出版社，1992：75. （"埃里克松"即埃里克森，两者系译法不同）

勺子，使矛盾得以缓解。

上面这个案例说明，婴幼儿到了两三岁时，开始把自己作为主体来看待。他们时时处处要表达自己的想法和愿望。在与父母交往的过程中，他们总是把自己的名字挂在嘴上，常常会说"宝宝要""宝宝来""宝宝喝水"。在此基础上，他们逐步形成了"我的"这个概念。他们知道哪些东西是"我的"。这既标志着自我知觉、自我意识的萌芽，也反映了他们的自主感正在形成，独立性正在发展，由此带来了任性和反抗。这一阶段，他们用得最多的一个词是"不"。

有调查表明，婴幼儿时期，84%的孩子都要经过这个反抗期。这正是自主与反抗意识的萌芽，标志着他们正在朝着健康的方向发展。

二、两岁是伙伴关系发展的时期

英国心理学家约翰·鲍尔贝长期重视婴幼儿依恋感的研究，他和另一位心理学家安斯沃思研究发现，2岁以后为目标调整的伙伴关系阶段。2岁后，幼儿能认识并理解母亲的情感、需要、愿望，知道母亲爱自己，不会抛弃自己，并知道交往时应考虑母亲的需要和兴趣，据此调整自己的情绪和行为反应。这时，幼儿把母亲作为一个交往的伙伴，认识到她有自己的需要和愿望，交往时双方都应考虑对方的需要，并适当调整自己的目标。这时，与母亲空间上的邻近性逐渐变得不那么重要。比如，当母亲因需要干别的事情而走开时，幼儿能够理解，而不会大声哭闹。他可以自己比较快乐地在那儿玩或与母亲交谈，相信一会儿母亲肯定会回来。

有关研究还表明，2岁以后的幼儿，随着与父母依恋感的建立，随着认知和语言能力的发展，以及他们社会交往范围的拓展等，依恋目标开始由父母转向小伙伴和托儿所、幼儿园的老师与保育员。

这一阶段的孩子能够忍受与父母有一段时间的分离，能逐渐习惯与同龄伙伴和其他成人相处，如与托儿所、幼儿园老师和保育员交往。这一时期，与他人一起玩耍、嬉笑，甚至一起吃饭、午睡占据了他们更多的时间。这一阶段的婴幼儿已开始能够延迟满足他们想和母亲在一起的愿望，懂得这种延迟是由于母亲去做别的事情引起的。进入托儿所或幼儿园会导致分离焦虑。2岁时，90%的婴幼儿入托或入园时会大哭大闹，而且这通常会延续一段时间，一周至一个月。到3岁时，分离焦虑只在10%的幼儿身上发生，而且会很快得到缓解并消失。因此，在2岁6个月到3岁之间入托和进幼儿园幼托班，从婴幼儿的感情承受能力来看，较为合适，但他们有一个逐步适应的过程。

三、两岁是开始懂得自我调节情绪的时期

情绪调节是个体灵活地对一系列情绪（包括积极的和消极的）发展要求作出反应的能力，以及在需要时作出延缓反应的能力。这能力在情绪智能发展中具有基础性的地位，发挥着核心的作用，因此，需要及早培养。

情绪调节能力在婴幼儿2—3岁阶段发展非常快速。[1]有研究表明，2—3岁的幼儿开始懂得以建设性的方式来调节自己的情绪。例如，在导致愤怒的情境中，2—3岁的幼儿倾向于避开某些情境来调节自己的愤怒体验。

我们观察到，一次户外游戏时，2岁6个月的林林小朋友喜欢的活动玩具被另一个小朋友独占了，他想去玩，可是那个小朋友就是不让他玩。此时此刻，我们看到林林既表现出一种愤怒，又表现为一种克制。最后，他选择了回避的方式，到另一个活动玩具处，开展他的游戏活动。我们又看到囡囡小朋友，她身边的活动玩具被另一个小朋友抢走了。此时，她有三种选择：一是把玩具从那个小朋友手中夺回来；二是向老师告状，借助老师的力量把玩具要回来；三是选择其他玩具，以此来调节自己的情绪。她选择了第三种处理方式。这既避开了矛盾、冲突和愤怒的情境，又达到了自我活动选择上的多样性的要求。这种自我调节能力的发展，在幼儿社交能力和自我心态平衡中，发挥着协调的机制，并对其人格智能的形成有着深刻的影响。

有研究表明，情绪自我调节能力的形成，在2—3岁时发生着转折性的变化。当孩子步入2岁时，他们变得十分任性，不肯顺从，不愿合作。在小朋友之间，

---

[1] 桑标. 当代儿童发展心理学[M]. 上海：上海教育出版社，2003：314.

时常会发生打人、抓人、咬人等现象，所以有不少父母认为这是"可怕的两岁"。

我们在教育活动中处理过类似的情况。以咬人为例，我们可以看到，这年龄段幼儿的调控能力在教育的影响下能获得提高。

"啊——！哇——！"孩子进餐处，突然传来一阵尖叫声，接着又传来了哇哇的噪声。老师疾步跑上去查看情况，发现玮玮手臂上有一排深深的牙印。

"皮皮，你怎么又咬人了！"

"对不起，我错了，我下次真的不咬人了。"此时，皮皮向老师承认了错误，似乎非常后悔自己刚才的行为。可是刚过几个小时，他又咬人了。而且，这次在辉辉的胸口上留下了两排带有血痕的牙齿印记。

事发后，皮皮的父母带着皮皮向玮玮和辉辉道歉，还一再要求皮皮向老师和小朋友保证：做一个好孩子，再也不咬人了。

对于婴幼儿之间的咬人行为，有专家认为：这个年龄段的宝宝咬人并无恶意，刚学步的孩子，还不懂得用语言表达自己的感受，所以常喜欢用咬人的方式来表达他们的兴奋和激动。我研究过一个孩子的咬人事例：由于前排小朋友没有排好队，他想纠正其行为，而语言跟不上，他只能用咬人的方式来表达。因此，我们处理此类问题时要掌握四个原则：一要细心，重分析；二要耐心，重教育；三要关心，重预防；四要诚心，重协调。

第五节　第一反抗期

有研究认为：大多数儿童在2—5岁会经历"第一反抗期"。从前不论大小事都需要听从父母，到了2岁，他们开始有自己的主张，甚至尝试反抗父母。这是自我意识的萌芽，也是自我意志力增强的表现。大量研究证明，婴幼儿期孩子的反抗是一种正常心理的反映。[1] 婴幼儿期孩子们要求自主、自立、自己干，是

---

[1]资料来源：中国台湾大孚书局有限公司1998出版的亲子教育系列丛书9《怎样教养零～九岁的孩子》（第99页）。

一种健康、积极心态的表现，我们要加以珍惜和保护。我们只要给予正确的理解和引导，就可以使孩子们养成自主、自立、自信的品质和坚强的性格，向着有利于身心健康的方向发展。

桑标教授在其主编的《当代儿童发展心理学》一书中，提及1—3岁儿童处处希望体现自己的自由意志。这一阶段的关键是让儿童感觉到自己的力量，感到自己对环境的影响力，这是自主感的源泉。父母要给儿童以适度的自由，不要伤害儿童的自尊心，要让儿童形成宽容和自尊的人格。[1]

一、婴幼儿的反抗，是走向自主独立的前奏

有研究提出，孩子满1岁后，会出现反抗的征兆，和别人相处时，常有反抗行为，常会这也"不要"，那也"不要"，以此来抗拒大人的命令，并要求大人依从他的愿望与主张。我观察过一个孩子，在1岁半时，表现出任性与倔强。这使他父母感到担心与焦虑。他们想："这样的脾气发展下去，如何是好？"针对孩子任性的问题，有的家长还专门购买了育儿知识书籍来研究。

有专家认为，这阶段的反抗、任性与倔强，正是孩子独立意识日趋形成的表现，是自发性、自主性意识的萌芽，也是孩子未来创造能力和自强性格的基础。这是孩子在无意中创造属于自己的"心的世界"，他们希望通过自己做事情展现自己的能力，获得成功的喜悦，这是有鲜明个性的早期体现。

我的跟踪研究是一个很好的证明。我的小外孙1岁半时，表现出自主、独立、任性、倔强和反抗。在正确的引导下，其自我活动能力越来越强。长大后，这孩子学习勤奋，刻苦钻研，做事严谨，意志坚强。有研究认为：在婴幼儿反抗期中，孕育着令人惊讶的成长力。广大家长不要误读婴幼儿早期的正常行为，不要把婴幼儿早期的所谓"不听话""自作主张"，当作负面行为来看待，并采用"顶着干"的办法，用硬性的威吓、打骂等惩罚来加以驯服，其结果常常适得其反。鲁迅说：孩子的世界，与成人截然不同，倘不先行理解，一味蛮干，便大碍

---

[1]桑标.当代儿童发展心理学［M］.上海：上海教育出版社，2003：334.

于孩子的发达。抚育者应该是：指导者、协商者，而不是命令者。陈鹤琴认为：诱导比恐吓、哄骗、打骂都来得好。

我在参与抚育孩子的过程中，对孩子的"反抗"，不是"顶着干"，而是"顺着干""导着行"，收到了若干有效的成果，可供参考。

小外孙刚满1岁时，他爬到我身边，见我床上有一只收音机，喜出望外，爬过来要玩。我怕他弄坏，给他收音机的外套玩，他不要，非要玩这收音机不可，而且，还要拨弄开关和转动频道。那时，我怕他弄坏，马上制止，他就哭闹起来。我想：刚到1岁的孩子，见到收音机想玩耍，是聪明、好动、好探索的表现。所以，我不应该简单地强制制止他的吵闹与反抗，而应该给予满足和支持。我采用替代性的办法，来转移其注意力，既满足其好奇心和探求欲，又防止物品被损坏。那时，我想到几年前，我在带他哥哥时，也发生过类似的情况，于是，我把过去给他哥哥玩的那部又大又漂亮的玩具收音机找了出来，给他自由自主地玩耍。这孩子由哭转笑，由反抗转为亲和，与我的相处变得更加亲切和依恋。此事，正如育儿指导书中所提及的：反抗行为是宝宝成长过程中的必经阶段，我们要给予理解、尊重和支持，来让宝宝顺利地度过这反抗期，为其走上自主、和谐发展的成长期奠定基础。

二、反抗＋尊重＋引导＝成长力的发展

孩子反抗实际上是大人不尊重孩子意愿引起的。要使孩子健康成长，我想用一则简明的公式来表达：反抗＋尊重＋引导＝成长力的发展。

如何理解上述公式？我想举例来说明。

案例之一，父子对抗的分析。

平时，我小外孙的妈妈负责他的洗澡工作。他2岁17天的晚上，妈妈要晚回家，由他爸爸负责给他洗澡。由于宝宝对此缺乏思想准备，加上他爸爸帮宝宝洗澡时的动作、顺序、方式与妈妈不同，结果，引起宝宝的反抗和哭闹。

他外婆就对他爸爸说："这样操作，孩子要受凉的。"旁边的太外婆却说："父子之间的事，不要多加干预为好。"

我认为：太外婆的评论有道理。因为宝宝反抗的原因是：爸爸放水的温度偏高，擦洗时动作用力过猛，为此，他表示不满。这对他爸爸来说，也是一种教育。

时隔一天，他妈妈问宝宝昨天洗澡时为什么哭闹。宝宝的回答是："妈妈给我洗澡先放凉水，爸爸先放热水，水很烫。"

从上述情况来看，两岁的宝宝将其自我感受表达得很清楚，因此，他当时的哭闹是一种合情合理的反抗。我们应当给予理解和尊重。

案例之二，母子矛盾的化解。

由添加裤子引起的反抗与争吵。

这件事发生在我小外孙 2 岁 8 个月的一天清晨。那天，气温由 23℃ 下降到 18℃，他妈妈要给宝宝增添裤子。在大人看来，这十分正常。哪知宝宝对增添裤子表示强烈的不满，并进行反抗，双方对立得十分厉害，孩子哭声不断。那时，他妈妈一手抱住宝宝的身体，一手将裤子套到宝宝脚上，而宝宝用双手将新穿的裤子拉掉，不让他妈妈给他穿裤子。

仔细分析这一情景：从宝宝的角度来看，前两天，他穿一条小的三角裤，加上一条轻薄便裤，使他到幼托班后大小便比较方便。如果今天再添上这厚厚的绒裤，势必给他带来诸多的不方便。因此，宝宝从方便角度考虑拒绝添裤，合情合理。而从他妈妈的角度考虑，气温骤降后，添裤可保暖，这么做纯粹出于关心体贴。问题是，宝宝对气温骤降缺乏了解和感受，他也不能体会妈妈的用心良苦。

面对上述情况，如何处理为好呢？

邻居大妈妈见这情景，提出建议：可否让宝宝先去走廊走一下，让他感受一下天气骤变后带来的寒冷。到那时，再给他增衣添裤，可能更容易接受。宝宝妈妈为了缓和上述冲突带来的僵局，认为可以给宝宝一个自主选择的机会，也就采纳了这一建议。宝宝跟大妈妈一起穿过长长的走廊，到大妈妈家之后，大妈妈问他："冷不冷？"宝宝回答："冷。""把你带来的裤子穿上好吗？"宝宝点头。这一矛盾顺利解决，关键在于要让宝宝有自己的感受并得到认同。上述解决矛盾的经验十分可取。

三、我对亲子矛盾和处置方式的思考

我认为，婴幼儿的反抗，不是坏事，而是好事。这是他们自我意识的萌芽，独立自主能力增强的表现。父母对孩子的反抗进行自我反思，有助于提高抚育水平。

婴幼儿的反抗，为父母深度理解孩子的心理需求和情绪提供依据。父母可以从中看到抚育过程中的弊病和孩子的不认同之处，它是教育纠错的风向标。以添裤为例，当时宝宝不喜欢多穿裤子，有他的理由。大人知道天气变冷，他不知道，也不清楚气温下降 5—6 摄氏度是怎样的概念，他对少穿裤要受凉也缺乏感受和体验。反之，他对增衣添裤，到幼托班时的大小便不方便的感受多多。所以，我们在与婴幼儿的交往过程中，要时时处处从理解和尊重孩子的切身感受去考虑！碰到父母用心良苦之事，要让子女接受和理解，在方法上，不可操之过急，不可用强迫手段，生硬方法，要想方设法，加以引导，让孩子自身有所感受和体验后接受为好。

缓解反抗与冲突，要讲究策略，防止情绪化和固执。例如，在处理添裤问题时，给孩子一个自我感受的机会，一个自主选择的余地，这有利于矛盾的化解，让孩子感受父母用心之良苦。这对父母与孩子都有好处：父母在冲突中提升抚育水平，孩子在矛盾中得到成长与成熟。

对孩子的反抗，父母要充分了解和理解。父母要尊重孩子的年龄特点，再加以适当的引导，使孩子逐渐发现自我，实现心理上的断乳，走上自主和独立，让孩子的心灵健康成长。

第五章　不一样的三岁

宝宝 3 岁时，我赴外省参加学术年会。在这期间，宝宝的成长日记由他奶奶代笔。我一回家，看到日记的第一个标题是"宝宝长大了"。

奶奶写了好多事例，其中比较突出的有三件。现将她的日记摘录于下。

这几天，宝宝一听到国歌声，就会停止一切活动，马上立正、敬礼，身子挺直，显得十分严肃。

有一次，我去隔壁邻居家领宝宝，他知道奶奶身体不好，所以没有提出要奶奶抱。我搀着宝宝的小手，跟他一起回家。走在路上，刮起了大风，我想要抱宝宝，宝宝却坚决不让我抱，还说了好几遍："奶奶身体不好，抱不动。"

以前宝宝吃饭总是要大人喂的，这几天他却说："宝宝自己吃。"他父母在餐桌旁边吃边看，看到宝宝一边吃饭，一边喝汤，吃得又快又好。不像以前，大人要跟在他后面，边走边喂。

从他奶奶所写的日记中可以看到，宝宝的社会意识和自我意识正在萌发。宝宝在与奶奶的相处中，能理解、同情和体贴长辈，反映出他的自主意识开始形成。他能自己吃饭，这是他进幼儿园幼托班之后，自理能力和独立能力增强的表现。

从发展心理学角度看，2 岁半到 3 岁半是真正意义上的突飞猛进时期，父母和长辈在抚育宝宝时，要特别重视。根据我的观察，这阶段的宝宝在以下几个方面的进步特别明显。

第一，动作能力增强，手脚变得更加灵活。这时的宝宝喜欢整天奔跑，不是踢皮球，就是骑三轮脚踏车，而且一定要玩到筋疲力尽。他小手的本领也在增强，会穿塑料管，能用8—10块积木搭一幢高楼，还会拿着画笔乱涂乱画，像开无轨电车那样把线画得长长的。家里墙上、书柜上，都会留下他创作的痕迹，爸爸妈妈不高兴，但他却觉得很好玩。

第二，感知水平提高。过去，宝宝糊里糊涂，早晨起来拖拖拉拉，弄得他爸爸妈妈上班要迟到。他那时不懂得什么叫时间，现在知道一天有白天和黑夜，早上要先起床、后穿衣，吃完早饭上幼儿园，下午才能回家。他开始有了一些时间概念，开始懂得"昨天""今天"和"明天"，还懂得什么叫"前"，什么叫"后"，也了解了一些"等一下""慢慢来""上""下""里""外""大""小""粗""细"等词语的意思。爸爸妈妈教他背数1、2、3……他也能背出来。爸爸妈妈教他数脚步，一步、二步、三步……他开始有了一些数的印象。他还会与爸爸妈妈一起看婴幼儿杂志。进行辨认比赛，他总想争取第一名，他的辨认能力有了很大的进步。

第三，语言能力发展快。2—3岁是幼儿口语发展的最佳年龄。宝宝2岁半后，话逐渐多了起来，而且口齿伶俐、能说会道，不但会说"谢谢""再见"等礼貌用语，而且能够说出自己和别人的姓名，会说"你""我""他"，还能说比较复杂的句子，例如："今天我妈妈上班了，我爸爸天黑才回来，爷爷会写文章，奶奶会讲故事。"宝宝还喜欢和玩具小狗、小猫说话，他对各种物体发出的声音很感兴趣，喜欢问："这是什么？用来做什么？"他看周围世界，感到非常新鲜，十分好奇，会问："月亮为什么有时像皮球，有时像香蕉？爸爸为什么有胡子，妈妈怎么没有？"他还能讲简单的故事，学会好几首唐诗、儿歌和童谣。

第四，情绪情感发展有特点。2岁半到3岁幼儿的情感处于强烈的动荡期，他们常常肝火特别旺，一遇到不称心的事就大吵大闹。其中一个原因是他们的愿望在增强，各种需要在增多，而父母却这不许他们拿，那不准他们动，不能满足他们的需要。例如，我家宝宝过去吃饭由爸爸妈妈喂，现在吃饭要自己来，他会用勺子和筷子吃饭了，虽然弄得脸上和衣服上都是饭菜，但他感到很好玩。父母不理解他，不让他自己吃饭，怕麻烦，他就发脾气，还用不吃饭来反抗。又如搭积木时，宝宝喜欢自己来搭，即使积木常常会倒下来，他也感到很好玩。可是他爸爸妈妈常常瞎起劲，总是要来干预他，要按大人的想法来搭积木，他就不乐意，即使他们搭得再好，他也要推倒重来，他就是喜欢按自己的想法做。有人说这是反抗期，实际上这是自主独立期。这个阶段孩子的脸像春天，晴得快，阴得也快，还有好冲动的特点。他们也在慢慢地学着控制自己，希望爸爸妈妈能给孩子更多的理解和尊重。

第五，社会适应能力和艺术情趣逐步形成。2岁半到3岁的宝宝，变化特别大。我们感觉到这阶段宝宝好像一下子长大了许多。他们像蚕宝宝那样从蚕茧中钻了出来，想爬出去飞！还想结交新朋友了！他们不想再和父母在一起待在家里，他们要到幼儿园去与小朋友一起玩了。

我家宝宝开始和小伙伴一起玩耍时，很容易发生争吵和冲突，这是因为他还不懂游戏的规则。不过，争吵之后，他们很快就和好了，他们还是好朋友。

孩子从小喜欢花花绿绿的世界，现在他们能拿起画笔这神奇的魔棒，在纸上涂出一个花花绿绿的世界。宝宝起劲地乱画，爸爸妈妈说他是在捣蛋，实际上他是处在涂鸦期，画画是他的发泄途径，能给他带来极大的满足。有人说这阶段的幼儿是"印象派画家"，他们在白纸上画一个圆圈，这是他们看到的太阳，还可以说成是一只圆圆的苹果！幼儿在画画时，爸爸妈妈最好不要干涉，应当做一个欣赏者，让他们在父母眼中，早早成为小画家，这样他们才开心！

有位学者说过："开启人类智慧的宝库，有三把'钥匙'，一把是数学，一把是文学，还有一把是音符。"幼儿听到电视里的歌声会跟着一起唱，边唱边做动作，这使他们感到好听又好玩。

事实上，绘画和音乐是婴幼儿生活中不可缺少的"精神乳汁"。他们受到滋养，就会提升绘画和音乐素养，会更懂得艺术欣赏，这对他们多元智能的开发是大有益处的。

儿童心理学认为：2岁半到3岁，正处在人生的分岔路口，站在跳向更高级的跳台上。他们与2岁儿童相比，已经能够分辨好坏，并有所选择。2岁幼儿尚"不知好歹"，对接触到的事物常常表示抗拒，我行我素；而满3岁之后，他们开始逐渐理解大人的要求，朝着成人的期望去努力。

美国著名心理学家格塞尔（A. L. Gesell）认为：3岁儿童的心理更接近4岁儿童，而不是2岁儿童。[1] 尽管3岁儿童不具备4岁儿童那么丰富的知识及技巧，但他们的水准完全超越2岁。当然，这种超越是有限度的，同时也有反复的特点。这是说，3岁儿童的心态经常会回到2岁时的状态，尤其是2岁半的孩子。

我想到于光远教授在他写的《非非，我的观赏动物——外孙女成长日记》中提到，他的外孙女非非曾经有过一张名片，那是1997年，菲菲不到2岁时印的，当时她的学位是"玩士"，她的职务是"加里顿大学迷你教授"和"二十一世纪观察院特约研究员"。今天，我想效仿他这一方式，也为我家的宝宝制作一张反映他3岁年龄特点的名片：婴儿学校的大学生，幼儿园的小学生，游戏研究院的小博士，开迪大学的迷你教授和家庭环境的探险家。不知这名片是否概括了这年龄段孩子的发展特点。

我是一位儿童心理学研究工作者，我的跟踪研究只是世界上千千万万个宝宝成长过程中的个别案例。我从这些案例中看到，孩子们1至3岁的生活是幸福而美好的，未来之路如何发展将有待于家庭的关怀、学校的培养、社会的关心和他们自己的勤奋努力。我愿可爱的宝宝们永远可爱！他们美好的生活永远美好！

第一节　爱学习　会想象

孩子到3岁，不再像过去那样容易撒娇与胡闹，他们开始踏上文化旅程的起跑线，爱学习、会想象成为这一年龄段的明显特征。

我们对婴幼儿的学习，不能单一地理解为读书、识字，它是广义的，包含有语言学习、独立行走、生活自理、学会交往等。心理学家皮亚杰在论述婴幼儿学习时，强调婴幼儿的动作、认知、语言与情感等方面的学习与发展。他认为：婴幼儿的认知活动是一种主动积极和不断的建构活动。儿童学习不只是接受他人的

---

[1] 王振宇. 儿童心理发展理论 [M]. 上海：华东师范大学出版社，2000：29.

教育，儿童有一定的独立学习能力，儿童是主动的学习者，他们的学习常常出于自己的需要。因此，我们应当积极鼓励与引导儿童主动地去进行学习，最好让儿童自己去寻找答案。儿童学习，不仅是智力的发展，而且是道德行为、兴趣和好奇心的培养。皮亚杰认为：学习从属于发展。不可拔苗助长，否则，欲速则不达。要重视婴幼儿的年龄特点和发展水平，通过动作来帮助婴幼儿学习。婴幼儿的认知起源于动作。婴幼儿是通过动作，从摆弄物件中来认识世界的。重视社会交往和学习中的好奇心，要尊重他们的学习兴趣。[1]

小外孙2—3岁时，我记下了他爱学习的多篇观察日记。

他在2岁半时，我带他去附近的新华书店让他自由挑选儿童节礼物。我记下了他那时所喜欢的读物，有十多本。其中有涂色本、识字卡、儿童玩具等。他显得十分高兴。我当时的指导思想是：上不封顶，下不划一，兴趣第一，任其挑选，尽量满足，使其高兴。我想：早期智能开发，只要他喜欢，就让他有一个丰富的人文环境，拓展他的文化视野，让他从小在知识的海洋里，学会选择、学会发展。在挑选看图识字和无图识字卡时，旁边有人说：不少内容是重复的。我当时想，有图与无图识字卡，内容相同，可功能不同。我过去有过教训，在前几年带小孙子时，在启蒙资料中，发现有图识字卡识字容易而遗忘快。有图识字，既有形象性记忆和发挥联想的功能，又有对文字记忆的消极性依赖。所以，看图识字与无图识字，在早期启蒙中，交替使用为好。

购买上述图书之后，他兴奋异常，一回家就对外婆说："我有书！这是我的书！好开心！"接着，他开始看图画画，由于人还小，握笔等方面还有困难，出现了乱涂乱画现象。外婆要他一笔一笔地画。我想，对于婴幼儿来说，涂鸦正是婴幼儿学画的第一步，不要要求过高，否则，会影响他的学习兴趣，所以，没有强制性要求，只要发现其中有几笔画得还可以，就给予鼓掌表扬，他为之高兴。在翻阅古诗精选挂图时，外婆见到《游子吟》，念了"慈母手中线"。这孩子抢着要自己独自背诵，表示妈妈曾经教过，他已经能独自背诵了，我们就一起鼓掌以

---

[1] 皮亚杰. 皮亚杰教育论著选 [M]. 卢濬, 选译. 北京：人民教育出版社，1990：10.

示鼓励。

如何让儿童节所买的图书发挥作用？我们给他提供了一个宝宝图书角。我们在一张小桌子旁边，专门安排了一个放图书的地方，并有书夹板相夹，他很高兴。一周之后，他主动拿了几本书来找我："外公，我们来读书好吗？"他拿的是《宝宝学画画》。封面是大鲸鱼，他指着书页说："这是'大'字。"我听了很高兴，给他鼓掌，说他聪明，记忆力好。后来，在边看图边识字，边画画时，我见他乱涂乱画，就问他："你在画什么？"他说："我在画宝宝。"我意识到，2—3岁的孩子对画自我有兴趣，这是自我意识、自我兴趣萌芽的表现。至于画得像与不像，关系不大。这是涂鸦时期，能画、想画，就是好！如果要求过多过高，会影响孩子的兴趣与积极性。我给他寻找了一张透明纸，让他临摹，他感到画起来很容易，学画的速度加快了。他极为高兴。

我在引导他爱上学习的过程中，处理过"识字卡到处飞"事件。买书后不久，宝宝拿着识字卡片来找我："外公，我们来识字，好吗？"我很高兴，马上表示赞同。哪知道在翻阅和发放识字卡时，他出于好玩，将识字卡片像发扑克牌那样，到处乱发。结果纸片又飞又飘，弄得满地都是。他感到十分快乐。我当时想批评与阻止，但又一想，这孩子正处在婴儿向幼儿过渡的时间段，他把识字卡片当玩具，把识字当游戏，这应视为正常的游戏行为，因此，要进行引导。那时，宝宝向我提出："外公，你帮我捡起来好吗？"我说："宝宝，你识字和背古诗的本领很大，能否把地板上的字卡和古诗画一张一张地捡起来，捡一个字得三分，捡一首诗得十分，看看宝宝能得几分？好吗？"这孩子听到要记分之后，十分高兴，就边捡边让我记分，为他获取高分而鼓掌。这一过程使他对学习有了成就感，还增进了祖孙之间学习上的亲近感和趣味感。

这孩子爱学习，能理解，会想象，有时有意想不到的情况出现。在他2岁3个月时，他妈妈告诉我，这孩子一个人在床上爬来爬去，爬上爬下，他妈妈提醒他，要小心一点，不要跌跤。哪知道，这孩子突然冒出一句话："妈妈，宝宝知道，要小心翼翼。"此话一出，给他妈妈一个惊喜！他妈妈说，这孩子从小就爱学习，不仅爱看绘本，爱玩玩具，而且还爱听大人说话，常要模仿。我们平时给他看《婴儿画报》，边看边讲一些成语故事，他不仅有所理解，而且还会联想、应用。

上述成语"小心翼翼"，与他妈妈日常生活中的用语有关。有时，我们大人讲话无心，而孩子却听之有意。婴幼儿也许是在无意识的状态下，出于好奇进行模仿。这就要求我们在抚育孩子的过程中，提高我们自身的文化素养和语言水平，创造良好的文化氛围，给孩子以潜移默化的积极影响和文化熏陶。

英国心理学家彼得·史密斯（Peter K. Smith）等人所写的《理解孩子的成长》一书提及了文化—生态学模型理论，强调"文化模式"在塑造儿童成长中的作用。书中提及，从儿童出生的那一刻起，当地的习俗就开始塑造他的经验和行为。[1]

婴幼儿时期的学习兴趣，好比春天时节播下的种子，会在他们幼小的心田中，在读书之乐中生根发芽。我们想不到，这孩子2岁半时，在儿童节那天，给他买的书，给他安排的读书角，还有一个专用的小书架，营造了良好的读书氛围。后来，每逢书展之时，我们一起去看书、选书和购书，成为习惯。时隔十多年后，我从他的书架上看到许多书，有《我的童年》《我的中学时代》《我的大学生活》，还有中外名著，如梭罗的《瓦尔登湖》等，专业书有《量子物理史话》《工程数学》《算法导论》等。婴幼儿时期爱书的种子，到大学时开花了！

第二节　爱交往　要朋友

婴儿从出生之日起，就有与他人建立亲密关系的需要，最初是与父母和家里其他亲人。2—3岁时，交往范围扩大，他们更喜欢与同龄者交往，既有亲密的交往，又有忍让、冲突、嫉妒等矛盾的出现。如何让孩子从小学会交往，妥善处理好同伴交往中的种种问题，这需要研究。好在有一个阶段，我家曾四代同堂，

---

[1] 彼得·史密斯，海伦·考伊，马克·布莱兹. 理解孩子的成长 [M]. 寇彧，等，译. 北京：人民邮电出版社，2006：34.

孙子与外孙住在一起，朝夕相处，为我观察研究提供了条件。

有一天清晨，我给小外孙穿好衣服后，他用小手向我指指，要到哥哥房间去。这阶段是他出生后的8—9个月，特别喜欢去看看哥哥。我想，在婴幼儿间有一种心理上的认同感。年龄上的相仿，兴趣上的相似，容易产生亲切感。所以，两个宝宝一见之后，显得特别亲热，彼此微笑，热情拥抱。可惜，好景不长，在小宝宝与哥哥一起玩耍时，他见到自己喜欢的玩具在哥哥手里，就要从哥哥手中把它抢过来。他哥哥不肯，理由是这玩具原本是哥哥的。此时，小外孙的妈妈也认为：弟弟做得过分。弟弟得不到妈妈的支持，就委屈地哭了起来。面对这一情景，哥哥退让了一步，把玩具给了弟弟，叫他不要哭。家里人开始评论，认为哥哥"好和头"，弟弟太任性。

我当时认为：孩子间的争吵，一般情况下，大人喜欢当仲裁者，好加评论。这不利于孩子的成长。我想，我们是否应当从更深层面去理解孩子争吵的内在心态，在交往能力上予以引导。《理解孩子的成长》一书中提及，在孩子很小的时候，同伴似乎就特别吸引他们。2岁以下的儿童已经具备了一些有助于同伴交往的能力，包括模仿能力。由于他们年龄接近，兴趣和发展水平相似，容易成为社会交往伙伴。其中，哥哥姐姐对弟弟妹妹可能会表现出很大的忍让性，在更多能胜任的事情中充当着重要的榜样。与此同时，也有嫉妒和矛盾出现。

在兄弟姐妹中，既有喜爱、理解、相让，也有嫉妒、冲突、对立与矛盾，这为儿童学习理解他人提供最佳的社会环境，为培养社会性情感提供条件。大人在处理婴幼儿同伴交往的过程中，需要理解、协调，不要有偏见，不宜轻易做仲裁者和评论员，而要从更深层面去理解孩子争吵的内在心态和复杂因素，要从更高层面给予孩子引导，培养他们的交往智慧和真诚友好相处的性格品质，要让他们在友好相处中学会互爱互让、合作共事。婴幼儿的同伴争吵，有时还带有游戏性质。有时候，孩子越是要好，越是爱吵，吵得越频繁，感情越亲密。因为吵架对孩童而言，是友好的社交性交往游戏。

我对婴幼儿之间的交往特点作过仔细研究。那时，小外孙1岁，小孙子4岁，我常见弟弟一醒来就要去找哥哥，一见哥哥就眉开眼笑，喜欢躺在哥哥床上一起玩耍。他见到哥哥那边玩具多，就抢着要，哥哥给他时，他高兴。有一次他发现哥哥坐在他的枕头上，他就哭起来，这时，外婆来给哥哥穿袜子，他又哭了起来，似乎带有一点"吃醋"的性质。对此情景，我反思：有人提及，小孩子之间的交往与争吵，要分析其特点，大人不宜过早表态，否则容易造成婴幼儿的自卑感或优越感，会影响其成长。3岁左右的婴幼儿正处于自我中心阶段和第一反抗期，孩子在与同伴的相处中，会出现超乎寻常、不易理解的行为和情绪。民间常说，娃娃的脸，似夏天的雨，刚乌云密布，又阳光显露。这要求成人多理解、多观察、多协调。我抚育小外孙和小孙子时，从转移其兴趣着手，给小外孙选择他喜欢的玩具，让他优先挑选，显示对他的尊重和喜欢，他为之高兴，笑脸相迎；而小孙子认为：爷爷给弟弟的玩具，都是他过去玩过多次的玩具，所以也愿意谦让。

那时我女儿说："你与两个宝宝相处时，一定要公平、公正。"对此，我给予重视。

我在观察中发现，两个宝宝的兴趣爱好和模仿行为有一致性，也有不一致性。哥哥模仿的能力较强，弟弟模仿能力相比之下，弱些。哥哥爱魔方，弟弟爱积木，各有特点。他们在一起吃饭时，弟弟见哥哥碗中有什么饭菜品种，他要同样的。我认为：婴幼儿时的哭哭闹闹，是他们社会化交往过程中的一个阶段，不要过于看重。我女儿通过阅读育儿书籍，在一定程度上能够理解孩子的特殊心态。书上提及，婴幼儿时期，兄弟姐妹相处的过程中，两者的个性差异已经有所显露。针对不同的性格，教育方式上要有所不同，既不可娇生惯养，又不可简单粗暴，而要因势利导。对于孩子为一件小事而争吵、哭闹，冷处理为好。有书介绍到，对感情外露者，一遇到稍有不满，乱吵乱闹者，可以暂时不予理睬。

对幼小孩子间的争吵，大人不要急于干涉或过于焦虑，而要学会让孩子们在交往中相互理解和谦让。我观察过小孙子和小外孙交往的情景：起初，两个孩子一起玩识字卡的游戏，又在看电视时对奥特曼产生兴趣，过一会儿相互争吵起来，过一会儿又亲亲热热。我想：孩子们相处时，社会性情绪还不稳定，又不懂体谅他人，因此，发生争吵正是他们成长过程中的必然现象。他们的交往有一个从相互不谦让到相互谅解、谦让的发展过程。有一次，哥哥在翻阅《婴儿画报》，刚翻几页，弟弟就走上去抢着要看。兄弟间不仅没有争吵，而且哥哥在谦让中，还对弟弟的行为作出了评论："他以后会好的！"我想，哥哥这话表达了对弟弟要看画报行为的理解，而且，也是对自己谦让行为的肯定。他们交往的感情在谦让中得到增进和理解，这对哥哥长大后形成良好的平和谦让的性格大有帮助，为弟弟长大后对哥哥尊敬和学习模仿创造了条件。弟弟有时偶尔有所哭闹，这是幼儿情绪性的发泄，在弟弟内心世界中，还是十分尊重与崇拜哥哥的。我女儿常说："哥哥在弟弟心目中，是被崇拜者。"哥哥学孙悟空，弟弟跟着学，显得十分开心。所以，哥哥的谦让又为弟弟长大后的谦让提供了学习榜样，起到了示范作用。

这两个孩子长大后，老师们提及，他们在同学中均有良好的友谊。哥哥与弟弟在中学都曾担任学生干部工作。这说明婴幼儿时期在交往中积累的经验，有助于良好性格品质和交往习惯的形成。后来，当弟弟在学习上表现优秀时，哥哥也为之骄傲，哥哥常在同学中夸赞自己弟弟聪明好学。总之，从小友好相处，相互尊重，互相学习，成为他们兄弟友谊的底色，我们也为之感到欣慰。

第三节　既倔强　又平和

3岁孩子既有天真活泼可爱的一面，又有倔强固执对抗的一面，与小伙伴在一起时，既亲热又常争吵。有的家长在照顾2岁幼儿时，弄得筋疲力尽，带到3岁后，感觉孩子平和和快乐了许多，孩子似乎充满柔顺与体贴。其原因何在？

关于3岁孩子的倔强问题，性格心理学认为：孩子的性格有一个由不稳定到稳定的过程。其性格的稳定性源于孕育期，它经历乳儿期、婴儿期、幼儿期，再进入儿童与青少年时期。有研究表明：初期的性格行为由婴幼儿时期的早期经验所决定。婴幼儿时期的倔强，应理解为与孩子早期的自我认同、自我信任和自主能力发展有关。婴幼儿的倔强，正是他们按自己意愿行事能力的早期表现，这是他们自我选择、自我坚持的决心在行为上的体现，对他们日后自信自强与勤奋等品质的形成有很大的影响。所以，我们应给予宽容和肯定。明智的父母对这一阶段婴幼儿的倔强表现，要注意应对的分寸，要适度给予孩子自由表现的空间，对某些行为亦可适度调节与制约。

对于小孙子和小外孙的倔强行为，我给予柔性的冷静处理。

小孙子刚到3岁时，有一天，他见父母去买东西，他表示也要去。此时，他父母认为：可以一起去买东西，但手上的大皮球、小汽车要放掉，不可带上。可是他不肯，非要带上。他父母觉得，既然不听话，那就不要一起上街了！他一定要父母让他同去，玩具也要随身带上，非常坚持，大哭大闹。于是，我参与了调解，我跟宝宝说："爷爷有两个办法。一个办法是：你跟爸爸妈妈去逛商场，这玩具交爷爷保管，回来后，原物归你；另一个办法是：你带着玩具，不跟爸爸妈妈去商场，跟爷爷去小公园玩。两者由你选择。"小孙子选择跟父母去商场，玩具交我保管。终于，两全其美，一场风波得到平息。

我带小外孙时，有一天晚上，小宝宝独自爬到凳子上，还要摇动凳子。我女儿怕有危险，给予制止，宝宝就哭闹起来，显得十分倔强、固执。我知道，这宝宝性格内向，他要做的事，不可轻易改变。于是，我采取既尊重、宽容，又重视安全的态度：站到宝宝的凳子旁边，发挥保护者的功能，既满足了宝宝独立、自主的愿望，又减少了他妈妈在安全上的担心与顾虑。人格心理学家罗杰斯（Carl Ransom Rogers）认为，对孩子的成长过程应给予正向关怀，在可能的范围内，给予婴幼儿成长需要上的满足，这有利于孩子健康人格的形成。

对于3岁孩子平和的表现，我觉得可赞可喜。这说明他们在社会性发展方面有了进步，这是培养和提升他们良好性格和品质的天赐良机，我们要及时把握，机不可失，时不再来。

小孙子3岁时，他在许多方面变得更懂事，更和顺。有一天傍晚，我见他在吃甘蔗时，不再乱丢乱吐，而是把吃好的甘蔗渣放到我手上，让我把它放到垃圾袋里。这行为在过去很少见到。他画画的线条和图形也有进步。与大人相处时，也知道要关心他人了。他知道奶奶身体不好，抱不动他，所以，他从来不提要奶奶抱。走在路上，见风太大，奶奶要抱他，他坚决不要，还说："我自己能走。"

他走过幼儿园时,听到国歌响起,马上立正、敬礼,面部表情显得十分严肃、认真。他后来进幼儿园小托班后,老师给予他的评语是:对人有礼貌,说话诚实,与同伴相处十分友好,因此,受到老师和小朋友们的喜欢。

孩子到了3岁,成长特别快,变化也特别多。我在宝宝成长日记中写过一篇《一天一个样》,现摘录如下。

这几天,这孩子似乎懂得特别快。刚才,他在午睡时,突然有电话声,他惊醒后就去接电话。在电话中,他得知是姑妈来的电话,于是他就与姑妈对话起来。说话很流畅。事后他姑妈的评价是:这孩子怎么一下子变得会说话了,而且样样会讲,语句完整,表达流畅,不简单。

到晚上6点,我看电视,他居然会说:"爷爷看新闻!"我记得过去他只知道:"小朋友少儿节目。"现在不仅知道电视里有新闻,而且还会安心地与我一起看新闻了。

晚上7点30分,他到我床上翻阅图书时,还说:"书真多!"我说:"这些书将来都给你。"他为之高兴。他对几本照相册特别有兴趣,看得十分专心,还要拿到他自己的床上去,还对我说:"我不会弄坏的。"过了一会儿,我在整理图书时,他会主动来帮我整理,还学我的样子,一本一本放在固定的位置上,显得十分高兴,似乎在想:"我也会整理书了。"我想:从整理书,到爱护书,再到以后能看书,这是一个潜移默化的过程,愿他将来成为爱书者。

我在关注3岁孩子倔强与平和共存的同时,也在思考抚育者的心态和教育艺术。我发现,有些年轻父母惯用对一两岁孩子的态度和思维方式来对待3岁孩子,有时会误判和错怪孩子,这会给孩子的成长带来不利的影响。我写过题为《我们不能冤枉孩子》《我们不能责备孩子》的两篇日记。其中有如下内容。

三岁男孩子在房间里玩皮球,他发现皮球有点脏,于是主动拿起毛巾来擦皮球,把脏东西擦掉。这一行为本应得到肯定和鼓励,可是,由于这孩子擦皮球时拿了他爸爸的毛巾,因此,受到了他妈妈的批评。这孩子申辩:"这是我的毛巾。"在他家里,爸爸和他的毛巾没有明显的区分标志,因此容易混淆。这要求年轻的父母，多多看到孩子成长中的优点和好的表现，即使有些小差错，也要学会理解，并加以引导。

我见到，年轻家长在与3岁孩子交往时，常有各种冲突发生，而父母的法宝——"你不听话，就不带你出去玩！"这种权威性的带有威胁性的语言，也许一时见效，但会伤害孩子的自尊心。

我想，玩是孩子的权利，父母带孩子一起玩耍，是父母的责任与义务。可是，为什么现代父母会用子女爱玩、想玩、好玩的心理来威胁孩子，剥夺孩子爱玩的权利？这不是教育，而是伤害。

面对日记中的情况，我在思考：如果父母多一点关心、引导，既肯定宝宝擦皮球是好事，又提供可擦皮球的毛巾，是不是就不会引起以上的纠纷？事实上，孩子起初做得很好，应当及时给予表扬与鼓励，后续动作正需要我们给予指导与示范，不可动不动就责怪孩子。在日常生活中，类似事件常有发生，冤枉孩子，伤害孩子幼小心灵的事，需要引起我们的注意。

3岁孩子在成长中出现的种种矛盾心理和行为表现，如爱学与贪玩、友爱与争吵、倔强和平和，是成长过程中的阶段性特征。这些特征给抚育者提出了新的课题，要求我们提高教育水平和教育智慧来迎接挑战，为孩子的健康成长保驾护航。

第四节　自信感的萌发[1]

拥有自信是一个人迈向成功的第一步，是面对困境、勇闯难关的一把金钥匙。我们要让幼儿在获得成功体验的同时增强自信，得到发展！

美国心理学家埃里克森提出，在人生发展的过程中，幼儿期正处于主动发展和自主自信形成的重要时期。

---

[1] 本节基于"幼儿自信感的形成和教师的激励作用——带班老师的个案研究"撰写，合作研究者：徐丽珍，上海市浦东新区东方幼儿园高级教师。

自信是指个体对自身行为能力与价值的认识和充分评价的一种体验。自信影响人的个性、社会性的健全发展，它对于幼儿心理健康和认知能力的发展具有十分重要的意义。同时，它能促进幼儿积极主动参与活动、大胆探索、勇于思考，使他们乐于与人交往。自信能使人在获得更多知识和技能的同时，逐渐发展乐观、勇敢、独立等良好品质。

可惜，我们过去在幼儿教育中对幼儿自信感的培养很少研究。我们常常偏重智力和技能训练，重视显性智慧的培养，而忽视对幼儿情绪、情感和性格形成的研究和培养。因此，不少幼儿虽然钢琴、绘画、书法等显性技能发展得很好，但在人格发展上存在许多缺陷，比如胆小、懦弱、优柔寡断、缺乏自信、害怕困难、对人冷漠、难以适应社会等。这些问题如不加以注意，就会影响他们的终身发展。因此，我将幼儿自信心的培养列为我个案研究的重点。

根据个案研究的要求，我选择晓杰为研究对象。首先，他在情感和性格方面，既有突出的优点，又有某些不足，我对他的研究兴趣较大。其次，晓杰的家庭成员对此个案跟踪研究很配合。

过去的个案研究主要针对问题幼儿或智力超常者，较少涉及情感智慧和自信人格形成等方面。因此，我选择这一个案研究，试图对幼儿情感智慧培养进行探索，为幼儿教育改革和提升研究水平带来更多的启示。

晓杰父母对幼儿园的教师有这样几方面的要求。第一，增加儿童的接触面，营造多元化的语言环境。第二，重视情感和文明行为的培养，激发儿童对多种文化的学习兴趣。第三，希望教师有爱心、责任心和良好的个性，还要关注幼儿童心、童真、童趣等品质的保护。

我对晓杰情感、性格等特点的总体印象及初步分析是：这个孩子心理健康、性格开朗，见到老师与小朋友总是笑嘻嘻的。由于家庭有良好的教育氛围，他有不少单纯和善良的品质，表现为与小伙伴相处特别友好、宽容、和善，因此，人缘很好，许多小朋友都特别喜欢和他一起玩。由于有过住院的经历，晓杰受到家里更多的关爱，他在情感的感受和体验上，比一般幼儿更丰富、更深切、更敏感。病痛在他脑海中留下了阴影。了解到这些情况，既有利于我们的研究，也增加了研究的难度，研究人员需要更深入、细致，有的放矢地给予晓杰特别的照顾。

晓杰的问题：怕困难，对有些活动采取消极态度，如练钢琴十分勉强，常以泪洗面；上课很少主动举手发言，怕讲错；当老师向他提出要求时有畏难情绪，并浑身不自在等。

教师的态度：非常喜欢他，能正视其缺点，力求将情感教育和性格培养结合起来，使这棵小树苗能够身心健康、快乐、和谐地茁壮成长。

研究目标：鼓励晓杰与小伙伴更多地相处，并将他善良、合作、宽容、友好等良好品质进一步发扬和提升；面对困难时，引导他不要害怕，要勇敢，尝试让他在老师和同伴的帮助下，逐步学会克服困难；引导他主动参加集体活动，大胆地在同伴面前表达自己的想法，与小伙伴一起去体验活动的快乐。

教育策略：第一，加强观察，及时发现问题，及时进行分析研究，及时寻找教育对策；第二，利用一切机会，引导他积极参与活动；第三，创造条件，让他在同伴面前发挥自身特点，增强他的自信心；第四，通过多种途径，使他能面对困难，学习去克服困难；第五，将增强他的自信心作为本个案研究的主要目标和中心主题，积极鼓励他的点滴进步；第六，密切与家长配合；第七，把热爱孩子、理解孩子、尊重孩子，作为教育孩子的前提、基础和整体个案研究的宗旨。

下面是个案研究中的案例分析。

案例一：哭了两回和童话效应。

小班下学期开学之初，晓杰病愈后来幼儿园，大家为之欣喜。他一到幼儿园，就感受到小朋友纯真的友爱和老师的关怀，所以白天过得很开心。可是，一到晚上，晓杰就要想妈妈，要回家。他生怕被同伴看见，躲在一边暗自流泪。老师一直在观察并及时发现了他的情绪波动，在安慰他的同时，又引导其他小朋友主动与他一起玩耍，以分散他的思家之情。老师认为，晓杰需要的是关注、关怀和关爱。于是，老师对他给予了更多的关怀，更细致的爱护和体贴。

有一天，在一场游泳活动中，晓杰哭了两回。第一回哭是因为他的衣服脱不下来，硬拽，脸憋得通红，当听到伙伴们说"你怎么还没脱好衣服，动作真慢"

时，他急哭了。第二回哭是因为他见到其他小朋友一个个在泳池中"如鱼得水"，游得自由自在，而他却什么都不会，心里又急又担心，就又哭了。

老师主动走近他的身旁，把他抱在怀中，一边帮他擦干眼泪，一边帮他脱下衣服，并紧握着他的手，安抚他紧张的情绪。老师还陪他慢慢走到游泳池的中间，让他与其他小朋友一起熟悉水性，一次次鼓励他别害怕。老师还当着他的面，请教练多关心，多辅导。他看到老师信任的目光及微笑的神态，听到安慰的话语，消除了紧张和害怕，不仅能在大水池中来回走动了，还开始练习闭气。他的动作和神态也放松了许多。

晓杰的两次哭泣，反映了他既好胜好强又胆小的矛盾心理。他性格中有敏感的一面，能发现自己的不足，能找到与同伴的差距。但对于如何去克服自己的不足，又如何去缩短与同伴的差距，则令晓杰有些畏难和茫然。此时，便需要教师给予关心、鼓励和支持，在思想上给予晓杰更多的引导，还需要同伴给予理解和宽容。

老师利用孩子们午睡前的时间，坐在晓杰的床边，根据晓杰的现状编了一个故事《长大的小咪咪》，讲给小朋友们听。孩子们沉浸在故事中，为小咪咪生病而难过，为小咪咪重获健康而快乐，更为小咪咪忘了如何去抓老鼠而担心。老师问孩子们："该怎么办呢？"孩子们纷纷表示自己愿意帮助小咪咪。大家为小咪咪重新变成勇敢、能干的抓鼠将军出点子，这时，晓杰也大声说："只要天天练，小咪咪一定会抓到老鼠的。"老师说："对呀！生病不害怕，本领不会也没关系，不懂我们可以学，要相信自己一定能行的。后来，小咪咪果然在小伙伴的帮助下，坚持天天练习，终于成了神气十足，能抓老鼠的大将军了。"

老师接着问："你们觉得这是一只怎么样的小咪咪呢？"晓杰说："小咪咪很好，我很喜欢。""我们班里也有个小咪咪，你们猜他是谁呀？"小朋友们东看西找，最后都纷纷看着晓杰，都指着他说："晓杰，你就是小咪咪呀。""晓杰，我们也会帮助你，让你做小咪咪抓鼠大王！"这时候晓杰笑着说："啊，我变成猫咪啦！"此时，全班小朋友也都笑了！

童话是幼儿喜爱的一种文艺形式，孩子们容易从童话中找到自己的榜样，获得激励和鼓舞，它的教育效果远远胜过我们平时抽象枯燥的说教。老师在用童话进行教育时，深深地被孩子们的童心、童真和童趣所感动，更被他们天真无邪、纯真善良的友情所感染。孩子们是那么可亲、真挚。这自编的童话竟然能产生如此的感染力和共鸣，相信今后，它能产生更大的教育效果。

案例二：练钢琴和练毅力。

晓杰在班内活动中有不少优势。别看他年纪小，他对感兴趣的电脑游戏颇有心得，甚至能将自己研究出来的游戏玩法教给其他小朋友，与同伴们共享游戏的快乐。但在有些方面，他的不足之处也十分明显，如上课举手发言的次数少而又少，怕讲错被别人笑话。在练钢琴的过程中，畏难情绪更是突出。有一次，老师见他走进教室时，神情颇不自然，小脸红红的，眉心也皱得紧紧的，就问他："晓杰，你怎么啦？"他说："没有什么。""你想和徐老师说说心里话吗？让我猜猜，是不是被练琴的老师批评了，心里不开心？""是的，我练不好，我也没有办法。"他非常无奈地低下头。"你那么聪明，这点困难算什么，放心，只要你努力，一定能行的。有什么困难，老师帮助你，别急。现在去找个好朋友玩玩吧，放松一下！"他轻声说："好的。"虽然晓杰的脸由阴转晴，但焦虑仍在心头，还未消退。

钢琴班是晓杰的父母为他报的名，可事实上，晓杰对此并没有兴趣。这只是父母为了让他从小能接受艺术的熏陶，并能培养其注意力而采取的一种措施。不过，如果兴趣变成了压力，变成了痛苦，变成了包袱，又从何谈起有乐趣和兴趣呢？老师决定帮助他，既要使他克服畏难情绪，又能逐步提高他练好琴的信心。

第一步，老师积极与晓杰的钢琴老师交流，了解晓杰的练琴情况，以掌握第一手资料，同时，将晓杰练琴所面临的困惑反馈给钢琴老师，达到沟通、协调的目的，以求得教育上的合作。

第二步，老师积极与家长沟通，就科学指导孩子练琴的方法达成共识。老师通过多次与晓杰妈妈进行电话沟通，了解了晓杰在家的练琴情况。他妈妈说："晓杰在家什么都好，就是不愿意练琴。我不催他，他就不练，我一催他，他就哭，好像我们欠他似的。有时真的很生气，但想到他身体刚恢复，又舍不得，真没办法。"

练琴本身是一件好事，现在反倒成为他们全家的烦心事了。老师认为，要帮助晓杰，还要帮助他的妈妈。老师向他妈妈分析了幼儿的生理特点和心理特点，如：幼儿的小肌肉正在发育，精细动作的发展还不完全成熟，注意力不能长时间集中。因此，练琴不能过于急躁，要分步骤，先会唱谱，再练琴，以降低难度。练琴时间不宜过长，可采用分段式的练琴方法。同时，要重视对练琴兴趣的培养，多鼓励、多启发、多认可，使孩子获得成就感，才能增强孩子的自信心，让孩子感受到练琴的愉快。这些建议得到了晓杰妈妈的认可。

第三步，老师利用平时的空余时间，在游戏中帮助晓杰识谱，感受音乐节奏，分析乐曲所表达的情感。老师还注意在平时的活动中增强晓杰的节奏感、乐感，提高晓杰的听力水平，使他在玩中学习，玩中受益。通过上述练习与努力，晓杰练琴的兴趣有了显著的提高，晓杰妈妈感激地说："徐老师的方法真不错，晓杰现在自己要练琴了，练琴时也比以前认真了，还常把曲子里的故事讲给我听。""晓杰的手形、手势以及节奏感都比以前进步了，完成作业的质量明显提高。弹琴时也自信多了，有感觉了。"晓杰自己也自豪地对老师说："徐老师，现在我再也不害怕练琴了，您和妈妈都表扬我，说我进步多了，我也觉得我弹得很好听了。您想听听我新练的曲子吗？"

从此，晓杰那自信的火花、悠扬的琴声，在我们身边飞扬！

案例三：从"我不行"到"我能行"。

这次"六一"庆祝活动中，幼儿园要求小朋友不仅自己学会跳啪啦啪啦舞，而且还要教会自己的爸爸妈妈一起跳，使全家都能参加亲子活动。练习时，老师发现其他小朋友都在认真地跳，而晓杰却在那里东张西望，动作也不熟练、不协调。于是，老师上前问他："这么好看的舞蹈，你怎么不跳呢？"晓杰说："我不行，我，我不会跳！""别人都会跳，你为什么不会？""我前两天生病，在家里休息，没有来幼儿园，所以没有学会。"晓杰面对困难又害怕了。

培养幼儿的自信感，首先要了解幼儿的困难，要帮助幼儿正视困难，这是解决困难的关键性一步。为此，要在理解的基础上，采取具体而又可行的措施。于是，老师先请一位跳得好的小朋友与他合作，并在集体练习时，将他从后排调到前排来，以便随时给予指导和纠正。在自由活动时，老师还"开小灶"，进行个别辅导。由于同伴的帮助，老师的关心，晓杰很快便从神情紧张、动作僵硬中解放了出来，整个舞姿明显地自然了，动作也显得协调了，得到了伙伴们的赞扬。

在日常语言教学活动中，外向型的幼儿表现欲较强，所以表达机会较多，语言发展一般较快。而内向型的幼儿，由于一般比较胆小，常常害怕出错，不敢说，不愿说，影响了他们语言表达能力的发展。晓杰的性格类型偏于后者。一次寻常的故事比赛中，孩子们个个想一展身手，晓杰却说："我不会，我忘了。"老师追问，他便回答："我不行，我想不起来了。"人也直往后缩。"你没试，怎么知道不行？你是男子汉，别害怕，有我在，我们一起试试，好吗？"晓杰被老师的耐心鼓励所感动，于是，他边听小伙伴表演，边跟着讲了起来。

可见，要培养内向型幼儿的自信感，一定要耐心，更要学会等待，让孩子一步一个脚印地发展为好。此外，还要为他们创造更多的条件，为他们提供发展潜能的机会，以此来增强其自信心。老师在与晓杰聊天时，得知他有一本英语识字拼图。老师就利用这一图书，让它变成培养晓杰自信心的教具。老师事先让晓杰在家里，请爸爸妈妈给他介绍这本书的有关内容，让他有些准备，做到胸有成竹。然后提供机会，让他在全班小朋友面前当小老师，给大家介绍这本书的内容。起初，晓杰有点紧张，说话都有些结巴，老师对他说："不要怕，胆子大些，慢慢地说。"当他说到"这是一本外语书"时，有小朋友问他："什么叫外语书？"他说："就是平时徐老师教的，这是苹果 apple，这是橘子 orange，这是数字 one、two、there……"他边翻书边用手指指着画面，进行解释，还让小朋友跟他念单词。他越说越顺，越说越兴奋，当听到小朋友的掌声后，他笑了。这是从成功中获得喜悦、信任及自信的体验。

培养自信感，一定要给幼儿创造锻炼的机会，难度不可太大，要从幼儿的角度选择难度适中的问题，要创造获得成功的条件和获得成功感受的机会，同时，也要做好必要的准备和耐心的等待，让幼儿在锻炼与努力中战胜困难，在成功中增强自信。

2—4岁是幼儿自信感形成的时期，也是发展最迅速的阶段。在影响幼儿自信感形成的因素中，成功体验作用特别大。上述案例中的小朋友晓杰，起初由于生病等原因，使他特别胆怯和懦弱。晓杰回到幼儿园之后，老师给予他多次机会，让他体验成功，比如，老师在电脑操作、绘画、溜冰、游泳、语言表达以及练琴等方面给予了晓杰一次又一次锻炼的机会。一次次成功的感受和体验积累起来后就提升为一种自信感，这样，孩子才会有信心再去尝试、探索，再去勇敢地面对并解决困难。解决困难以后获得的自信感又成为孩子积极参与活动的动力。这种良性循环有可能成为孩子未来自主发展的一种力量源泉和战胜人生旅途中各种困难的精神动力。这不正是对幼儿进行素质教育所期望的核心品质和追求的教育目标吗？这将使幼儿终身受益。

教师的评价和激励是幼儿自信感形成的重要条件和坚强后盾。有研究表明：幼儿时期的自我意识正在萌芽和初发阶段，其重要特征是依赖于成人的评价。这是由于他们的自我评价尚处于初步发展时期，具有很强的他律性，幼儿往往是以别人的评价为依据来评价自己，尤其是他所信赖的亲人和老师。因此，对幼儿的积极评价和鼓励显得极为重要。在这次研究中，晓杰的成长和进步的一个重要因素，就在于老师对他的喜欢、信任、关切和鼓励。在他的成长过程中，老师的积极评价使他充满自信，因为他知道背后有老师的支持。随着一次次的成功体验，幼儿的自我评价水平在提高，他坚信自己的能力和水平是可以战胜困难的，于是，胆小、怯懦变为坚强和勇敢。这正是我在个案研究中的一大收获，它让我与孩子共同成长。

第六章　父母之爱与爱父母

当代儿童发展心理学认为：家庭是社会的细胞，是儿童出生后最初接触到的第一环境，又是对儿童影响最早、时间最长的社会环境；儿童个性形成的关键时期，即儿童最具可塑性的时期，主要在家中度过，父母的性格及教育方式对儿童发展具有特别重要的意义。对婴幼儿的关心、照顾、爱护是父母的天职。它既是科学，又是艺术；既是担当，又是天伦之乐的享受。就家庭教育问题，我结合参与抚育两个孙辈儿童成长过程的心得，简述如下。

第一节　家庭是孩子快乐成长的摇篮

婴幼儿的孕育、诞生和健康快乐地成长，关系着千家万户的幸福，关系着民族的未来、国家的前途和希望。孩子从出生到走上社会，家庭是他们成长、成熟和成才的奠基性生存空间，是培育幼苗茁壮成长、开花结果的园地。培育好幼苗，担当好园丁，是利国利民利社会、利家利己、利子孙的百年大计。因此，从孩子出生之日起，就要给予其亲情和爱的教育滋润。

一、满月话亲情

小孙子满月了，他的体重由原来的9斤长到了11斤；身长由52厘米长到了56厘米。在长相上，他的皮肤像妈妈，又白又嫩；脸形像爸爸，方方正正又胖乎乎的，和他爸爸小时候一模一样。他的手长得很长，与他妈妈和外公一样；而耳朵又像爷爷，又大又厚很有福相。

此时此刻，我想到遗传学上的血缘亲和情感学上的认同论。

婴儿降生于世，虽然在肉体上与母亲分离了，但他与自己亲生父母的关系，有着永恒的维系。从遗传学角度来分析，他们具有一种特殊的血缘关系，这是由血缘遗传造成的人与人之间的天然性的基因信息传递，其结果是体貌的一半来自父亲，另一半来自母亲。孙子辈有四分之一与祖父母的相貌相似或相近。这种血缘性的基因传递给彼此的关系带上了自然性、共同性、亲情性和永恒性。由于有血缘关系，双亲与他有身高、体重、肤色、胖瘦、音色、音量以及机体内部的生理特征与气质类型等多方面的相似性。这种相似性使人们在情感上有更深刻的亲近感。

情感心理学认为：亲情是人类精神生活的源泉，是个体精神力量的支柱。每个人精神生命的质量和圆满的人生之路，起步于早期的情绪与情感生活状态。婴儿的哭声呼唤父母与祖辈的接近、照顾和抚爱。婴儿的微笑，使亲人分享到无比的愉悦和快乐。

作家冰心把母爱比作夜晚的月光，总在月光中将婴儿带入梦乡；把父爱比作早晨的太阳，在阳光的照耀下让孩子走向世界。父母的亲情之爱，正是孩子健康成长的精神保证。这种亲情是深沉而无私的，它给亲子教育以自然性的基础，并保持终生，永不枯竭。

德国生理学家兼心理学家普莱尔在《幼儿的感觉与意志》一书中写道：感觉作用是一切心理发展的基础，视觉在婴儿时期的地位特别重要。初生儿双目的不协调，不对称现象特别明显，常常一闭一开。满月之后，双目的协调和对称注视开始出现。

为此，我不失时机地关注视觉能力的培养。当小孙子凝视我的脸部时，我也神情专注地注视着他，并给予微笑和"对话"，以便延长他的凝视时间，丰富他的注视内容，培养他对亲人的辨认能力，形成对亲人的亲热感。

这个年龄段，由于听觉开始发展，家里的电话铃响，时常会把婴儿从睡眠中惊醒。所以，我儿子把电话由卧室转移到客厅，并将音量调到最轻。在婴儿午睡时，我们全家人的讲话声也尽可能轻一些。总之，一切为了不影响宝宝的安睡。

心理学家普莱尔还认为：这阶段，婴儿的全部行为主要是由他的愉快和不愉快的情绪状态所支配，其中包括饥饿感、舒适感、恐惧感等。表现为：温水洗澡带来愉悦感、大小便带来舒畅感、搂抱带来安全感等等。过去不少人认为：婴儿哭是饥饿引起的，事实上，婴儿的哭在很大程度上是由孤独和恐惧引起的。因此，我们应当尽可能多地待在婴儿身旁，让他看到、听到、感觉到我们在关注他、抚摸他、亲近他，这会给他一种强烈的安全感、舒适感和归属感。这不仅可以使婴儿减少啼哭和吵闹，也可以培养婴儿安静、平和的心态和快乐、愉悦的情绪状态。

我的小孙子就是在全家人的关注、关怀下快乐、健康地成长着。他奶奶常说："这孩子从小就十分乖巧，是那样地逗人开心，引人亲近，令人喜爱。"

普莱尔对婴儿的啼哭也有研究：婴儿疼痛时是刺耳而持久的哭；身体姿势不舒服时是一种呜咽；洗冷水澡时是大声地哭……

为了让婴儿尽可能地处在愉悦的状态下，我们应当关注婴儿的哭声。我家82岁的老太太说："我过去见到过一个婴儿刺耳而持久地哭，一检查，发现是身上有一枚小针。"我小孙子有一次也哭个不停，我们仔细地检查，发现他的尿布裹得太紧，大腿之间有点红肿，于是马上将尿布松开，用温水轻轻擦洗他的小屁股，再涂些爽身粉，小孙子的哭声就停止了。

还有一个要引起大家关注的问题是：有人提出要及早培养婴儿定时吃睡的习惯。根据我的观察和体会，要将给予婴儿满足感和愉悦感放在首位。在这方面，我们有过这样的经验教训：原来，我们是在晚上8点钟左右让孩子吃饱后再安睡的，可是有一天晚上7点钟时，这孩子就哭个不停，经细心揣摩他的表情后，我们发现，是由于饥饿与疲劳引起的难受，当务之急便要满足他的吃和睡。所以，我认为，及早培养定时吃睡的习惯，这只是一种愿望，不能硬性规定，更不能急于求成。这年龄段的婴儿要以一切顺其自然为原则，要有极大的宽容度和弹性。否则，过早地进行所谓行为方式的定时训练，会使婴儿失去应有的温馨和温暖的照料，还会削弱他与亲人间的亲情。

二、父母的爱

家庭是人类文化孕育的摇篮，也是个体成长最早的学校。父母对子女，不仅要给他们自然的生命和肌体的安逸，还要给他们社会的生命和谋生立业的本领。父母对子女的教育以及子女对父母教育的接受都是十分艰苦的，需要双方的配合与默契。

家庭是儿童时代的主要活动领域，父母与子女在这一个特殊的生活共同体之中，彼此关系非常亲密，不少父母把子女当作自己生命的一部分，对子女抱有殷切的期望，在对子女进行教育的过程中具有高度的责任心和深厚的情感。

个体从出生之日起，就接受着家庭教育，包括基本生活技能的学习。最早的影响来自母亲，她不仅是孩子生存的依靠，也是孩子合作能力的启发者，是她搭起了孩子通往社会生活的桥梁。她通过言传身教，教育孩子如何发挥潜能，并发展与别人的良好合作关系，以促进人格的健康发展。

父亲是家庭教育中与母亲同等重要的人。父亲不仅仅限于教育子女如何适应环境，更重要的是，他用自己的实际行动来证明自己的能力，而这种影响对子女往往是终生的。许多孩子在一生中都把父亲当作偶像。孩子的责任感，在很大程度上与父亲的教育是分不开的。

家庭教育对一个孩子的心理生活来说是最重要的因素。孩子总以父母为榜样。[1]

父母与子女的关系，是由血缘承继联系起来的人际关系。它首先是一种自然关系，然后才是社会关系，这是人类无法选择、不可解除的关系。因为子女从父母身体里产生，是父母生命的延伸，父母与子女有一生拆不开、剪不断的缘分。这种牵挂和维系，自然地迫使父母学会有耐心和自制，学会保护和关怀。人类生态学认为，人是自然界生存能力最强的动物，但在完全自然的状态中，个体又是生存能力最弱的动物。人的视力比不上老鹰，腿力比不上马、鹿，消化系统比不

---

[1] 沈德灿. 精神分析心理学 [M]. 杭州：浙江教育出版社，2005：222.

上牛……人从出生到能够独立生存，需要的时间比其他任何动物都要长，一般需要15—20年。在这段时期内，人的生存需要得到父母精心的照料。父母对子女的这种给予和奉献，这种深厚的亲子之情，从精神生态学角度来看，不仅保证了子女的生存，而且哺育了子女的精神生命，展示了人类特有的情感世界。这是一种自然纯朴、深厚温馨、无私无畏的世界。

父母对子女的情感，植根于相同的遗传基因，渗透于血肉之中，培育于长期的共同生活中。亲子之爱，是人类最质朴自然的感情，具有种族保护的自然本能，更有其社会维系之特征。"然人于既长之后，分稍严而情稍疏。父母方求尽其慈，子方求尽其孝。飞走之属，稍长则母子不相识认，此人之所以异于飞走也。"[1]人类亲子关系不同于动物的亲子之爱，在动物之中，虽然也普遍地存在着亲子之爱，但极其短暂，不存在人类意义上的父母与子女的关系。人类亲子关系是不变的，由于亲子之间存在不可分割的自然联系，故亲子之情与生命相伴，甚至比生命延续的时间更长。母亲在生育与抚养子女的过程中，体会到自己神圣的职责，获得内心的充实；父亲则证实了自身的价值，变得更加坚定、成熟与完善。亲子之间深沉的感情已经融入双方的生命之中，成为生命不可分离的一个部分。"父子一体，天性自然。"[2]亲子之爱，根源于人类热爱生命的天性。

父母对子女爱得深厚、自然、纯朴，是一种无私的爱。亲子间的自然联系，使得父母与子女之间不但有人格的认同，而且有生命的认同。因此，亲子之间荣辱与共，痛痒关切。"慈母手中线，游子身上衣。临行密密缝，意恐迟迟归。谁言寸草心，报得三春晖。"这首诗曾经牵动了无数游子的思亲之情。父母对子女的爱是人最先体会到的人类之爱，是感受和印象极为深刻的人类感情。

亲子之爱虽根源于亲子间的自然联系，但它并不是纯粹的自然感情，而是文化的产物。在不同时代和不同人的身上，具有不同的形式和内容。现代的亲子之爱不能只建立在亲子人格与生命认同的基础之上，还要承认双方具有的独立性。

---

[1]袁采. 袁氏世范[M]. 北京：商务印书馆，2017：16.
[2]范晔. 后汉书[M]. 北京：长城出版社，1999：118.

父母与子女之爱，是一种独立性的融合。父母与子女，双方都是一个独立体，又是一个融合体，家庭对子女教育是一个统一体，整个社会对子女的成长是一个联合体。因此，既不应让子女代替自己去追求人生的幸福，也不应规定子女的生活方式和人生追求。父母之爱，只能是一种理解、尊重、关心和引导之爱，而不是溺爱、偏爱、宠爱，应是存在的爱，理智的爱，富有艺术的爱。

有人提及父母之爱，相似于不同风格的山水画，山水相依，树木葱茏。父亲是山，母爱似水，孩子在有山有水，有风有雨，风调雨顺，温暖如春，互敬互爱的和谐家庭生态环境中，含苞怒放，茁壮成长。

第二节　母爱与父爱都不可替代

我在给婴幼儿早期教育中心的家长讲课时，讲到依恋是人类的印刻，是个体生存能力的特殊反应。儿童早期依恋感的形成和发展，对于他们未来一生的幸福具有关键性的奠基作用。婴儿从 6—7 个月起，就开始对母亲有一种特殊的情感联结，这一直延续到 2 岁。而 2 岁以后，他进入依恋目标调整的伙伴阶段，因此，6 个月到 2 岁是婴儿恋母的关键时期。此时此刻，母爱特别重要。俄国著名思想家别林斯基讲过，母亲对孩子是用自己的心、血、神经和自己的整个生命来疼爱的，她的爱首先是生理上的、天生的，因而，她的爱是超越一切的，爱就是爱。

一、恋母与恋父

在我讲课之后，不少前来听讲的年轻爸爸迫不及待地问我："那什么时期是恋父的关键期呢？"据我所知，这是一个还有待于深入研究的问题，不好草率地下结论。但我也观察了解到，2 岁前后，对于恋父情感的形成显得特别重要。

这几天，我在整理孙子成长的追踪日记中发现，他 23 个半月的那天，我写过一篇《恋母与恋父》的日记，现摘录如下，供关心此事的父母参考。

今晨我细读孟昭兰著的《婴儿心理学》，她在书的第九章第二节有关言语发展环境的部分写道：在成人与婴儿进行语言交流的过程中，父亲的作用不可忽视。她提到：人们发现，运用儿语较多的是母亲，父亲在护理婴儿时，担当辅助的角色，但是，对婴儿的言语获得，父亲则不只是起辅助作用。父亲常常更敏感于婴儿语言的数量和质量上的状况。母亲经常以婴儿的发音能力去回应他们。许多母亲发出的词语平均长度与婴儿的相接近，父亲则不然。通常，父亲使用的词汇比母亲更多样化，对婴儿设置更多的语言要求，更少去矫正婴儿的话，从而推动婴儿语言的更高的操作水平上的发展。

据我了解，现在不少母亲在使用词汇方面的丰富性和多样性不比父亲差，有时还会超过父亲。但是，从总体来看，父母在与婴儿进行语言交流时，确有不同。由此，我联想到婴儿与父母的依恋状态和特点也有明显的不同。从这几天的观察来看，有两点特别显著。

第一，从时间上看，这几个月我发现我家的宝宝早晚与母亲亲，而白天与父亲亲。具体表现为：清早醒来之后，他就喊妈妈，并依偎在妈妈身边，看着妈妈，显得十分温馨；妈妈要上班了，他总希望在妈妈身边多待一会儿，有时与妈妈分离时，还要哭一场；妈妈下班之后，他似乎早在盼望着了，到晚上七八点钟时，不仅要妈妈伴他睡觉，还希望妈妈能轻轻地拍他的肩膀，哼哼儿歌，让他在妈妈身边进入梦乡。可是白天，尤其是周六、周日，他更需要与爸爸在一起。特别在外出活动时，他总要爸爸抱，也许爸爸力气大，抱的时候较为轻松，有较强的舒适感。

第二，从活动的内容和方式来看，宝宝与妈妈在一起，常常受到妈妈在生活上的细心照料，除此之外，较多的是听故事、唱儿歌、学认字等。而宝宝与爸爸在一起，活动的内容就较广，方式也呈多样性。爸爸或是带他去看下围棋，或是与他一起踢小足球，或是与他一起玩电动车，有时还与宝宝一起在床上跌打滚爬，使宝宝感受到前所未有的痛快和有劲。前几天，我家宝宝由爸爸带到外滩去看彩灯和烟花，还与他一起乘坐游船，观光浦江两岸的种种美景。这对还不满两周岁的孩子来说，是其乐无穷，富有新鲜感和带有刺激性的。所以，近两个月来，我发现这孩子叫爸爸的次数与过去相比，频率大有提高，与爸爸接触的亲密度也有明显的进步。我想，随着宝宝年龄的增长，他所要求的活动内容也会不断拓展，爸爸给予他的活动机会也会比妈妈更多一些，宝宝对爸爸的感情也定会不断增进。

可惜，有不少年轻爸爸对此缺乏了解和认识，没有及时把握住这一恋父的重要时期。在日常生活中，我常常见到有的父亲今天有空或兴致高时，会与孩子多玩耍几次，而一旦工作忙或疲劳时，便会以不耐烦的态度来对待孩子。他不知道这样的态度会造成孩子对父亲的疏远，会影响孩子的情绪、情感以及日后的交往行为和人格的发展。

有不少年轻的母亲抱怨道，自己的丈夫将育儿的任务完全交给妻子，还时不时地责怪妻子太宠孩子，弄得妻子左右为难，无所适从。事实上，子女的抚育应是父母共同承担的责任，从某种意义上来讲，父亲应参与更多的教养任务，尤其对男孩子，父亲在婴幼儿阶段的教育影响作用更大。女孩子的恋父情结也是不可忽视的。

幼有善育的关键还在于夫妻双方均要充分发挥父母亲情教育的作用，需要自觉地把握母爱和父爱各自的特点。

二、母爱和父爱各有特点

母爱，按其本质来说，它具有自然天性的一面，即具有无条件性。也就是说，母亲对自己的孩子会无条件地给予爱护、关怀和体贴。这不仅因为孩子是父母爱情的结晶，而且十月怀胎本身又是爱的孕育过程。母爱的积极功能来自她为孩子的生存和需要所做的无私奉献，这种奉献不仅给了孩子生命，还给了孩子一种善良美好的品质。正如著名作家冰心在《我的母亲》一文中所写的那样：关于我的母亲，我写得不少了……我想，天下没有一个人不认为自己的母亲是最好的母亲……她是个最"无我"的人！我一直努力想以她为榜样，学些处世做人的道理，但我没有做到……

大量的研究表明：母爱不仅具有自然性，还具有社会性。母爱的天性常常表现为对婴儿早期感情上的冲动。随着孩子的成长，对母亲的社会性、道德性和教育性的要求越来越高，所以有人认为"只生不育不能算是母亲"。高尔基也说过：生孩子是母鸡也会的，但要教育孩子，那是很难很难的事。这就需要学习，学习，再学习！

发展心理学研究表明：母亲的爱，早期表现为给儿童以食物和温暖需要的满足，这是儿童早期情绪和认知发展的基础。母子之间强烈的依恋为儿童以后情绪和社会性的健康发展提供基础。作为一个母亲来说，这种母爱应随着子女的成长而得到发展。

当宝宝进入自主感与自信心形成的阶段后（2周岁以后），母爱的水平在于给予孩子以尊重和信任，及好奇心的满足和同情心的培养。要知道，自由是婴幼儿的天性，我们要将自由、尊重和关爱给每一个孩子，让他们从小能在自由中孕育创造，在尊重中培养自信，在关爱中得到健康成长。

母爱是伟大的，而父爱也是崇高的。从其形成和表现的特点来看，它们既有共同性，也有差异性。如能科学地了解母爱和父爱各自的特点，对子女的成长无疑是十分重要的。母爱和父爱都有一定的血缘因素。孩子是父母爱情的结晶，父母和子女之间建立特有的情感具有天然的纽带。加上孩子出生之后与父母共同生活，决定了父母是孩子最初的老师。在生活照料上，母亲要超过父亲，而在人格影响上，父亲的一言一行常常会给孩子更深刻的印象。

有人在表现形式上，对父爱和母爱作出比较性分析，发现有四个方面的不同：母爱比较细腻，父爱比较粗犷；母爱比较注重对子女身体上的照料，父爱比较注重精神上的关心和行为道德上的指导；母爱比较着眼于眼前，父爱比较着眼于未来；母爱更多以感情方式来感染和引导孩子，父爱更多以理智和行为来教育孩子。

相比而言，母爱较为外露，父爱较为内隐。有人说："父亲难当，他像冰箱里的光，人们对此司空见惯，但没人了解关门之后他们是什么样子的。"我们需要进一步了解父爱。鲁迅在《我们现在怎样做父亲》一文中提到：爱是天性，要"用无我的爱"去对待自己的子女，要理解子女，指导子女，解放子女，让子女此后幸福地度日，合理地做人。鲁迅自己就是用这种爱来关怀儿子成长的。周海婴小时候非常喜欢邮票，鲁迅从国内外朋友的来信上小心翼翼地揭下邮票，交孩子收藏。日子久了，海婴收藏的邮票越来越丰富，他会指着一张张邮票向父亲提出各种各样的问题，鲁迅总是耐心地一一解答。

周海婴在回忆录中深情地描述了他幼年时得到的种种父爱。他听母亲说，父亲原先不大喜欢看电影。但是为了儿子，鲁迅凡是见到适合儿童观看的电影，总是让儿子跟他去观看，或者也可以说是专门陪着儿子去观看。海婴还提到，他幼时的玩具可谓不少，他却是个玩具破坏者，凡是能拆卸的都拆卸过。目的有两个：其一是看内部结构，满足好奇心；其二是认为自己有把握装配复原。那年代，会动的铁壳玩具都是边角相互固定的，薄薄的马口铁片经不住反复弯折，纷纷断开，再也复原不了。所以，海婴的玩具柜里，除了实心木制的玩具拆卸不了，没有几件能够完整活动的。但父母从不阻止他这样做。许广平在《鲁迅先生与海婴》一书中也提到：顺其自然，竭力不多给儿子打击，甚或不愿拂逆他的喜爱，除非在极不能容忍，极不合理的某一程度之内。

培育婴幼儿需要的是从容、宽容和等待，需要父母用爱心、细心、耐心和关心来关怀子女的成长，只有这样，才能使他们根深叶茂，茁壮成长。

第三节 母爱的柔情关怀

提及母爱，我想到著名美学大师宗白华写过一首很有影响力的赞美诗，他写道："天上的繁星，人间的儿童。慈母的爱，自然的爱，俱是一般的深宏无尽啊！"[1] 母爱如水，温柔而坚定。有人认为，母亲除了要有小溪般的柔情，还应当向孩子传递果敢、坚定和从容的品质。母亲的温柔既可以给孩子足够的成长空间，还包含着柔中有刚性的韧劲，有着海那样的深度、广度和包容度，它是刚柔相济的大爱。

---

[1] 宗白华. 艺境 [M]. 北京：商务印书馆，2017：478.

我跟踪研究的那位妈妈,她在抚育孩子的过程中抱有一颗平常心,她主张一切从实际出发,从大处着眼,从细微处着手,尊重孩子的个性特点,不强求、不强迫、不强行,顺其自然。

我发现,这位妈妈有一个特点,就是特别耐心,表现在对宝宝的早睡早起习惯的尊重。这宝宝在6—7个月时,一般晚上7点左右就睡,早上四五点钟就醒。有时,还会两三点钟醒来。此时,正是父母熟睡之时,这位妈妈总是不厌其烦地给予宝宝关心与照料。为了防止宝宝吵闹,她事先在宝宝身边准备了不少软性的小玩具,让宝宝醒来后,有事可做。有时,还给宝宝喂奶,伴他说话,让他在妈妈的照料中再次入睡。

我写过一篇题为《早睡早起的小宝宝》的观察日记,其内容如下。

> 宝宝9个月时的一天清晨,他5点不到就醒了,先由他妈妈喂奶,然后他看看妈妈,用小手拍拍妈妈。那时,他妈妈编了一些儿歌和小故事,给宝宝边唱边讲,使宝宝在边听边笑中,再一次进入梦乡。

这让我想到国外有两个典型实例,讲的是两个婴儿的故事。

一个2个月大的婴儿,半夜醒来开始啼哭。母亲赶快将他抱起来,小宝贝满足地躺在母亲怀里吃奶,母亲慈爱的眼神仿佛在告诉他,即使是半夜三更睡醒,母亲看到他后还是满怀喜悦地关心他。半个小时后,婴儿再次进入梦乡。

另一个同样大的婴儿碰到一个心烦气躁的母亲。那时,她刚与先生吵架,满腹怨气,她匆匆地抱起这大哭的宝宝:"你给我安静点,真叫人受不了。"她勉强地应付与草率处置了一下这婴儿,再匆匆把婴儿放在床上,让其哭累为止。此时的婴儿虽然还没有复杂的认知能力,但能感受到气氛异样所带来的不安。

这两种抚育方式,前者能让婴儿感受到关怀与帮助;后者容易使婴儿缺乏信赖感,长此以往,会使孩子成长中的安全感、归属感有所缺失。

我国心理学界对上述情况也有调查发现。在婴幼儿的成长过程中,缺乏耐心细致的抚育,会造成孩子心理上早期爱的缺失,影响其身心健康,这需要引起我们的注意。

我在研究母亲心态的过程中，感到优秀母亲的一个重要的心理素质是：善于自我反思。下有一例，可供参考。

宝宝5个月时，天气持续高温，一度达到35℃以上。有一天清晨，妈妈给宝宝洗澡。她打开水龙头，要把宝宝抱进浴盆中洗澡时，孩子硬是不肯下去。原因是，他见到妈妈打开水龙头时，水从龙头里喷出来，这让他感到十分好奇又好玩，于是，他要尝试玩水龙头。他妈妈想：玩水龙头有可能会烫到孩子，因此不让孩子自行玩水龙头，但宝宝显然不同意。此时，宝宝与妈妈形成了对抗局面。于是，奶奶建议，是否可以让宝宝玩玩另一个冷水龙头，既可以满足其玩耍的兴趣，又可避免热水引起烫伤的危险，还可以让宝宝尝试一下调控的乐趣，即使宝宝年龄很小，不能理解这一切，但这一僵局可以得到和解。

此事发生后，这位妈妈在回忆中进行了反思。她认为：刚开始见到这孩子脾气很犟，性格很倔强，感到如果这样下去，不知今后如何教育为好，为之焦虑。但冷静反思时，她想到三点。一是，此事僵局虽然发生在孩子身上，可根源是由妈妈引起。当时只想到热水龙头不可玩，没有想到另有一个冷水龙头，可让宝宝先玩玩，这说明自己对婴儿的好玩心理需求了解不够。二是，自己的抚育思维方式比较单一，缺乏随机性和灵活性，缺乏对孩子兴趣的尊重。三是，她反思宝宝的倔强性格是否和她的遗传有关，因为，她自己从小性格也很倔强，宝宝类似的脾气在她身上过去也发生过多次，她常常想到：自己要干的事，一定要坚持，不达目的决不罢休。与此同时，她还联想到有关血型等因素，因此，感到今后的抚育过程中要更耐心地对待孩子。

我从上述事例中感到：这是一位善于反思的好妈妈，她通过反思，既可以对婴幼儿的心理需要、兴趣爱好有进一步的了解，又可从中获得经验教训，提高自己的抚育水平。我想，上述案例还带有一定的典型性和代表性。据了解，不少年轻家长对孩子倔强、好奇、好玩的心理普遍缺乏尊重，在处理方式上不够灵活。为此，父母应在反思中成长。父母既是教育者，也是反思者，在反思中使自己的教育水平更高，与子女的关系更协调，使家庭生活更和谐和幸福。

第四节　父亲的本领不一般

父爱如山，庄重而深刻，朴实而真挚，慈祥而温暖，它是子女最安全的港湾，厚重而无言。

我在研究父爱的过程中发现，孩子爱妈妈，常常在1岁到1岁半之间，1岁半之后，他爱的依恋方向开始向爸爸转移，因为爸爸与他同玩，常有奇思妙想，与众不同。我小孙子3岁时，我见父子俩常常同玩同乐。那时，我儿子想出了一个个玩耍的新方法，比如，将家中的一张方凳翻个身，让孩子站到方凳中间的空框里，然后在瓷砖地面上如同滑冰似的，滑来滑去，取名为"自制小汽车"。在爸爸前拉后推的情况下，这自制小汽车有时速度减慢，有时速度加快。这一游戏，让宝宝感到狂喜，开心得不得了，连连叫喊："爸爸再来！""爸爸再来！"

他爸爸选择的方凳半新半旧，结构较牢固，凳面较光滑，家中的瓷砖地板也较为光滑，摩擦运动危险系数较小。从游戏理论的层面看，这一自制的"土游戏"符合"借助各种物器，通过身体运动和心智活动，在模仿和探索中获得快乐体验"的要求，它具有趣味性、新奇性、互动性等特征。在场地选择上，这一游戏也比较安全、方便，富有探索性和因地制宜等特点，适合婴幼儿活动。这一奇特的亲子游戏，会增进父子间的感情，使孩子从中受到父亲思维的影响。2—3岁的孩子能够从这个游戏中了解到：凳子不仅可以用来坐，还可以有其他的功能与用途。因此，父子同玩游戏，不在于玩具的价格与档次，而在于游戏对孩子的启发和游戏的趣味性。从此，小孙子不仅喜欢与爸爸同玩同乐同游戏，而且对爸爸的亲热感、亲密感、敬畏感、崇敬感得到加强。

有一次我发现，他对他的爸爸特亲：他要喝水，我给他倒，他不要，一定要爸爸来倒；有时穿衣服，也不要别人来穿，而非要他爸爸来帮他穿衣穿鞋。爸爸为他做事情让他感到高兴和骄傲。

这一情况，给人一种"发嗲"的印象。这是孩子由亲妈妈转向亲爸爸的特殊时期的亲切感和对爸爸的特别依恋感。

我认为，其原因在于，随着婴幼儿的成长，他们从需要妈妈在生活上进行照顾，逐渐转向需要爸爸在游戏中给予更多的支持和关心。我家宝宝2岁2个月时，出现依恋对象的转移，对他爸爸特别亲，是因为这一阶段，他特别贪玩，他爸爸给予了他特别的支持。一是，他迷恋玩具小汽车，他爸爸就给他买了三辆他喜欢的电动小汽车，这使他喜出望外；二是，他爸爸根据他的需要，还买了一套小小工具箱，有小锉刀、小铲子、小锯子……这十分合其兴趣；三是爸爸还陪他一起玩，教他操作电脑、按键等；四是，玩具损坏了，他爸爸会给他修理……这一切，使得爸爸在宝宝的心目中成为很了不起的人物，成为他生活和游戏中不可替代的角色。他对爸爸的亲切感融合了崇敬感。在他心目中，爸爸不仅是他生活上的保护者，也是他兴趣爱好的支持者。发展心理学认为：父亲对婴幼儿能力的复杂性和熟练性了解得越多，越有可能成为好家长。

我在一篇题为《宝宝眼中的爸爸》的日记中有过如下描述。

宝宝前几天看见爸爸买回来一台29寸的彩电。看着爸爸组装彩电、连接线路等一系列操作后，屏幕上出现多彩的图像时，宝宝欢欣鼓舞地拍起手来，他感到爸爸真了不起。

今天，他爸爸又连接好了我房间内的电视机。宝宝目睹这一切，他感到爸爸能干的同时，似乎在为他而骄傲。

他爸爸又教宝宝自己玩电脑。电脑上也出现了各种卡通图像。在宝宝的眼中，他爸爸样样都会，无所不能。由此，宝宝感到，爸爸是家中最能干的人，他为自己有这样的爸爸而感到无比高兴，整个星期日"爸爸爸爸"叫个不停，还寸步不离爸爸，跟着他走来走去。

上午十点左右，他爸爸外出，我陪伴宝宝，发现他在玩电脑的过程中遇到了困难，图像未能显示，此时，他首先想到的是他的爸爸。他说："叫爸爸来开！""叫爸爸来修！"他到处找爸爸，又急又哭又喊："爸爸，爸爸！"当他找到爸爸后，喜出望外，不仅叫爸爸来修，而且，在他爸爸的操作过程中，他进行了细致的观察，事后，还学他爸爸的样子，用小手去进行调试。

从以上事例中，我们看见幼儿出现了对爸爸行为的崇拜和模仿，显示了爸爸形象在他心中的提高。他感到爸爸在家庭中，是一个十分了不起的人物，爸爸成了他心中的榜样。这在国外有关父亲教育功能的研究中也十分强调。倡导两性平等的社会，应是一个鼓励父亲照看孩子的社会。[1]

我在一篇题为《爸爸行》的日记中有如下描述。

> 宝宝3岁时，他妈妈给他买了一辆新型的电动小汽车。拿来时，还没有组装。当时，我们看不懂图纸上的有关说明，也没有组装的小工具，因此，他奶奶说："叫你爸爸来组装。"于是，宝宝一回家就叫爸爸帮他组装，然后进行电动小汽车的活动表演。小汽车不仅车速快，活动花样也很多，人见人爱。这孩子十分自豪地给我们讲解他爸爸组装小汽车的经过：爸爸不仅图纸看得清清楚楚，而且，每个零件也组装得很好，速度也很快。那时我说："你爸爸是工程师，你长大也要像你爸爸一样，当一名工程师，好吗？"他说："好！"
>
> 此事之后，他爸爸的形象和能力在他的心目中变得至高无上。他认为爸爸样样都会。以后有疑难问题时，他就会打电话给他爸爸，因为在他心中，爸爸是全能的。

还有一篇记载父子互动和亲子游戏的日记。

> 宝宝1岁10个月时，有一天傍晚，他爸爸带来了一包虾片，教宝宝将虾片按年龄大小分给大家，让他先分给80多岁的老太太，再分给爷爷奶奶。他走到我身边，说："爷爷吃！"我说："谢谢！"他很高兴。我想，与人分享的好品质应该从小事做起，逐步养成。
>
> 他爸爸见宝宝在分享食物时表现很好，就说："你真是一个乖孩子。"随后，他爸爸给他增添了一项新的活动项目——一起玩小皮球。他爸爸先将皮球拍向墙上，然后接住。演示过后，爸爸问宝宝："好玩吗？你有兴趣吗？"宝宝早想自己来玩了。可是，他自己玩时，只会将皮球丢到墙上，接不住弹

---

[1] 彼得·史密斯，海伦·考伊，马克·布莱兹. 理解孩子的成长 [M]. 寇彧，等，译. 北京：人民邮电出版社，2006：72.

回来的球。接球这一动作，对 2 岁还不到的婴幼儿来说，有难度。因此，他爸爸降低要求，只让他有抛物动作即可。他边抛物边嬉笑，显得十分高兴，似乎也有小小的成就感。

第五节　父母的心态和对子女的期望

父母的心态常常会影响自己的健康和子女的成长。父母的心态、心情、心愿对子女有暗示效应和潜移默化的影响。父母在教育上的过度焦虑会给子女带来负面的影响。

一、问题的提出

2020 年 8 月，全国妇联、教育部发布《家长家庭教育基本行为规范》，明确提出：要家长理性地为子女确定成长目标。可是，在现实生活中，不少家长受"望子成龙，望女成凤"心态的影响，常常会过早、过高地追求育儿上的"最优化"；在"不要输在起跑线上"等急于求成心态的影响下，育儿过程过于简单化，抚育行为过于急躁粗暴。有家长用严管严教的方式，以所谓"爱"的名义，用成人自我中心的想法去制约婴幼儿的天真和快乐。有家长感到困惑，我们用全身心的"爱"给予子女，可孩子不仅感受不到被爱，反而感到压迫和痛苦。不少家长由此产生焦虑与急躁，迷茫与失落，行为上引起鲁莽和粗暴，甚至进一步给孩子带来了伤害。这需要父母进行反思并吸取教训，改变自己的教育观念并改善自己的教育方式，从而使孩子得到健康成长。

二、孩子成长中父母心态和期望的研究

我针对上述问题，阅读了古今中外的有关资料。给我启发较大的有以下几点。

（一）庄子提出的平和心态

庄子在《齐物论》中强调，要以开放平和的心态去观察万物和待人处事。他

提出"吾丧我"的理念，前一个"吾"为"本真的自我"，后一个"我"是指主观的个人情感，总的意思是要以开放的心态，平等的精神去破除自我心中的思维模式。对此，我的理解是：在家教中，父母既要有自我的责任感，又要克服以自我为中心的种种偏见。有人在研究家教中发现，有的家长的内心深处隐藏着各种各样的私心和教育偏见，在规划孩子未来人生的道路时，常常以"爱"孩子的名义来操控孩子。以婴儿啼哭为例，有家长为了使孩子从小具备自主睡觉的能力，面对婴儿的哭闹，会采用所谓"哭声免疫法"来训练孩子，忽视对婴儿啼哭原因的细致分析和对孩子的耐心呵护，简单地用家长的主观意志来操控孩子，不尊重婴儿早期的生理状态。其后果可能是孩子长大后有精神与性格上的创伤。因此，要回归儿童本位。有人撰写了专著《你的孩子不是你的孩子》，揭示父母教育焦虑背后的畸形的亲子关系。

在家庭中，父母对子女既要爱护又要尊重，既要怀抱纯真的爱子之心，又要摆脱各种狭窄的教育偏见，让孩子在自然自主自由中得到快乐成长。

(二) 格赛尔的成长论

美国儿童心理学家格赛尔（A. L. Gesell）在长达50年的跟踪研究中，发现儿童的发展和成长规律，他们有自己的发展顺序和时间表。这需要抚育者细心观察、贴心理解、耐心等待和精心培育，且不可急于求成，揠苗助长。对婴儿的自主功能，过去我们理解很少，缺乏研究。从我近20年跟踪研究的实例来看，我强烈感受到孩子在成长中有很强的自我调节能力。例如，孩子出生4个月后，对人的依恋就有时间上的选择性：他们晚上亲妈妈，因为有奶要吃；白天亲爸爸，因为有玩具可玩，而且玩耍的花样更多。也有研究发现，婴幼儿的成长和进步存在着"进两步，退一步，再进两步"的有趣现象。这种进进退退的波浪式起伏，表现在婴幼儿的认知活动、情感与个性差异中。有的婴幼儿识字快，记忆力强，而交往能力较弱；有的婴幼儿却与此相反。因此，格赛尔指出：大自然厌恶千篇一律。婴儿带着一个天然进度表降生到世界上来，它是生物进化300万年的结果。为此，我们要尊重幼儿，允许幼儿按照其自然发展的规律去完善自己的能力，按其自主的方式去开展学习活动。我们对婴幼儿的自身需要和发展水平，应给予高度的尊重和爱护。瑞士心理学家皮亚杰指出：每次过早地教给儿童一些他自己以后能够发现的东西，就会使他不能有所创造。过度地加速发展，会适得其反。这就要求父母在抚育婴幼儿的过程中，遵循一个很重要的原则：与孩子一起成长。事实上，婴幼儿成长过程中许多问题的根源，均出在父母身上。"成长的烦恼"不仅来自孩子，更多源于父母。对子女过高的期望值，常常会引发抚育子女时的焦虑心态。有人分析，家长如果缺乏科学的育儿观，就容易受功利主义的影响，以急于求成的心态、简单化的思维模式和急躁粗暴的手段来对待孩子。

2020年《上海教育科研》第12期，发表了有关家长教育期望的调查报告。

有些家长要求自己的孩子，各方面表现都要比别人家的孩子优秀，处处要超过他人。父母的这种心态势必会对孩子造成过大的心理压力。其后果是容易过早地产生竞争心理，给孩子埋下虚荣等不良心态的种子。

调查同时也发现了不少积极因素。例如，有许多家长注重孩子的身心健康，培养孩子的阳光心态，把快乐、开心、自主自由地与人友好交往作为培养目标。

我在跟踪与合作研究中发现，有的家长能采取平和的心态，树立现实的目标，他们在求真务实方面积累了不少宝贵的经验，值得推广。

三、父母心态与期望的实例分析

我见到过一位母亲，她总是以平和而豁达的心态关注孩子的成长。她的孩子2岁不到就能背诵20余首古诗词，会唱30多首儿歌。有人夸奖说，这孩子的记忆力特强，将来大有发展前途。可是，她心态平静，在喜悦之余为人低调。她认为孩子尚小，未来的路很长，变化的因素和遇到不可预测的干扰很多，所以切不可盲目乐观，更不能过早地作出预言。她在关注到孩子智能方面有长处的同时，也发现这孩子在运动方面缺乏灵活性。为此，她引导孩子从小参加球类活动，逐步提高运动时的协调性和灵活度。

这位母亲还发现孩子性格内向，被小朋友称为"不说话的人"。对此，她并不急于进行语言交流方面的训练，而是在细心观察中寻找原因。她发现，这孩子不说话的原因与其自身性格有关，并不是语言能力有缺陷。对此，她认为，要慎之又慎，要采取特殊的教育策略，尊重和保护孩子的性格特质。实践证明，在以后的学习与交流中，老师称赞他思维严密，处处严谨，表达准确，这为他健康成长创造了很好的素质基础。

另一位孩子父亲的教育方式也颇有可取之处。他对孩子的期望较为现实，能从孩子自身的实际情况出发，没有树立过高的目标，不求孩子出类拔萃，只求健康第一，快乐成长；至于未来发展，要顺其自然，既要积极鼓励，又要从实际出发，不可急于求成。这位家长还买了有关家庭教育的指导书做参考，时时处处积极引导和协调。例如，这孩子刚到3岁时，这位父亲就主动与幼儿园的带班老师联系与配合。孩子刚进幼儿园，他就给带班的老师写信，主动介绍孩子的优缺点。他在信件中写道："我家孩子是一个乖巧、惹人喜欢的小男孩，他善良、大度、心中有人，有时在外还惦记着给家里的老太太买她喜欢的东西。跟别的小朋友玩耍时，能谦让，相处时比较友善。但又任性好强，胆小懦弱，爱面子，输不起。兴趣广泛，但不专一。"这位父亲希望与老师合作，让这个孩子忠厚诚实的好品质得到进一步发展，他身上的坏脾气能逐渐得到克服，使他成为一个性格开朗、意志坚强、活泼健康的好儿童。

这位家长还与老师一起，为培养这孩子的自信心制订了相应的教育计划，使这孩子在绘画、溜冰、游泳等方面发挥其优势和特长。在老师和家长的共同努力下，孩子由胆小、懦弱逐渐变得坚强和勇敢了一些，多方面受到了老师和小朋友的喜欢。这孩子长大后，在自主、自强和自信方面，确实表现得很好，受到老师们的表扬和同学们的认可，还被推举为学生干部。

四、父母对子女期望值的把握

期望作为人们对己对人的一种目标追求，人人有之。父母对子女抱有特殊的期望，这是人之常情。这种期望在中国几千年的历史发展中形成了一种特殊的民族心态。问题是，期望作为一种自我实现的预言和设想，对自己常常具有一种内在动机性的激励效应，而对他人的期望，常常不具有直接激励效应。对他人的期望通过情境性的氛围影响，在认同和内化的过程中，才能发挥鼓励性的效果。

美国心理学家弗鲁姆（Victor Vroom）在1964年出版的《工作与激励》一书中提出一种激励模式：激励力量＝目标效价×期望概率。所谓目标效价是指达到目标对个人有多大价值，价值越大，激励力量就越强。当然，目标的效价会因人而异。期望概率，指一个人对实现目标的可能性大小的判断。若估计实现可能性越大，积极的力量就越强。只有当目标效价高并估计实现的可能性大时，才能对人具有更大的激励力量。罗森塔尔（Robert Rosenthal）和雅各布森（L. Jacobson）通过实验表明：教师的期望会影响学生的学习，这种影响是通过间接性的激励机制来发生作用的。有关研究报告指出：在人际关系的进程中，一个人对另一个人行为的期望常常会成为后者行为的一种重要的决定因素。在家庭教育过程中，关键要有一个转化的过程，即把父母的期望转化为子女自身期望的过程。

以上结论，人们称之为"罗森塔尔效应"，又称"皮格马利翁效应"。在家庭教育中，父母通过期望激励，可能使孩子成长得比设想的还要好，我们可以称为"成长期望效应"。父母通过一言一行，一个欣赏的眼神，一个赞许的眼光，一个肯定性的手势……多方面给予孩子信任、期望和鼓励，发挥传情、育爱、激励的功能。我认为，父母的期望具有双重性，期望不仅指向子女，也应当指向父母自己。首先要使自己成为好父母，同时也期望子女成为好孩子、好学生和好公民。只有这样，才能真正发挥父母期望给予子女行为的激励效应。

总之，期望要把握一个度，不可过高过急，不能脱离实际。父母一定要从实际出发，提出"跳一跳可以摘桃子"式的适中而略高的目标要求，循序渐进地给予孩子引导和支持，再加上孩子自身的努力，才可能让期望成为现实，让梦想成真，实现家庭幸福和子女成人成才。

第七章　祖辈抚育　隔代情深

祖辈抚育，隔代教育，从现状看，各地不尽相同。调查显示，祖辈参与抚育婴幼儿的情况，在上海是较为普遍的，参与时间与程度随晚辈年龄、健康与家庭环境不同而有所不同。婴儿期的抚育，一般以母亲为主，祖母、外祖母参与较多；幼儿期的教育，祖父母与外祖父母参与较多；孩子进小学以后，父母与祖辈教育的方法及要求也有变化。这里，就婴幼儿阶段隔代教育中的有关问题，我谈以下几点感受和体会。

第一节　祖辈抚育的利弊

一、缺位与越位

祖辈参与教养，对孩子来说究竟好不好？有专家认为，在隔代教育中应保持"爱的距离"。他从以下三个方面进行分析：第一，过度宠爱，对孩子生长发育不利；第二，牺牲晚年时间抚育孙辈，容易落个吃力不讨好；第三，祖辈隔代教养，不仅是实际需要，更是情感的呼唤、增进亲情的必要。问题的关键在于祖辈不要超越父母的位置，要成为育儿助力者而非主力军，成为晚年天伦之乐的精神享受者。[1]

2021年1月8日《新民晚报》的第20版，整版讨论了：孙辈，"带"还是"不带"。有人认为：带孙辈是缘分，是情分，不是本分。也有人提出："一二三，

---

[1] 李晨琰.隔代教养，注意保持"爱的距离"[N].文汇报，2020-06-10(7).

四五六",由亲家与本家各带三天,星期天由父母带,这样,双方老人依然有自由支配时间,年轻的父母也能体会养育孩子的不易。[1]

在这方面,我进行过探索性研究,现将有关感受和经验简述如下。

我在参与两个孙辈孩子的抚育过程中,就注意过父母缺位和祖辈越位的问题。我的定位是:孩子的父母是法定监护人,是抚育孩子的第一责任人,祖辈是孩子成长过程中的关爱者,抚育过程中的副手。教育孩子的主要责任在父母,祖辈不应越俎代庖。在具体操作上,父母在时,孩子成长中的问题,均由父母负责处理。即使父母在处理方式上有不当之处,只要不影响孩子的身心健康,祖辈一般不干涉为好。儿辈与孙辈的矛盾,一般属于彼此成长中的问题,他们均有一个逐步认识、学习和磨合的过程。当父母不在场时,祖辈受孩子父母委托,需要给予孩子照料,那时我们应该全面负责、全程关注。

在关爱孙辈的问题上,我采取全方位、全过程、全身心的方式关怀着宝宝的成长,用弗洛姆(Erich Fromm)在《爱的艺术》一书中所提及的观点:父母与子女,爷爷与孙子之间,不应是强制性、制约性、占有性的爱,应当是一种独立性的融合,是积极主动的爱,是尊重、理解、体贴的爱。这种爱,按其性质,不是占有,而是给予。

关于祖辈隔代育儿要注意保持"爱的距离"的问题,我的理解是,祖辈对孙辈的爱是一种理性、成熟、无私的爱。从经验的成熟度来分析,它常常要超过父母,精神境界一般也高于父母,站得高看得远,想得周全。他们对孙辈的爱是亲密无间的爱。在爱的空间与时间上,应保持一定的距离,让孩子的父母有充分的时间与空间发挥聪明才智。这有利于家庭和睦,有利于亲子关系,有利于亲密度的提升,也有利于家庭成员各自独特功能的发挥。

我在与孙辈交往的过程中注意到,不同年龄段的孩子,对抚育者有不同的要求。新生儿时期,要求与母亲在一起;婴儿期,父母上班后,他们要求与祖父母、外祖父母在一起;幼儿期,他们要进幼儿园,要求与老师、小伙伴在一起。

---

[1] 曹国君,刘笑冰,费平,羽菡,栗言.孙辈,"带"还是"不带"[N].2021-01-08(20).

因此，作为抚育者的祖父母、外祖父母，要在孩子1—3岁之际，给予宝宝全方位、全过程的关爱与照料，为他们健康成长与建立亲密的祖孙情奠定基础。

二、祖辈教育、隔代教养的利弊分析

照顾孩子的情况大体可分为六类：第一类，白天由祖辈照顾，晚上由父母照顾；第二类，平时由祖辈照顾，周六、周日由父母照顾；第三类，平时以祖辈照顾为主，父母不定时回家来看看；第四类，日夜均由祖辈照顾，父母很少回家；第五类，由其他亲友照顾；第六类，父母一方，停职居家照顾子女，祖辈很少插手。据了解，在上海，第一、第二种情况较多。

研究认为，隔代教育对孩子的成长有利有弊。

正面影响大体有四点：第一，因祖辈有较多的时间陪伴小孩，能给予孩子更多的安全感与亲切感；第二，祖辈参与照顾孙辈，可减轻父母负担，父母上班也比较安心与放心；第三，三代相处，有利于增强家庭和谐与欢乐；第四，祖辈对孙辈一般都比较有耐心，孙辈可以在没有压力的情况下，向祖辈学到良好的家风家教和社会化的生活经验。

祖辈抚育孙辈的负面影响，也有四点：第一是体力上的问题，祖辈年纪较大，体力较差，在精力上常常无法很好地承担教养孙辈的责任；第二是思想观念上的问题，祖孙成长的时代背景不同，思想观念也有所不同，一般年老者比较保守，年轻一代比较开放；第三是语言沟通上的问题，时代变化很快，祖辈获得的信息与表达的语言，守旧的较多，从网络等新渠道中获得的信息没有孙辈多，因此缺少共同语言，不能在同一水平上沟通；第四，在教育态度上，祖辈偏向溺爱与迁就，父母偏向严格要求并重视及早训练，两代人常因为教育子女的观念不同而产生矛盾，如果处理不当，会影响家庭和睦和孙辈的健康成长。

三、祖辈教育、家风影响及案例分享

中华民族历来重视家庭，尊老爱幼、勤俭持家、书香相传是中华民族传统的良好家风。孩子成长要注重优良家风的发扬，要通过言传身教，让孩子在耳濡目染中，在好榜样的影响下，学会做人做事。祖辈教育资源丰富，幼儿心灵十分敏感，他们在与祖辈和父母共同生活的过程中，时时刻刻关注着长者的一言一行、一举一动，不仅有感受，而且有模仿。学习心理学认为，这是观察性学习，儿童特别倾向于观察和模仿他们身边的亲人。他们通过观察和模仿可以学会各种各样的社会行为。良好的家风，常常通过观察与模仿代代相传。神经科学家发现了为观察学习提供神经基础的镜像神经元，它位于与大脑运动的皮层相邻的额叶区。镜像神经元有助于儿童移情能力和对他人心理状态的推测等品质的发展。[1]

在我长达二十多年对孙辈的个案跟踪研究中，以下两个案例给我印象特别深刻。

案例一是我的小外孙于小学四年级写的一篇作文，题为《老太太真勤劳》，摘录如下。

> 我家有一位老太太。她是我外婆的妈妈，虽然年纪已经94岁了，可还是十分勤劳。
>
> 我家的老太太一直是我家的"主厨"。每天晚上，她都要忙里忙外，一边在厨房烧菜，一边又要将烧好的菜端上桌。我们吃好饭后，老太太还要忙着收拾桌子、洗碗。虽然妈妈一直想帮她做，可她执意不肯。
>
> 今天，我们吃好饭后，老太太又"出场"了。她拿起脏碗，走进厨房。刚开始洗碗，她喜欢看的电视剧就开始了。我妈妈想让她去看电视，由妈妈洗碗，便来到老太太身旁，对她说："你去看电视吧，我来洗碗。""不行，"老太太笑着回答，"洗好碗，收拾好桌子后，我再去看电视！"
>
> 妈妈见劝不动她老人家，只好搬出我，让我去劝老太太。我拉着老太太的袖口，一边说："去看电视吧！"一边拉着她往外走，可老太太执意不肯走。最后，妈妈只好和老太太商量："你去收拾桌子。我来洗碗。"老太太想了又想，终于答应了。

---

[1] 戴维·迈尔斯. 心理学精要 [M]. 黄希庭，等，译. 北京：人民邮电出版社，2009：200.

从上面这个事例，足以看出老太太的勤劳，她放弃了看电视的机会来洗碗，收拾桌子，还不愿让小辈帮她做。她最常说的一句话是："这样好，还可以活动一下筋骨。"

这就是我家的一位勤劳的老太太。

在勤劳家风的影响下，我女儿也十分勤快。小外孙专门写过《看妈妈烧菜》，其中有这样的描述："妈妈炒的青菜，带着油光，晶莹剔透，美味可口。"这孩子也常下厨房，学做家务，如自制糟毛豆等，受到了父母的表扬。

案例二是我的小孙子在小学四年级时写的题为《我的爷爷》的短文，和高一时写的题为《我与书》的作文。《我的爷爷》摘录如下。

我爷爷两鬓斑白，黑色头发快不见了。但是，爷爷十分关心我的学习，对我的作业，看得非常认真，常给我分析错题和纠正错题。

一天晚上，我半夜起来上厕所，看到爷爷卧室的灯还亮着，我一看时间，已是深夜11点钟了。我推开爷爷的卧室，看到爷爷还在分析我的作业，此时此刻，我的眼睛湿润了！我对爷爷说："爷爷，太晚了，早点睡吧！明天再看也可以。"爷爷说："没事，没事！身体好，晚一点睡没关系。"我听了想，爷爷为了我，深更半夜，还在分析我的作业，我感动得哭了！

第二天，我起床后，见到爷爷还在睡觉，我没有打扰他，轻轻地上学去了！

在上学的路上，我想：爷爷，你真好！为了我的学习，你日夜关心着我，我的好爷爷！谢谢你！

《我的爷爷》一文，记载着一个孩子深夜看到爷爷关心他学习状况的具体情境，写得情真意切，十分感人。

小孙子高一时在作文《我与书》中有如下叙述。

我爷爷是一位对书痴迷的人。由于这一原因，我从小就对书有一种深厚的感情。我看过《爱的教育》《钢铁是怎样炼成的》等许多书，它们告诉我，同学间要有纯真的友谊；一个人在成长过程中要有顽强的毅力……这一切，都是书给我的精神营养。这与爷爷爱书的影响分不开，我要感谢爷爷，感谢书给我的一切。

从以上两个案例中可以看出，祖辈的良好品质能够深刻地影响孙辈。因此，祖辈在教育中，要有自信。"只要有耕耘，不怕没收获"。在教育方式上，要以隐性为主，不要啰唆，而要潜移默化。大爱无言，如同时雨春风，重于滋润熏陶，不要急于求成，不要追求立竿见影。孩子成长、成熟、成才，有一个渐进的过程。因此，要有耐心，要倡导慢教育，要讲究教育艺术和自我反思。看到儿辈在教育孙辈时，有些不当行为，祖辈也要善于反省自己。那也许是我们年轻时对子女不当教育行为的延续，这是子女在教育孙辈时的一种模仿。因此，不要过多地批评与责备子女，而要在教育孙辈上，与子女多沟通为宜。

四、在子女与孙辈之间的协调

祖辈在家庭中的位置要摆正，不能"倚老卖老"。中国民间常说："若要好，老做小。""家以和为贵。"要学会彼此尊重、宽容、勤学习，善反思。这学习包括向书本学习，向有经验者学习，向子女学习，向孙辈学习，从而不断提高自己的认知水平和协调能力。在教育孙辈的问题上，我尊重子女，在子女和孙辈有矛盾有冲突时，发挥协调者的作用。

关于祖辈、子辈与孙辈三者的关系，有人做过以下分析：祖辈不要认为自己退休后，精力充沛、经验丰富，可以包揽一切，这会削弱子辈在教育孙辈时的积极作用，还可能引起观念冲突。孙辈身处其中，他们年龄虽小，可敏感性很强。当父母要求过高过急，态度过凶，方法过硬时，孙辈有时会产生反感，寻找祖辈的保护。孙辈有时又会偏向父母，因为父母常带他们外出旅游，在逛商场购买玩具时，容易满足孩子的要求，又容易接受新信息、新技能。此时，作为祖辈应当为之高兴，不要有失落感和不满情绪。总之，处理好上述三者的关系，并非易事，需要以开放的心态，学会彼此尊重为好。

我所遵循的宗旨是：发展为本，健康第一，理解万岁，协调为要。以新生儿早期的"抱"为例。孙子出生不久，一个人躺在婴儿车里略有几分不安，他不甘寂寞，开始啼哭。我出于关怀，主动去抱这宝宝，我这一举动引起了家人的议论，他们怕我过于宠爱孩子，认为不能样样依从他。一哭就抱的习惯不能养成，否则，大人要寸步不离，这很不好。当时，有人主张，要从小做规矩，要及早进行习惯训练，不要一哭就抱，否则，可能养成任性的毛病。其实，上述观点早被科学研究证明是错误的，新生儿最需要的是亲人的抚爱和被人拥抱，因为可以获得安全感，有利于身心健康。而且，有实验证明，婴儿出生后 0—6 个月内，多抱，不仅不会惯坏孩子，反而会使孩子对家人形成强烈的依恋感。

为了下一代的健康成长，我们辛苦些，孩子可以成长得更健康些，值得！我在搂抱宝宝的过程中，看到他睁大眼睛注视着我，似乎在与我对话，这种亲人间的情感交流，是一种天伦之乐，是依恋感、亲切感的培养。

时隔三年，小外孙出世。办满月酒那天，我女儿忙于接待客人，所以把抱小外孙的任务托付给我。我见宝宝略有睡意，就找了一个安静的地方抱他睡觉。原想让他躺在凳椅上午睡，但我怕惊醒他，就一直让他躺在我的怀里。他安静又舒适地睡了较长时间。到下午一点多钟，聚会即将结束，亲朋好友看到我抚育宝宝的全过程，纷纷称赞："外公有本领！""外公理论与实践一致！""外公在抱宝宝上有一套理论，也有一套操作办法。""刚才，连他妈妈抱他睡也不睡。"此时，我家邻居就插话："我记得他三年前，领他小孙子时讲过一句话：抱孩子，不仅要用手抱，还要用心去抱。这话，我印象很深，感觉很有道理，不简单，有一套。"

通过上述事例，我感到，对于孩子的教育问题，家人之间既可以用民主、协商的方式来解决，也可以用科学知识和实践探索，让事实来说话，通过成效赢得大家的认同和肯定。孩子的成长，需要家庭和睦，需要祖辈在教育实践中做出榜样，成为有说服力的协调者，从而取得子辈、孙辈的认同，成为他们合理需求的支持者和自主发展的关怀者。

善于协调之另一例。

有学者认为：2 岁是个非常喜欢遵守自己规则的年龄，尤其是从 2 岁半起，这种倾向更强烈。

我在参与抚育的过程中，就碰到了类似的情况。有一天上午 10 点，孩子的父母外出走亲访友，要给宝宝打扮一番。临出发时，父母要他穿一双高帮花色皮鞋，可这孩子要按他的习惯与老规矩，穿一双黑色皮鞋。他父母认为，外出需要换上新衣新鞋，显示对他人的尊重。可2岁半的孩子还不懂这些规矩，似乎在他的心目中，也有他自身的规矩，以平时的习惯，以方便跟脚为他的规矩。面对这一情况，如何协调为好呢？此时，他爸爸要他穿新皮鞋，宝宝不从，而且还哭了起来。他爸爸火了，说："你不肯穿这高帮新皮鞋，我们就不带你出去，让你一个人在家里。"这孩子一听，哭得更厉害了。一开始，他爸爸不希望我参与此事，怕我偏袒宝宝。但我认为，父子间出现的矛盾，常常是小事，祖辈要进行耐心和细心的协调，既要尊重孩子，又要尊重大人，需要换位思考，促使双方和解。于是，我从孩子的鞋箱中选了四双鞋，让他自己选择。我对小孙子说："在家以方便为好，出门走亲戚，与人家小朋友一起玩时，穿高帮皮鞋，有其优点，不容易脱落。因此，你看选哪一双比较好？"孩子认同了我的意见，选了那双既漂亮又不易脱落的高帮新皮鞋，并且自己主动地穿上了，高高兴兴地和他的父母一起去走亲访友，临走时，还有礼貌地说："爷爷再见！"

通过这件事，我感到，在子辈与孙辈之间出现不同意见或有小矛盾、小分歧时，祖辈可以运用自身的智慧和经验，提供选择性方案，供其参考，达到协调双方的作用。

第二节　心系晚辈情更深

有人说，恋爱是青春期最美妙的事。其实，从广义而言，恋爱不只是对异性的眷恋，还包含对世界和人生所持有的恋爱般的心情和心态，比如，对书画、对山水的痴迷。我在研究祖辈恋孙之情时也感到一种情感的兴奋。在老年心理学研究中，有人认为老人有一种精神寄托、生命归属上的自我心理定位。人到老年，与世无争，精神更潇洒，人生更自由，可以选择自己喜欢的活动和干自己认为更有意义的事。人老心不老，两鬓如霜，朝气不减，不以物喜，不以己悲，可将自己的精神生命参与晚辈成长中，让自己的精神生命得以延伸和提升。

我在对孙子进行观察研究的过程中发现，满 1 岁的小宝宝精力充沛，能量增强，手足活跃，一刻不停。他们见到身边的东西，就要乱抓乱吃，还要乱撕乱抛，尤其对书报杂志，更是格外喜欢，抓到手里，乱翻不算，还要放到嘴里去啃啃咬咬。对小宝宝的这个"爱好"，我们应该怎么办呢？

1 岁后，幼儿开始进入一个较为成熟的阶段。尤其是能爬能立能走之后，幼儿双手协调操作和手指精细动作的发展有了更充分的条件，能够探索的环境和接触物品的范围也进一步扩大。此时，幼儿出现抓书、玩书、撕书的现象，正是他们认知能力和运动能力发展的体现。作为父母，对此现象不应讨厌或加以制止，而应给予理解和珍视。一些心理学家将幼儿的这种能力称为动作思维和手的思维。这意味着幼儿用手把弄物体时蕴含着对该物体的分析，是幼儿早期思维的萌芽。

我们通过仔细观察发现：幼儿对书报杂志有兴趣的原因是书报杂志的封面色彩鲜艳，图像丰富，抓到手里又光滑又柔软，还能翻阅、折叠和撕碎，特别在撕书时，还有声音出现，且书的形状也会变化。这一切，对一个幼儿来说简直是太神奇了，太有诱惑力了。有的心理学家还将撕书作为幼儿早期学习欲望的表现：幼儿拿到纸片后，通过撕破弄碎，发出响声，或将它塞进嘴里，显示他像科学家牛顿从苹果落地中发现地心引力那样感到喜悦和自豪。婴幼儿心理学家还认为：婴幼儿在抓书、撕书的活动中，其随意活动能力和有意的目的行为能力得到提高。在这个过程中，幼儿能探索到物与物之间的关系，又能了解手与纸之间的活动联系。正是这种关系的发现，使婴幼儿的智慧得到早期的开发。为此，我们应从阻止孩子撕书转变到为孩子提供各类彩色纸张，让孩子翻阅、摆弄和撕、折。这时，孩子会感到有趣和欢乐。这也是他们自我感觉、自我能力和自我意识的早期萌芽的体现。

当然，我们也不是主张对孩子撕书听之任之。我们可以给孩子一些废弃的纸张撕折，最好不要将新书放在孩子能拿到的地方。此外，我们还可以从小培养孩子爱书的良好品质。在这方面，我有过一些经验和体会。

小孙子出生时，我们全家最担心的一个问题就是孩子撕书。因为我有藏书数千册，家里的角角落落几乎都放着书报杂志。所以，我十分担心小孩子出于好奇、好玩而会乱撕图书。后来，实践证明，这一担心是可以避免的。他不仅没有撕坏我一本书，而且他看到那么多书时，还会一本一本、一页一页地翻动它，眼睛里满是好奇和认真，这情景十分感人。

我的小孙子出生后，我一有空就去逗他、爱抚他。我对他注目、微笑、说话、抚摸、亲吻、搂抱，还抱他到他喜欢的地方去走走、看看、玩玩。小孙子出生7—8个月后，他特别喜欢到户外去活动，我认为这正是婴儿探求欲发展的表现，应当给予充分的满足。于是，我经常抱他到户外去看绿色的小树、过往的行人、飞驶的车辆，让他感受到充满阳光、春风和花香的世界。由于我特别关爱他，按情感相通原理，使他产生了依恋。我对他的关怀，使他对我也显得特别亲昵和尊重。除了经常将他认为可口好吃的糖果塞到我嘴里之外，还对我心爱的图书给予了出奇的爱护，不仅没有撕过我一本书，而且到了幼儿园之后，他喜欢上了剪纸，每次到我桌旁，见到废纸要拿去剪纸前，总要先询问我一声："爷爷，这纸可以剪吗？"在征得我同意后才拿去剪和折。

以上实例帮助我从班杜拉（Albert Bandura）提出的观察性学习理论中得到启示：婴儿早期的视觉发展之后，他就开始通过观察他人的行为及其结果获得信息，以此影响他自身的行为动作。尤其对他的依恋者，他的观察更为细致，模仿更为充分，由此产生的学习效果也更为突出。这正如我概括的那样：亲而不教也有效，亲而又教效果更好，不亲而教等于无效。

第三节　祖孙亲情纪实

我在与两个孙辈孩子进行情感交流的过程中，写过许多日记，其中就有讨论祖孙隔代亲的问题。

一、隔代亲的超常性

我在宝宝出生的第28天，写过关于隔代亲的日记。由于年龄、时代和经历等方面的因素，我在对待晚辈的感情上和抚育的心态及方式方法上，与过去抚育子女不同。过去，我忙于工作，很少有时间把心思放在孩子身上。现在退休后，情况大有不同，抚育孙辈的心态也有变化。与父母对待孩子相比，祖辈在照顾的时间、精力、经验与教训上，都比较多，在抚育晚辈的情感需求上，也比较强烈。隔代亲具有超常性。在行为上，即使劳累一天，但一想到孙辈，看看他们也是一种精神享受，有一种晚年生活的天伦之乐和超乎寻常的幸福感。

隔代亲的超常性，我认为还有一个历史性的原因。

据我所知，我家孙子的外公对女儿特别疼爱。由此，隔代亲带有对女儿亲情的延续，有移情机制在内起作用。他的外公一见这宝宝就眉开眼笑，富有遐想和美好的回忆。

我的祖孙情，有更深的历史回顾和对自身亲子教育上的缺失的反思与补偿，因此，显得格外浓厚。

从我祖辈来说，听我爸爸讲，我刚生时，脸型很像我的爷爷，所以，我爸爸在为我取名时，想到我爷爷是梅仲甫，仲甫的孙子是仲孙。可惜，我从未见过我爷爷，连他的照片也没有见过，但他的印记遗留在了我的名字上。

另一个因素是，我儿子出生时，我忙于工作，没有第一时间到产房去探望。听宝宝的奶奶说，宝宝和他爸爸小时候长得几乎完全一样。我看到宝宝，就想到他爸爸新生之时的可爱、天真与讨人喜欢。此外，在他爸爸童年时代，我在教育子女的问题上不够耐心、细心，留下了不少缺失和遗憾，我总想弥补，可没有机会。而今宝宝出生之后，我下决心要弥补过去在教育子女过程中的缺失。

我想，超常的隔代亲是由多种因素形成的。隔代亲中还注入了多层次的复杂情感。

我认为：父母对子女的爱和祖孙爱，既有共性和一致性，又有其差异性和独特性。

有研究者认为，祖辈对孙辈行为的影响有间接影响和直接影响之分。所谓间接影响，是指父母小时候受到的教育，会影响其与孩子的交往，即祖辈的教育方式会通过父辈影响孙辈。直接影响的主要形式是，祖辈充当父母的代理人。祖父母在孩子的成长过程中，常常是情感的直接支持者。在孙辈和父母发生冲突时，或父母彼此有不同意见时，祖辈常常能作为一个"缓冲器"，发挥着协调、沟通的功能。[1]

有关祖孙情的研究，我感到有一定的复杂性，需要进行细化。父母爱中带有理想性、浪漫性的因素不少，而祖孙爱常常较为具体、实在，带有更多的可操作性。祖辈和父辈之间应当协调关系，使彼此目标相同、方向一致、相互尊重、扬长补短，整合多方资源，以利宝宝的健康成长和家庭的和睦幸福。

二、祖孙亲情的双向性

小孙子出生后，他的健康成长成为我关注的重点。我想，作为爷爷，即使再忙，爱护关怀宝宝成长不可忘，尤其是婴儿期。为此，我早作安排，周末以关怀宝宝为主。我在参与抚育的过程中发现：祖孙之间的亲近，不仅是长辈对晚辈应有的一种特殊眷恋的情结，而且小生命自身也存在着特别的魅力。

一是亲切。宝宝每天一早醒来，就要呼喊："大大、大大！"（我们家乡称爷爷为"大大"）而且，喊个不停，还有亲切的行为举动，使人感动。让人感到，在他幼小的心灵中，"大大"有着特殊的地位。这使我不由自主地产生一种强烈的祖孙间心灵的共鸣，使我也要给予他在我心中的特殊地位和特殊的关怀。

二是亲昵。我抱他时，他会主动地亲吻我。他身上散发出婴儿特有的奶香，肌肤特别柔嫩。他有时还会用小手拨弄大人的耳朵，显示对大人的亲情。

三是亲热。我在带他的过程中，只要离开一会儿，他就会到处寻找我，"大大""大大"叫个不停。有时，还因"大大"不见了而哭吵起来。这行为使我感到他多么需要我。对我来说，这是一种亲人之间的特有的心理引力，产生着互相吸引的磁场效应。

在彼此交往中，我还发现，他一有好东西，如他父母给他橘子，他就会立刻

---

[1] 彼得·史密斯，海伦·考伊，马克·布莱兹. 理解孩子的成长 [M]. 寇彧，等，译. 北京：人民邮电出版社，2006：74.

拿到我面前，与我分享。我向他表示："谢谢!"他以特有微笑，显示他的高兴和分享后的满足。

他天真活泼、自然纯真的微笑和分享的举止，对祖辈来说，具有一种特殊的魅力，使祖辈获得特别温馨的愉悦感与幸福感!

宝宝特别喜欢看他与我们一起的相册，常常指着他和我的照片，说"弟弟""弟弟""大大""大大"，显得特别高兴。这为家人之间的情感交流增添了他特有的可爱可亲的魅力。从美学角度来分析，正是美人之美，美美与共，使祖孙之情更浓更甜，给整个家庭带来天伦之乐，带来无穷尽的欢乐和幸福!

第四节 天伦之乐乐无穷

一、白天的头号人物

孩子 5—6 个月时，正是对亲人的依恋由无定向性转为有定向性的发展时期，因此，我们要特别关注这阶段对宝宝的关怀和亲近。一天早晨，我见宝宝一个人躺在床上，就主动地去看看他。他一见我就笑，还手舞足蹈，似乎在主动地吸引我去抱他。于是，我抱了他，从楼上抱到楼下，给他兜兜圈子，放音乐让他自由欣赏。中午，他躺在床上，我出于喜欢和好玩，不仅去看看他，还在他身边拍了又拍。我离开他时，即使宝宝的身边还有他妈妈与老太太，他仍然哭了起来。于是，我又走到他的身边，再一次抱他起来，带他到小区的绿化带，在树荫之下，在花鸟之间，让他感受大自然的美景与气息。我全家在一起议论，家人都说：现在爷爷成了宝宝在白天最喜欢的人。这种祖孙之亲情给双方都带来无穷欢乐。

二、喜欢与外公一起玩

小外孙早晨 4 点 50 分醒来，他妈妈给他喝奶，然后让他自己玩。他身边的玩具有一大堆。但是，他不仅要自娱自乐，而且还要求有人陪伴他一起玩。因为时间还很早，他妈妈就希望他再睡一会儿，可他不依从，一定要爬到我这里来，要我与他一起玩。他先玩我的眼镜盒，还玩我的半导体收音机。他对半导体收音机的开关特别有兴趣,因为拨动它能听到声音与音乐。他还边玩边看我,常对我微笑。他还在丢抛眼镜盒时,向我望望,看我是否生气。我想,孩子喜欢与亲人一起玩,有时会把亲人作为他的玩伴,抛丢玩具时,他可能在测试你是否生气,是否对他有热情。

小外孙早上醒得早,精神特别好,不哭不吵又不闹,见人只会笑,此时,祖孙同伴同玩又同乐,这不仅可以让女儿有更多休息的时间,也可以增进祖孙的亲情,何乐而不为呢?

三、宝宝画画

小孙子3岁时,有天晚上,他到我身边说:"大大,弟弟要写字。"我很高兴,拿了几张纸,用夹子夹好,拿这小本子给宝宝,先让他写一个"人"字,一个"口"字,他说:"弟弟不会写。"我就手把手地教他写。一会儿,他说:"弟弟要画画!""弟弟要画汽车!"我就将小汽车放在他面前,让他看了再画。他说:"弟弟不会画,大大画!"我边教边画,然后叫他自己画。他画了几笔,起初,不太像,后来,他画了两个圆圈,又加上几笔,略有一点像,我就及时鼓励。

他在画画时说:"爷爷陪我画好吗?"我说:"好!爷爷陪弟弟画!"他画画的兴趣来了,边看小汽车,边画小汽车的轮子……一下子画了三辆。

我用红笔给他写上100分,他兴奋地拍起手来,表示以后还要画!

四、祖孙共玩游戏中的新发现

在宝宝1岁又10个月时,他妈妈带他到商场去游玩,给他买了一辆电动碰碰车玩具。这玩具的特点是,向前开动时,如果前面有障碍物,它会自动转向。宝宝感到不可理解。他跟着电动碰碰车行进,有时还想用手去搬动它,但由于力气不够,显得力不从心。失败了几次后,他悟出了一些道理,就是不要去干预它,只要跟随此车,让它自行东撞西碰,见它自行转弯,这既好看又好玩。

在宝宝玩玩具车的过程中,我发现,婴幼儿的好奇心理存在着两个层面,一是观察性的好奇层面,另一是动作性、操作性的好奇层面。这孩子起初只是边看边想,看了 10 多分钟后,似乎还有疑惑,他想自己参与研究,于是,他动手去掌握它的开关,干预它的活动。这一动手性的需求与观察性的需求相比,它的探索性有了提高。我见他边看边开边关时,劲头十足,兴趣特浓。他还尝试用电视机的遥控器来指挥电动碰碰车,发现毫无效果。以上行为出现在 1 岁又 10 个月的婴幼儿身上,表示他的探索性智慧和尝试性的动作智能已经在萌发,需要给予珍视和引导,让他在亲子游戏中增加趣味并增进智慧。

第五节 祖辈参与幼儿自理能力培养的细化研究

我于 2008 年与上海市浦东新区紫薇幼儿园曹湘瑜园长和朱玉梅老师一起,开展了祖辈参与幼儿自理能力培养的影响和适切性的研究。

一、肯定祖辈参与幼儿自理能力培养的正面影响

祖辈参与幼儿自理能力培养的正面影响主要来源于以下三个方面。

第一,育儿经验丰富。祖辈有丰富的育儿实践经验,对孩子在不同年龄段容易出现什么问题,应该怎样处理,知道的要比孩子的父母多一些。在自理方面,祖辈能给予幼儿悉心照料,细微之处尽显抚育经验的丰富。比如,在孩子的穿着方面,年轻的父母往往优先考虑品牌款式,孩子穿着后的靓丽精神,祖辈则会考虑服装面料的柔软度,孩子穿着后的方便舒适,孩子独立穿脱是否方便;又如,在孩子的饮食方面,年轻的父母可能将快餐文化延伸至家庭,孩子的饮食比较单一,祖辈则会兼顾多种品种和粗细食物的合理搭配,保证孩子饮食的均衡,养成孩子不偏食的用餐好习惯等。事实证明,许多由祖辈带大的孩子,身体素质较好,较少生病,在生活照顾和安全保障方面要强于其他孩子。

第二,情感丰富、耐心、时间充裕。祖辈有历尽人生沧桑后的返璞归真,特别喜欢与孩子一起生活,享受含饴弄孙的天伦之乐。他们有充裕的时间和精力耐心地照顾孩子的生活。他们在长期的社会实践中积累了丰富的社会阅历,普遍会认为孩子应在愉快、宽松的环境下学习与生活,不必要求过高。祖辈与孩子交流

时，容易和孙辈建立融洽的感情。与祖辈相处的孩子在情绪上比较稳定，较少有焦虑、痛苦或害怕等不良情绪。正如一位孩子的爸爸所说："爷爷奶奶慈祥的爱、充足的时间和耐心是对父母教育的一种弥补。"在孩子自理生活的场景中，我们经常会听到父母对孩子的催促"快点、快点，要来不及了"，与其产生强烈反差的是爷爷奶奶对孩子的耐心"慢点、慢点，不着急"，祖辈的耐心能为幼儿生活自理营造出宽松的心理氛围。

第三，尊老情感激励。"尊老爱幼"自古就是中华美德，与祖辈相处的孩子沐浴着爷爷奶奶无尽的爱。在这长长的爱河中，孩子们的内心逐渐被感染，转化为祖孙之间的双向互爱。在合作研究中，家长们为我们提供了不少生动的事例。嘉嘉妈妈说："某一天，一件意外的事让我发现，祖辈带孩子对自理能力的影响也并不全是负面的。外婆的美尼尔氏综合征犯了，对我女儿说：'宝宝，你自己的事情自己做，好吗？外婆身体不好。'结果，我女儿自己穿好了衣服、鞋袜，自己刷牙，自己找出了面包，吃完了早餐，最后拿出了她心爱的玩具玩了起来。要知道在平时，这些都由外婆包办。连着几天，她都有很好的表现，女儿说：'外婆年纪大了，头发白了，生病了，宝宝的事情宝宝自己来做。'"祖辈抚育在一定程度上可以激发孩子尊敬长辈、关心弱者的情感，增强孩子自理的愿望。

二、祖辈参与幼儿自理能力培养负面影响的分析

祖辈参与幼儿自理能力培养的负面影响主要表现在以下三个方面。

第一，溺爱中的"掠夺"。祖辈对孙辈普遍比较溺爱、纵容，疼爱的心态多于对晚辈的严格要求，他们常常把照顾孙辈视作一种娱乐，这与他们当年做父母时教养子女的责任心很不一样。不少祖辈对孙辈的爱，带有占有的成分。祖辈以老人的地位和不可遏止的溺爱心情把晚辈的一切生活"掠夺"过来，从入睡到穿衣，从盥洗到整理，竭尽全力承办孩子生活中的一切事情，致使孩子失去了大量的自我锻炼机会。许多祖辈习惯于在孩子遇到困难时说"我来"而不是"你试试看"。在我们研究的家庭生活录像中，我们看到楠楠的爷爷把洗脚水端进了房间，楠楠坐在小椅子上玩游戏机，爷爷脱下楠楠的鞋袜，为楠楠用毛巾擦脚，用手揉

脚,还用脚底对脚底摩擦,洗完脚后爷爷还要闻闻孩子脱下的袜子,如果觉得有些异味,让楠楠的双脚搁在自己腿上给他换上新袜子。这一过程既有亲情的成分,也剥夺了孩子成长中自我锻炼的机会。在"祖辈抚育大家谈"活动中,乐乐的外公外婆说:"我们也算是有文化、有知识的人,年轻的时候只知道忙工作,不知道疼小孩,甚至他妈妈是怎么长大的都记不清了。现在有了第三代,感觉要把所有的爱都给他还嫌不够呢,隔代亲嘛!"祖辈的溺爱常常会"掠夺"幼儿生活自理能力的锻炼机会。孩子觉得想吃的食物只要开口即可,想穿的衣服只要伸手即得,想玩的玩具只要嚷嚷即有,如果一切来得如此简单,不需要通过自己的努力,习惯成自然,幼儿的依赖心理就会日趋严重。

第二,方法中的"无奈"。祖孙两辈分别成长于不同的年代,价值观一般较为保守的祖辈,以传统的教养方式养育现代社会中的幼儿,他们习惯采用"老一套"的方法教育孩子。他们对孩子惯用"压""哄""骗",要求孩子"听话""安静""少动",结果发现孩子越来越不听话,越来越难管,他们深感自己力不从心,无可奈何,常常束手无策。比如,童童爷爷说:"童童吃饭的时候经常随便吃几口就离开座位,钻到桌子底下玩会儿,或者吵着看动画片。要是不满足她的要求,她就不吃饭,甚至把嘴巴里的食物故意吐在地上。"为了让童童多吃饭,无奈的爷爷往往会千方百计地满足她的要求:"我们边看边吃,好吗?"这正中孩子的下怀。于是,孩子一边看电视,爷爷就在她的身旁一边喂着她,直到一碗饭全部吃完。又如,曾经当过教师的易易奶奶说:"虽然我们过去长期从事教育工作,对于孩子成长中的一般道理和教育原则我们都懂,但具体落实到自己孙子的身上时就出现了偏差:孩子不肯吃饭时,我生怕饿着他,就一口一口地喂;孩子赖在床上不肯起床穿衣时,为了准时到园,就只能包办代替了。"现在的孩子既聪明又调皮,爷爷奶奶只能向他们"屈从""投降"。缺乏教育素养和教养技巧的祖辈,时常容易出现教养不当的情况,更会感到孩子抚育和培养中的无奈。

第三,育孙观的"偏颇"。幼儿成长过程中,有着身体、智力、情感、意志、性格和行为习惯的养成等诸多方面的因素存在。而许多父母和祖辈在孩子入学前,除了将主要精力花在对孩子生活起居的细致照顾和身体健康的全面保护上,还尤为重视幼儿智力的早期开发。大部分家长对孩子的智力发展甚为关注，重智轻育的现象不仅普遍存在，而且问题较为严重。对于幼儿生活自理能力的发展，不少祖辈的想法是"树大自然直""人大自然会"。比如，洋洋外婆说："宝宝不愿单独睡觉的问题的确让人感到头痛，但哪个小孩不是这么过来的呢？以前大家的住房条件都不好，小孩不都是跟父母睡在一张床上长到很大了才分开的吗？我女儿女婿经常嘴里喊着要让他自己睡，要独立，可是实际上并不这样做。我们也没有这样的要求，因为他妈妈小时候不也是和我们睡到快10岁才分开的。现在不也蛮好的吗？"思思外公说："孩子现在毕竟还小，随着年龄一天天增长，自然会懂事，会独立的，到时你想帮他，他都不乐意呢。"祖辈育孙观上的这些"偏颇"，使孩子在忙于认字学数、弹琴绘画的同时，享受着生活方面的全方位照顾，造成了他们自理能力发展上的相对缓慢及其他方面的缺陷。

隔代教育已经成为家庭教育的主要形态之一，已引起广泛关注和重视。祖辈照顾着幼儿的生活起居，与孩子父母、幼儿园教师共同成为幼儿生活自理能力的培养者。

三、指导祖辈家长培养小班幼儿自理能力的策略研究

对于祖辈的教养方式，我们如何加以指导呢？

第一，在幼儿自理动作发展认知阶段，主要采取演示性策略。当小班孩子自理动作的发展处于认知阶段时，他们缺乏对具体动作的认识和理解，即使想做也做不好。所以，要让幼儿做到生活自理，必须先通过演示，让他们获得关于该动作的某种认知，并在头脑中形成和建立起关于生活情景的表象，明确生活自理的方法。祖辈可以将各类生活内容直观地演示给孩子看，要把自理动作的顺序、方法解释清楚，边讲边示范。比如，小班幼儿在洗漱方面的评估指标是学习正确洗手，其要求是饭前便后要洗手，洗得干净，不留脏物。期望幼儿独立自觉地完成这些基本动作显然很难，他们往往只是用水把手弄湿，就表示洗了。所以，幼儿园教师和祖辈家长一起研究运用演示的方法说明洗手一般有六个步骤：卷起袖口，湿湿小手，擦擦肥皂，搓搓手心手背，清水冲冲，再用毛巾擦一擦。这六个

动作的顺序要反复演示和练习，幼儿才能逐渐习得洗手正确而又完整的动作。这个过程顺应了幼儿通过模仿掌握他人经验，习得良好行为习惯的特征。

第二，在幼儿自理动作发展联结阶段，主要采取分解式策略。对于小班幼儿来说，亲自动手为自己服务并不是一件容易的事，他们自理动作的发展继认知阶段后处于联结阶段。以日常的穿脱衣服为例，其中包括分辨正反、拉套袖子、系解纽扣、折叠摆放等许多动作顺序，幼儿需要将这些动作有机地结合起来，才能形成比较连贯的穿脱衣服动作。

爱孙心切的祖辈家长与教师一起研究案例，运用分解式策略，帮助并促进小班幼儿在生活动作方面建立较为稳固的联结。比如，一些祖辈将穿脱衣服这一比较复杂的系列动作分解成多个动作，便于小班幼儿接受和掌握。教师和祖辈家长一起分析生动的事例和直观的录像，捕捉并探析小班幼儿的年龄特点与其生活自理能力发展之间的联系，积极运用适宜的指导策略，有意识地培养孩子日常生活中的自我服务能力。

第三，支持性策略。教师与祖辈家长在运用支持性策略的实践中，将对小班幼儿生活自理方面的支持主要归纳为两方面。一是环境方面的支持。比如，小班幼儿手部小肌肉群正处于逐步发展时期，吃饭的时候，应当有适当的盘、匙，使用普通碗是不适宜的。另外，许多小孩吃饭的时候缺少合适的桌椅，小孩用成人的桌椅进餐很费力，所以提供合理、舒适的桌椅是孩子愉快、自主用餐的重要条件。二是内容方面的支持。比如在起居方面，小班幼儿能够达到的要求是：安静入睡，不哭闹，会穿简单的衣裤。祖辈家长不必强求孩子学习系鞋带等超出学习能力范畴的动作。

第四，游戏性策略。游戏是一种基于个体内在需要的自主性活动。游戏可以让幼儿获得快乐、经验和健康。基于小班幼儿热爱游戏的特点，教师和祖辈家长在培养孩子生活自理能力的过程中要充分运用游戏性策略，在游戏情境中培养幼儿独立生活的能力。游戏性策略将幼儿的生活活动形象化、趣味化，更易让幼儿理解和接受，自然萌发孩子主动参与自理的愿望，帮助孩子在轻松愉快的游戏活动中提高自我服务的能力。

第五，鼓励性策略。两三岁的小孩子就喜欢"听好话"，喜欢旁人称赞他，无论是教师还是祖辈家长都强烈地感觉到孩子对赞扬的期望和喜爱。随着年龄的增长，这种喜欢嘉许的心理愈加浓厚。孩子的努力得到承认，自尊心得到满足，会萌生幸福的体验。这种健康的、幸福的体验，能进一步增加孩子的自信心和上进心，激发孩子采取更加积极的行动，去争取更大的进步。因此，祖辈家长在培养小班幼儿生活自理能力的过程中，要广泛运用鼓励性策略。

四、依祖辈抚育现状拟定策略

在小班幼儿自理能力的养成过程中，祖辈作为照料者，其教养方式和情感态度直接影响着孩子们的自理行为和生活习惯。为此，祖辈在分析目前抚育现状的过程中，要从自身出发寻找培养幼儿自理能力的最佳策略，以科学的育儿观，促进幼儿良好生活习惯的养成。

第一，爱的适切性策略。每一位老人都深爱着自己的孙辈，但是，因为爱的方式不同，对孩子自理能力的发展也产生了截然不同的影响。如果祖辈包办了幼儿的全部生活活动，随着幼儿年龄的增长，其独立性与自理能力受到的消极影响会越来越大。如果祖辈能让孩子自主发展，给予孩子一定的自由，自己的事情自己做，反而有助于孩子成为自己生活的小主人。

第二，坚持性策略。小班幼儿的自理能力养成初期具有不稳定性，教师和祖辈家长认为，对小班孩子生活自理能力的教育一定要持之以恒，既不能随意改变培养要求，也不能时时满足孩子的依赖想法。否则，不利于孩子良好生活习惯的养成，以至于影响孩子整体自理能力的发展。比如，教师和祖辈家长应坚持一致的要求，幼儿应当在固定的地方刷牙，不可以随意在任何地方洗刷，晚上入睡前应刷牙，刷牙后不可以再进食。

五、有关祖辈参与幼儿自理能力培养的思考与建议

祖辈参与幼儿自理能力培养的思考与建议主要有三条。

第一，要以发展的眼光看祖辈抚育。教师要与祖辈家长建立新型的合作关

系，增进家园之间的相互交流，共促幼儿健康发展。同时，不应该因为对象是祖辈，便片面地重视培养幼儿良好生活、行为习惯方面的指导，而忽视认知、表达、情感教育等方面的指导。

第二，要以孙辈的年龄段研究隔代教育。孙辈的年龄不同，生长发育水平、发展方向、教养目标就不同，不同年龄段儿童的隔代教育也各有特点和要求。家园双方都需要作进一步深入的调查和分析。幼儿年龄越小，家庭教育的影响力越大。

第三，要以两代协同教育促进幼儿发展。在祖辈与父母共同教育孩子的过程中，父母主动与祖辈沟通必不可少。隔代教育本身并没有对错之分，祖辈分担了晚辈的教育责任，孩子可以为老年人增添无穷的乐趣。不过年轻的爸爸妈妈不能趁机做"甩手掌柜"，应当主动承担育儿的任务，多与祖辈进行思想上的沟通交流，达成科学而又协同的教育模式，为孩子的健康成长提供条件，为孩子一生的发展奠定基础。

第八章 入托入园的焦虑及其缓解

第一节 提早入园的适应

一、入托入园是婴幼儿走向社会的第一步

孟昭兰在《婴儿心理学》一书中强调,婴儿在社会性发展上,要通过依恋成人、与他人交往、对新奇性探索和对威胁性回避等社会技能的初步形成,来保证初步适应社会的能力,为今后走向社会奠定第一块基石。

孟昭兰教授在讲到24—36个月以及更大一些的孩子时说,他们此时出现了一个重大的变化,即能够忍受与依恋对象在一段时间内分离,逐渐习惯于和同龄伙伴及其他成人,如与托儿所保育员的相互交往等。她又说,2岁半到3岁之间入托,从婴儿感情承担能力来说是合适的。

孩子到了这个年龄段,开始进入第一反抗期,又称为自主独立期。他们不想老是待在家里,盼望能与小朋友一起玩耍。这就像有人形容的那样:"像蚕宝宝想从蚕茧中钻出来一样,飞向更广更大的空间去结交更多更新的小朋友、好朋友!"

与2岁儿童相比,2岁半至3岁的孩子已经有一定分辨好坏的能力,并有所选择。2岁孩子尚"不知好歹",对接触到的事物常常表示抗拒,我行我素,不听摆布;而满3岁之后,他们开始逐渐理解大人的要求,朝着成人的期望去努力。

美国著名心理学家格塞尔认为:3足岁儿童的心理更接近4岁儿童,而不是2岁儿童。尽管3岁儿童不具备4岁儿童那么丰富的知识及其技巧,但他们的水

准完全超越 2 岁。当然，这种超越是有限度的，同时也有反复的特点。就是说：3 岁儿童，尤其是 2 岁半的孩子，他们的心态经常会退回到 2 岁时的状态。

2 岁半左右的孩子对周围世界特别好奇，反抗情绪也特别强烈。皮亚杰认为：2—3 岁的儿童正处于自我中心阶段。有人认为这是第一个心理反抗期，实际上是自我意识在萌发，自主独立人格开始形成。这就需要年轻父母特别地尊重宝宝，充分理解宝宝这个年龄段的特殊心理，让孩子在第一个独立实践阶段，人格得到健康的发展。

正是这一年龄段的孩子，他们向往过集体生活，但又怕过集体生活。他们想和许多小朋友生活在一起，但又怕与许多陌生人接触，怕教师管教。我在研究中发现，婴幼儿刚接触群体生活时，十分好奇，其中有这样一些因素在吸引着他们：人多——老师多、小朋友多；玩具多——有积木、小汽车，还有各种各样的遥控玩具；活动方式多——有室内活动、户外活动，有集体活动、个别活动，有跳舞、唱歌、画画等；花园里的花草多；周围环境的新鲜事多，比如大小便有新的地方，洗手有许许多多的小毛巾等。所以，他们的内心十分向往。但他们也有许多胆怯之处，怕远离父母，怕老师，怕大小便不方便，怕活动不自由……因此，对 2 岁半左右的婴幼儿来说，在他们要进托儿所或提早进幼儿园小小班（又称托幼班）之前，年轻父母要多做准备，让宝宝有一个逐步适应的过程。

二、入托入园前的准备

不少家长在送孩子入托入园之前，常常缺乏必要的心理暗示，使许多孩子入托入园之初常常会哭闹不止。还有家长竟然恐吓孩子："你在家里爸爸妈妈拿你没有办法，现在送你到托儿所（幼儿园）去，让老师好好地管管你。"

可见，送孩子入托入园本是一件好事，但要做好这件事并不容易。

孩子去托儿所或幼儿园是人生之初的一个重大转折，这要有一个逐步适应的过程，需要有一个平稳过渡期，否则会产生情绪伤害和行为反抗，以至造成恐托、恐园症，对孩子未来健康发展十分不利。为此，我做了三方面的工作。

第一，了解宝宝的心态。我在小孙子和小外孙满 2 岁时就问过他们想不想去托儿所和幼儿园，他们回答："不想去！""为什么不想去？""怕！"我问他们怕什么，他们对这样的问题，既不会回答，也回答不清楚，但大人可以从中获得一些信息，做到心中有数，不草率从事。

第二，引导宝宝逐步接近幼儿园（或托儿所），培养亲近感。第一步是在带宝宝户外活动时，尽可能多地去接近幼儿园与托儿所，让宝宝在幼儿园的门口看到里面的大哥哥大姐姐是如何欢乐游戏的。这时，宝宝也会跟着手舞足蹈起来，似乎也想加入他们的行列。第二步，让宝宝的父母常常带孩子到附近的幼儿园去参加园部组织的亲子活动，使宝宝在亲子活动中逐步熟悉老师和环境。我记得，宝宝首次参加亲子活动时，十分胆怯和害羞，对众多的陌生人连看都不敢看。后来，他看到游戏活动室里有变大变小的哈哈镜，有多种多样的积木，有跳跳蹦蹦的玩球活动，加上父母在身边，陌生感就逐渐消失了。每次亲子活动之后，我问他："幼儿园好玩吗？"他总是说："好玩！""想去幼儿园吗？""想去！"

第三，鼓励宝宝走进教室，参与幼儿园的亲子活动，感受一下群体生活的乐趣。在宝宝2岁7个月时，他爸爸妈妈打听到附近幼儿园正在举办"幼托一体化亲子活动班"，他们就主动积极地报了名，还带宝宝去过了大半天的幼儿群体生活。从宝宝父母的反映来看，他们都感到这一天孩子表现很好，活动能力还可以。宝宝在班上虽然年龄偏小，但在穿珠子活动和把纸片放进瓶子里的活动中，做得很好，在户外活动中也非常活跃。中午，幼儿园为每个孩子准备了一客午餐，孩子们自己吃，家长在旁边看着，很少帮助。带班老师也很热情，使宝宝获得一种心理上的依托感和温暖感，使原来的害怕情绪逐渐被喜欢的感觉所替代。

三、入托入园的适应能力培养

2岁半左右的孩子进幼儿园小小班或托儿所，不可想送就送，而要对宝宝自身的适应能力做一分析，在自理能力训练上也要早做准备。其中有一个较为突出的困难是大小便的自控能力和表达。我认为，如果孩子在这方面的能力较差，或发展过于迟缓的话，可以适当推迟去过集体生活，以免在心理上给宝宝带来种种负面的影响。这不是消极措施，而是因人而异。孩子在家中，也要积极培养，抓紧训练，但不可操之过急。

有些孩子的发展速度会比平均速度略慢，这种发展上的差异是常见的。父母在宝宝大小便自控能力的训练上，关键是要了解宝宝是否有排泄的心理需要。如果宝宝不主动，责怪或强制只会使其对厕所、便盆和排泄行为产生恐惧感。长此以往，就会给大小便良好习惯的养成带来更多的困难和麻烦。当婴幼儿自主大小便失败时，家长千万不要加以责怪，而在训练中只要一有成功，就要加以表扬，这是心理学式的指导法。我在尝试采用这一方法时，感到效果还是很好的。

我记得小孙子2岁4个月时，我们对他的大小便较为关注。有一次，我听到他说："弟弟要尿尿。"我一面要他控制一下，一面马上将便盆放到他前面，将他的裤子拉下来，他这次撒尿时间很长，我们马上拍手鼓励，表扬他又乖又能干，我们说："宝宝现在能控制自己小便，大家鼓掌。"这时，我看到宝宝自己也高兴地笑了，他也拍起手来，似乎告诉我们："我胜利了！""我长大了！""我能控制大小便了！"我想，从行为训练角度来看，我们对他自己成功地大小便拍手鼓励，是一种正向强化。在这过程中，我们还发现了宝宝在表达大小便时所用的语言和肢体动作。他会用"尿尿""嗯嗯"，加上用手指自己的肚子，表示肚子胀。这就要求抚育者倾听、关注和及时回应。

有研究表明：2岁是一个非常喜欢守规矩的年龄。蒙台梭利把它称为秩序感形成的敏感期。尤其是从2岁半到4岁，这种倾向更为强烈。孩子有自己从早到晚的种种小规矩，如心爱的玩具有固定的摆放地方，如果父母随便挪动，没有将它放在固定的地方，他就会不高兴发脾气，有时还会为此哭闹。此时父母就要学会尊重他的规矩和秩序，这对婴幼儿养成良好的行为习惯是十分有利的，包括进餐、洗手、按时睡眠等等。

我记得我家宝宝2岁3个月时，有一次他吃了糖果之后，手边的糖果纸一时无法抛到垃圾箱去，因为附近没有垃圾箱。于是我就用手帕将糖果纸包好，等到看见垃圾箱了，我让宝宝将糖果纸掷进去。这一行为的全过程他不仅都看到了，而且也参与其中。后来类似情况出现时，他也会照此仿效。

还有宝宝每次玩玩具后，我们都要求他将玩具收拾安放好，这种行为习惯的训练也是非常必要的，它不仅有利于家庭整洁，而且为宝宝进托儿所、幼儿园适应那边有规律的生活创造了条件，也为今后各种好习惯的养成奠定基础。

宝宝进托儿所或幼儿园，做好一系列的物质准备很重要，如宝宝午睡用的毛毯、被褥，万一裤子尿湿后的更换衣裤，还有毛巾、牙刷等。另外，可随身携带一件小玩具，这不仅可以使宝宝手中有东西好玩，而且从家里带去的玩具具有安慰物的功能，能减轻和缓解宝宝入园的焦虑感与分离感。为了防止玩具遗失，要给它贴上宝宝的名字、班级，并放进玩具包里。

有些细节问题也要注意，如果是阿姨接送的话，就要向托儿所或幼儿园的老师做介绍，以便阿姨来接宝宝时大家放心。总之，在提早入园的准备工作上，要细而又细，只有这样，才能让宝宝度过这一重大的转折期。

面对婴幼儿入托与入园，家长不仅要做好一系列物质上的准备，而且要关注孩子入园初期的焦虑情绪。焦虑心理人人都有，如果父母和幼儿园老师在这方面的关怀度和体贴度增强，那么，孩子的焦虑程度也会随之减弱和淡化。一般情况下，婴幼儿的分离性焦虑常常与他们的年龄大小有一定的关系。年龄越小，对父母的依恋程度越大，分离焦虑也就越厉害。

儿童心理学研究表明：婴幼儿原来生活在关怀备至、体贴入微、十分温馨的家庭环境之中，他们与自己的父母已经形成了一种特别亲昵的依恋感情，孩子突然从熟悉的家庭环境来到幼儿园（托儿所），他们见到的是陌生人与陌生环境，还要打破原有的生活习惯，改变原有的心理定势，他们会本能地产生害怕和不安，会用尽一切办法来争取分离的亲人能留在自己身边，这是他们对父母依恋的表现，同时也是正常心理的反应。

2—3岁的婴幼儿正处在分离性焦虑的高峰期，一旦离开父母，他们就会大哭大闹。父母不应责备和讨厌孩子，而要对他们的依恋和自我保护的心态给予充分的理解。如果离开父母时他们毫无焦虑，十分冷漠，父母倒要引起关注，是否有心理冷漠症或自闭症的迹象出现。

缓解婴幼儿的焦虑情绪，一方面，要想尽办法，让孩子由原来对父母的依恋转向对老师的依恋；另一方面，也要告诉宝宝：这次和爸爸妈妈的分离是暂时的，因为爸爸妈妈都有工作，需要离开一段时间，现在由老师来照顾宝宝，与小朋友一起玩，也是很开心的，过一段时间爸爸妈妈就会带宝宝回家的。2岁后的孩子在一般情况下是能够理解父母的情感、需要和愿望的，他们也能调节自己的情绪和行为表现，将依恋和关注的对象由父母转向老师和小伙伴，在与他们同玩乐的过程中获得焦虑的自我缓解。

第二节　分离性焦虑及其缓解

幼儿入所入园之初，遇到的一个棘手问题是如何面对分离性焦虑。我在跟踪研究中发现，宝宝哭闹之厉害，持续时间之长，以及缓解之困难，比我原来想象的要严重。

一、分离性焦虑的分析

我对宝宝入托入园的分离性焦虑进行了专题跟踪研究。宝宝入园第一周，我随班听课，我家宝宝感到爷爷在身边，所以他的焦虑和哭闹并不厉害，而且，幼儿园的第一周对宝宝来说有很多新鲜感，他也乐于去幼儿园。开头几天，他去幼儿园非常兴奋，也十分积极主动，回家时还说："爸爸妈妈，弟弟回来了。"真是既兴奋又自豪，像小学一年级学生开学第一天回家时的那种神态。可是好景不长，一周过后他就提出"我不想去幼儿园，我要去小公园"的要求。

我深入宝宝的班级了解发现，一周后，害怕入园的幼儿人数骤增，孩子哭闹得更加厉害。我一个上午见到25个小宝宝哭个不停，其中有三种状态：一是间断性哭，即哭哭停停；二是起伏性哭，即忽轻忽重；三是持续性哭，即长时间哭个不停，吵着要回家。从他们的哭声中，我知道他们主要是想家，想亲人。此外，他们感到生活不方便，不自由，不能随心所欲。而且，孩子们在交往中磕磕碰碰的事情多，也使他们感到不习惯，不适应等。此时此刻，他们需要的是亲人的照料和关怀。

另外，有些孩子还有生活自理能力差，小便难以自控的问题；有些孩子语言沟通上有困难，尤其是部分男孩，语言发展迟缓，不仅不会说，而且也听不懂常用的对话语言，这给师生交流带来了困难；有些孩子的伙伴交往能力弱，小吵小闹，磕磕碰碰，以致打架、咬人之类的事情也常有发生；在班级活动中，常有孩子自说自话，随便走动，给组织工作带来了困难……据我了解，孩子的分离性焦虑一般要经历三个阶段：第一，反抗期，即用尽一切办法争取分离的亲人回到自己身边，为此大哭大闹；第二，失望期，即感到召回亲人无望，哭声变得单调而断断续续，吵闹动作减少，不再理睬别人，表情迟钝；第三，超脱期，即开始接受别人的照料，能吃能玩，但当父母亲人来看他时，又会出现委屈的表情。孩子的焦虑不仅牵动着爸爸、妈妈的心，也牵动着爷爷、奶奶和外公、外婆的心。如何使焦虑得到缓解，需要相应的对策。

二、分离性焦虑的缓解

我向园部领导和教师提出了"一个转变三个调整"的建议。"一个转变"是教育观念的转变，不能用幼儿园的常规教育观念来要求刚入园的婴幼儿。"三个调整"是：第一，调整入园制度，由统一的全日制改为半日制为主的灵活入园制度，随着婴幼儿的适应逐步向全日制过渡；第二，调整作息制度，由8点准时进园放宽至8:30左右进园，下午由4:30离园提早到3:30左右；第三，建立家长参与照顾制度，由不准家人来园参与照顾婴幼儿改为允许家人共同参与对婴幼儿的照顾。

上述建议得到了幼儿园园长和带班老师的认同与接受[1]，也受到了家长和孩子们的热烈欢迎，并产生了积极的效应。不少家长反映，上述调整具有"及时雨"的功效，可以让孩子有一个逐步适应，逐步分离的过程。实践证明，我们理解了婴幼儿的特殊心理需要之后，他们反而更喜欢幼儿园了。不久，笑声代替了哭声，欢乐代替了恐惧。而家长看到自己孩子的转变，也对幼儿园更加放心、满

---

[1] 参与这一合作的有上海市浦东新区小螺号幼儿园原园长倪申妹、原园长助理潘伟君、黄慰慈、虞敏老师等人。

意,并增强了对幼儿园的信任感。

我还协助带班老师改变抚育模式,即由管教为主向以养育关注和引导发展为主转变。

先让带班老师认识到,2岁半的孩子,绝大多数还处于生命最为稚弱的时期,他们有独特的自我世界。因此,对他们心灵上、生活照料上的抚育需要格外细心和耐心。

我在协助带班老师分析宝宝哭闹严重的原因时感到,孩子想爸爸、妈妈是一个方面,另一个方面是由幼儿园管教要求过多、过高、过严造成的。孩子原来生活在家庭,其自由度较大,很少有那么多的规矩与约束。可是,当他们进入幼儿园之后,就有30多种规矩要他们遵守,这对于处在无律阶段的孩子来说,会感到多方面的不适应。幼儿园的户外活动通常是有组织的,可是幼托班的孩子常常喜欢随便乱跑、乱看和乱摸,如果给予过多约束,他们不是哭就是要求回家,这给带班工作带来许多不便。

为了取得工作上的主动,我建议根据维果茨基(Lev Vygotsky)的要求,让3岁前的幼儿能按他们"自己的大纲"进行活动和学习。这就需要带班教师丰富幼儿活动的内容,给予他们更多的自主自由活动的空间,让孩子们在无拘无束的活动中玩得开心。由于自由度的增加,每天的活动应尽可能做到丰富多彩,天天翻新花样。

带班老师在工作总结中写道:"过去一直教大班、中班的幼儿,所以,当我走进2岁半孩子的世界,既感到可爱有趣,又迷茫困惑和难以理解。刚来的孩子大哭大闹,弄得我们措手不及。在与同伴交往时,他们不是推推打打,哭哭闹闹,就是磕磕碰碰,还多次发生'咬人'的事情。我们经过细致观察和调查研究后发现,这是2—3岁孩子的一种特殊的交往方式,是长牙过程中的需要等因素造成的,所以不能用一般成人的眼光去看待此事,而是要用特别的理解来对待这些孩子的特殊现象,并采用特殊方式应对,才能获得良好的教育效果。"

当然,家长也要采取信任、配合和鼓励的态度,在缓解孩子焦虑的过程中发挥积极的功能。

据我了解，许多幼儿园为了缓解幼儿入园初期的焦虑，做了大量的工作，投入了许多人力和物力，组织了各种各样精彩的游戏活动，使孩子们的情绪得到松弛和愉悦。与小伙伴的共同游戏也使幼儿获得安全感，消除了对陌生环境的恐惧。教师对孩子们的亲吻和拥抱，让宝宝获得了如同和妈妈在一起时的亲切的情感体验。有的幼儿园还制作了幼儿活动视频，让父母每天可以看到宝宝在幼儿园的进步。这增强了家长对幼儿园的信任，也给宝宝以更多的鼓励，让他们更快地去消除分离所带来的焦虑。

通过深入了解，我发现，幼儿在忍受与依恋对象分离的问题上，是有着一定的承受能力的，在缓解焦虑的过程中有着一种互相安慰的能力。有宝宝把从家里带来的毛巾毯抱在手中，亲热地叫它"毛巾妈妈"，不论走到哪里或做什么事，总要搂抱着"毛巾妈妈"，以此来抚平自己内心的焦虑。也有小朋友会主动地拿纸巾去安慰另一个小朋友："不要哭了，哭没用的！"孩子们在互相安慰的过程中提升了情绪的自我调节能力，获得了很好的效果。

通过随班研究，我感受到，只要家长积极配合和热情鼓励，幼儿的焦虑缓解期一般为半个月，之后就能进入适应状态。我家的宝宝两周之后便不再害怕去幼儿园了，而且对带班老师也产生了一定的感情，还能主动提出："我要去幼儿园。"当他大便后，他妈妈给他擦屁股时，他会说："老师说的，要自己来擦。"这一切说明，宝宝在成长。

第三节　焦虑在宝宝的自我安慰中得到缓解[1]

一、发懵的问题

在实施托幼一体化的过程中，上海市浦东新区博山幼儿园试办托班，接收2岁半左右的婴幼儿入园。我们发现，初入园时的婴幼儿在与亲人分离时，那真是哭声一片，叫喊声此起彼伏，有的孩子还边哭边呕吐，甚至有小朋友用哭闹来

---

[1] 这部分与上海市浦东新区博山幼儿园顾俏峰老师合作。

拒绝吃饭……这类情况，不是只发生在开始几天，而是连续几周。

面对这一情况，老师发懵，家长发急。有的家长怕孩子哭出毛病，想把孩子领回去，但又想到，长此以往，会影响孩子的独立性和社会性的发展，所以硬着头皮把孩子送进了幼儿园，自己却在暗暗哭泣。担心和着急一直压在老师和父母的心头上，对此情况，如何理解和处理为好呢？

二、理解和应对

从幼儿园和老师的角度来看，对孩子们入园初期的哭闹，首先要给予理解、同情和积极关怀。孩子入园前，幼儿园安排了多次亲子活动，并邀请儿童心理学专家给家长作"做好入园准备，缓解分离焦虑"的专题报告，还通过家访让孩子对老师有一个美好又亲近的首次印象，让家长对老师也有一个信任感。在入园制度上，幼儿园也作了弹性安排，提供全日制或半日制由父母自选。每天的活动尽可能做到丰富多彩，天天有新花样。老师以一片爱心去对待孩子们，以温柔的话语去安抚他们，以亲热的态度去搂抱他们，以亲切的表情去关怀他们，使他们从对父母的依恋，逐步转向对老师的依恋，由对老师的陌生、害怕，转向对老师的亲近亲热。

上述措施，在缓解孩子分离焦虑方面发挥了积极作用。但是，由于哭闹的孩子人数较多，两位老师和一位保育员一时难以招架。这个时候，我们意外地发现了一种新现象。

三、新现象新发现和新认识

过去，我们总认为：2岁半的孩子十分幼稚，只会哭闹，只能由老师和家长去呵护。教师在带班的过程中发现，事实上，2岁半左右的孩子，他们在忍受与依恋对象的分离方面，有着独特的承受能力，他们能够互相帮助以缓解焦虑。

下面有几个观察实例可以说明这一点。

实例一，借助物品。

依依早上来园时，手中拿着一条毛巾毯，她亲热地叫它"毛巾妈妈"，这是她最心爱之物。不论走到哪里或做什么事，她总是搂抱着这一"毛巾妈妈"，一刻也不离手。情绪好时，会把"毛巾妈妈"折叠好，抱在怀里亲亲它，拍拍它，和它说悄悄话。想家、想妈妈眼泪汪汪时，她会轻唤着"毛巾妈妈，毛巾妈妈……"还把它轻轻放在脸上揉搓，似乎得到一种心理安慰和需要满足，慢慢地，情绪也趋于稳定。

实例二，借助语言。

萱萱连着两天来园哭闹不止。第三天早上来园时，她学着爸爸妈妈的话对老师说："我长大了，我上幼儿园了，我不能哭了……"说着独自坐在一边使劲用纸巾擦眼睛。过了一会儿，她又走到老师面前说："我听话，我乖，我不哭了，爷爷就来了。"这次真的止住了眼泪，心情也平静得多了。

实例三，借助情景。

小宝来园，继续哭，老师抱着他并安慰说："奶奶去买菜了，一会儿就会来的。"过了一会儿，小宝问："奶奶怎么还没来？"说着又大哭起来。老师告诉他，将纽扣串得长长的，那时奶奶就来了。他听了，马上跑去串纽扣。接连几天，小宝来园边哭边说："我要串纽扣，串得长长的，奶奶就来了。"在串纽扣的过程中，既有情景物的心理寄托，又能转移注意力，小宝忘了哭。第四天，小宝一早来园，神秘地对老师说："哭是没意思的，我去串纽扣了。"此时，他似乎找到了情景的寄托和心灵的归属，情绪稳定多了。

实例四，相互安慰。

顺顺来园后，连续不断地哭。薇薇走到他面前，对他说："给你吃好吃的东西好吗？"顺顺略停了一会儿，又哭了起来。喧喧拿出心爱的"米奇"玩具给他，并跟他说："给你玩一会儿好吗？"还有一个小朋友主动拿纸巾给顺顺擦眼泪，有时还会说上简短的安慰话："不要哭了。""哭也没有用。"小宝走过来对顺顺说："哭没有意思的，不要哭了。"说着将天线宝宝塞到他手里……在众多小朋友的安慰下，顺顺的情绪逐步平静下来，可以参与游戏活动了。

教师的分析与反思。

首先，有关研究表明，24—36个月以及更大一些的孩子，他们的心理发展水平出现了重大变化，能够忍受与依恋对象在一段时间内的分离，逐渐习惯与同龄伙伴和其他成人交往。一方面，他们的自我意识和自我情绪调节能力在增强；另一方面，与同伴交往的过程中，他们的同情心、合群性等社会性品质在逐渐形成。过去，我们对此认识不足，通过这次实践，我们对幼托班孩子的认知水平和社会化发展进程中的自我安慰和相互安慰的能力，有了进一步的认识和理解。我们感到：幼托班孩子分离焦虑的缓解，不仅要依靠家长和老师，而且还要依靠婴幼儿的自我安慰及同伴之间的相互安慰。

其次，实例一、实例二、实例三说明，婴幼儿化解自身心理焦虑的办法是多种多样的，有的借助物品，有的借助语言，有的借助情景……他们通过这些方法，既获得了心理安慰，又排泄了不安情绪，而且也提升了情绪的自我控制能力。我们对情绪调控能力较强的孩子给予鼓励，包括：亲吻、拥抱、语言表扬、给玩具和多分糖果等方法。这样，可以使这类孩子的自我安慰能力得到肯定、巩固和提高，同时也为全班其他孩子树立榜样，使更多的孩子能向他们看齐。

最后，实例四中小朋友之间互相抚慰的现象体现了一部分孩子的同情心。他们能对别人的情绪有一定的感受、理解，这是婴幼儿早期移情能力的表现。他们开始能够体察别人的焦虑情绪，又能把自己调节情绪的感受、体验告诉小伙伴，分享自己的调控方法。

由此可以看到：2岁半左右的婴幼儿，在社会化的进程中，他们的情绪感知水平以及人际交往能力正在逐渐萌发。教师对孩子们相互安慰的行为大力表扬，让全班小朋友一起学习，并为能够安慰别人的小朋友颁发小礼品和五角星，以示鼓励，让幼托班孩子的同情心、友谊感和合群性得到提高。

通过上述努力，不到半个月，幼托班孩子的笑声代替了哭声，欢乐代替了焦虑，合群代替了孤独。

由此，我们认为：让婴幼儿早一些融入群体生活，可以使他们在社会交际的广度、深度和丰富性等方面得到拓展、深化和加强。这符合孩子的心理发展水平，有利于促进他们社会交往能力的发展和人格的完善，让更多的婴幼儿在和谐的群体中健康成长。

第四节　重视宝宝同情心的培养

一、早教中应注意的问题

许多家长对婴幼儿的早期教育十分重视，不少年轻父母为孩子的早期智力开发呕心沥血。不过，有些家长的教育理念和做法存在着误区，应该引起广大年轻父母的高度重视。

主要存在"四多""四少"的现象，即：对早期教育重要性的了解较多，而对早期教育的复杂性认识较少；对婴幼儿智力重视较多，而对其身心健康、情感和性格培养关注较少；在早期智力开发中，局部显性能力的开发较多，而对情感、性格等隐性能力培养较少；在教育措施上采用超前、超常的教育措施较多，而采用自然性保护和循序性发展的措施较少。

家长在教育方面的不平衡，有可能会使孩子在未来产生智力和情感性格的矛盾。如果一个婴幼儿在早期发展中，缺乏对生命的感受与体验，那么将来就有可能只有好奇心，而缺少起码的同情心，也有可能在如何对待生命等方面表现低能，在处理复杂的社会问题和人际关系上，束手无策，难以应对，甚至造成不幸。因此，要从孩子小时候起就重视其社会性情感的教育，尤其重视同情心的培养。

二、关注婴幼儿同情心的培养

有研究表明：婴儿出生后3个月，就有同情心的萌芽。比如，3个月时的宝宝，受到另一个宝宝哭声的影响会感到不安，继而产生同情心理，出现移情反应；9个月大的宝宝看到别的宝宝摔倒了，眼里会涌出泪水，然后回到妈妈的怀里寻找安慰，好像摔倒的是他自己似的；15个月大的宝宝看到有小朋友在哭鼻子时，他会拿出自己的玩具去安慰对方，以示同情。我家宝宝初入园时，看到有小朋友在哭个不停，便拿出心爱的玩具给这个小朋友，并对他说："给你玩好吗？"还主动拿出纸巾给这个小朋友擦眼泪，说上几句安慰话："不要哭了。""哭没有用。"这一切均显示同情心已经在婴幼儿的社会交往中有了体现。对此，我们应给予重视和珍惜，要让这纯真的爱心成为孩子今后道德情感发展的基础。

道德发展心理学一再强调：同情心是人类道德发展的基础，是个体道德情感的核心要素。可惜，我们在日常抚育孩子的过程中，缺乏对培养同情心的高度重视。

我国著名的儿童心理学家陈鹤琴先生，在跟踪研究他儿子陈一鸣成长的过程中，主张让孩子从小熟悉狗、猫、兔子等种种动物，从而培养儿童的同情心。他在陈一鸣1岁半时就饲养了一只小乌龟，他在日记中记载着："今天，我将一只小龟养在面盆里让一鸣看看，他一见水中能动的小龟立刻伸手来捉。"儿童在接触小动物的过程中，会逐步了解动物的习性，既能增长见识，又能培养生活情趣，使情感得到健康发展。当然，陈鹤琴先生在提倡让儿童参与饲养小动物的同时，也提醒父母要注意清洁卫生和安全。

我从宝宝1岁开始就带他到公园的草地上去接触小草，亲吻花香，拥抱大自然，让他在欣赏花卉时懂得爱护花草。在公园里，我还教他用饲料去给白鸽喂食。后来，他会主动用鱼骨去给小猫喂食。长到3岁时，有一次，他见到一只受伤的小鸟，就要我带回家给它医治和喂养。小鸟伤愈后，他就把它放回了大自然。当他看到小鸟飞向天空的时候，非常高兴，而我们对他的这些行为都给予了表扬。

首都师范大学中文系的一位老教授在他撰写的《我帮外孙成长》一书中，专门写了《同情心是万善之源》一文。他说，他非常希望小外孙是一个心地善良的人，这小家伙似乎是想吻合姥爷的心意，处处表现出可赞的同情心。他希望做父母的、做爷爷奶奶的、做姥爷姥姥的都应该去发现孩子的同情心，应该去培养孩子的同情心，应该去发展孩子的同情心。这是培养有希望、有出息的后代的一个重要途径。

他还讲了在与小外孙外出时，见到一位老奶奶跌倒在地上，他们一家如何热心地将这老人送往医院治疗的过程。小外孙不仅目睹了这一切，而且也参与其中。他认为，这一情景对孩子未来发展肯定会有很好的影响。

在小孙子将近3岁时，我给他买了张乐平的《三毛流浪记》。他见到此书时，表现出非常喜欢的神情,迫不及待地要看书中的漫画。我在与他边看边讲解时发现,他对有些画面能理解。比如,在故事《见义勇为》中,三毛见到一个小男孩落水之后,马上跳到河里去救这个孩子。宝宝说:"三毛救人。"这说明他不仅理解,而且印象也较深,他认为此事做得很好。而故事《孤苦伶仃》《不白之冤》《好意恶报》的画面,由于涉及的社会背景和故事情节较为复杂,他一时不易理解。这就需要大人给予必要的讲解了。当他理解了三毛在旧社会时的种种痛苦遭遇时,他也随之眼泪汪汪地说:"三毛好苦呀!"这正是移情性的同情。

从小培养同情心,实践证明是有效的。随着年龄的增长,我家宝宝的同情心转化成为美好的品格。他进入小学后,班主任陆老师称赞他是一个憨厚、热心和有爱心的小孩:"每当被同学碰翻了学习用品时,我总能听到他说:'没关系,你又不是故意的。'每当有同学生病了,我也总能听到他说:'老师,我来替他值日。'在迎新义卖会上,我又听到他说:'老师,我要买这个。''老师,我还要买那个。'……在老师和同学们眼中,他是一位品德优秀的小男孩。"

他所在学校进行感恩教育活动时,校刊《校园内外》登载了他奶奶写的一篇短文,原文如下。

宝宝从小生活在四代同堂的家庭中,他受到多方面的关爱。如何让他从小感受关爱,尊重长辈,这正是我们家教中所关注的一个问题。为此,我们利用祖辈生日祝寿等活动,让他从小学会感恩和报恩。老太太88岁生日时,我们让宝宝与他的表弟一起,手捧鲜花向老太太敬祝长寿。他父母还教育他,每个星期天要向太太和爷爷奶奶打电话问好、致敬,并要养成习惯。去年暑假,我带宝宝去看电影时路过一家商场,看到一件我喜欢的衣服,问价格要400多元,我舍不得买,宝宝就在边上说:"奶奶您喜欢就买吧,我有400元压岁钱,我送给您买衣服。"宝宝的孝心让我感动不已。我回家后说了这件事,我们大家都感受到寸草之心在涌动,春晖之情在孕育,感恩之品质在萌发。

第九章　抚育的审美化

第一节　抚育者的审美心态和实践

一、抚育者要有审美心态

《罗丹艺术论》一书中提到：美是到处都有的，不是缺少美，而是缺少发现。关于美的发现，人类学家费孝通认为：对人的生态美的认知，涉及人的心态问题。我们抚育孩子，需要有一种审美的心态，用审美的眼光去看待他们成长中的种种美的表现。因为，婴幼儿不仅是人类最柔软的群体，而且是人类中自然美、生态美最集中表现的天使。天地之大美，美于自然之中，存于人之初。

我在对两个新生儿的跟踪研究中，深切地感受到婴儿有着天使般的微笑，天真烂漫的表露与诉求；他们的一举一动中，充满着童心、童真和童趣。我在与婴幼儿交往的过程中，看到天真和质朴的人性之本。我在参与抚育婴幼儿的同时，也在接受着童心美的熏陶，人性自然美的感染，童真亲情美的享受。我在抚育实践中，心存敬畏之感，抱有爱护和守护之责，让孩子在成长的过程中尽量不受或少受委屈，使其身心健康和谐发展。为此，我要向老艺术家丰子恺学习，努力使自己成为"真正的儿童的崇拜者"和学习者、审美者和培育者。丰子恺早在1927年写过《童心的培养》一文，他在与孩子相处中发现，孩子的眼光是直线的，不会拐弯，它穿透一切，什么也瞒不过他们的眼睛。他将童心世界与成人世界进行比较，认为：成人的世界因为受实际生活和世间习惯的限制，所以非常狭小苦闷，孩子们的世界不受这种限制，因此广大自由。丰子恺企慕孩子们生活中的天真，艳羡孩子们世界的广大。为此，他成为"真正的儿童的崇拜者"。

概括地说，丰子恺认为，童心的培养要注重以下几点。第一，要对童心抱有敬畏感。他发现，童心中有特别丰富而奇妙的感受，他们在平凡的日常生活中，能处处发现丰富的趣味，时时作惊人的描写。这包含一种很深刻的人生的意味。他认为，童心是人生最有价值、最高贵的心，极应该保护、培养，不应该听任其泯灭。第二，要理解童心具有独特性。儿童对于人生自然，有一种特殊的态度。他们所见、所闻、所思，都与成人不同，是人生自然的另一方面。他发现，童心童眼可以看出事物的本身之美，可以发现奇妙的比拟。在童心中具有超越世俗的非功利性，有独特的艺术欣赏性，有对事物特有的趣味性。他们的生活，全是趣味本位。丰子恺认为，儿童为趣味而游戏，为趣味而废寝忘食，作为孩子的父母与老师，切不可训斥儿童的"痴呆"，切不可盼望儿童像大人，切不可把儿童大人化，宁可保留、培养他们多一些"痴呆"，直到成人以后，因为这"痴呆"就是童心。[1] 在女儿的回忆中，父亲丰子恺对儿童一向是热爱、亲近、理解和设身处地地体验的。

冰心讲，童心是梦中的真，是真中的梦，是回忆时含泪的微笑。事实上，童心之美，美在真实、真情与真诚，它具有纯真无瑕、天真可爱、率真坦然、言真无忌等特征，表现为好奇、好动、好玩、好问、好学等品质。这正是童年期的孩子心理特质的体现。拥有童心者，可以使生命充满阳光，富有理想、憧憬与朝气，心态豁达，情趣浓浓；拥有童心者，就拥有纯真的快乐，纯净的美好，抱有积极向上的心情；拥有童心者，就会用童心去审视世界，去面对现实，去向往未来；拥有童心者，人格会无比丰赡，无论外界环境如何，他总能懂得人生快乐的真谛，以积极的态度去调节生活。唤起童心，是一种人文关怀，使想象拓展，梦幻延伸，创意纷呈，使儿童更聪明、更阳光、更活泼、更可爱。

二、抚育审美化的践行

唐代文学家柳宗元在《邕州柳中丞作马退山茅亭记》一文中提出："美不自

---

[1] 余连祥. 中国现代美学名家文丛·丰子恺卷 [M]. 杭州：浙江大学出版社，2009：27.

美，因人而彰。"这是说美的事物与人，不是因为自己而美，而是因为人的发现才得以彰显出来。不少美学家认为这一观点揭示了审美的本质。美需要审美者去发现。当代艺术家丰子恺以他超乎寻常的审美力看到常人不易发现的童心美。在我的抚育实践中，经常遇到的问题是如何看待宝宝成长中的进步和退步。宝宝4个半月时，家人发现他发热了，送医院诊断为病毒性感冒，经医疗后有好转，但情绪变得烦躁，不肯躺在婴儿车里，一放就哭，一定要大人抱他。这使他的父母与爷爷奶奶筋疲力尽。感到这孩子不像过去那样安静好抚养了。面对这一状况，我认为：首先要给予理解与分析，婴儿早期的哭闹、认人与烦躁，不能草率地认为是变坏，也许是一种进步。我从婴儿依恋感形成与发展阶段性来分析。婴儿出生后 0—6 周是前依恋期，即无区别性的依恋期，还不特别认人。出生后 6 周至 6—8 个月时，进入依恋关系建立期，即有差别性的依恋社交期。这阶段，孩子特别认人，正是对亲人特别依恋的时期。这阶段，需要亲人给予更多的爱抚、亲吻。如此看来，宝宝病后的烦躁和对亲人特别的依恋，不是退步，而是变得更懂事了。对亲人有一种选择性的依恋，这是与亲人建立社会性情感的关键期，所以我们不可误判，而应当理解婴儿特有的亲情美，要格外珍惜，要给予特别的关怀，使亲情关系深之又深，浓之又浓。

抚育审美化就是要学会用爱来培育爱，达到互亲互爱，使亲情得到升华，使好的性格得到早期培养。

在抚育审美化的实践操作中，有以下四点，可供参考。

(一) 欣赏性的观察

欣赏性的观察，是指用发展的眼光去观察孩子每日每月的成长进步，用艺术家的眼光去发现宝宝成长中，笑的灿烂、哭的天真、亲的可爱、行为举止的奇特；去欣赏他们成长中的童心、童真和童趣；去鼓励他们自主行为中的努力和进步。

以我的小外孙 10 个月时扔物为例。这阶段，不少孩子特别喜欢扔东西，包括床上的玩具。有时扔了一个还要再扔一个，给他收拾起来之后，他还要扔，而且边扔边笑，显得十分开心。不了解他们特殊年龄阶段特殊心态的父母，常为此发火、批评、制止。其实，发展心理学认为：这是婴幼儿最初动手能力发展和人际交往的方式。他们用扔东西来吸引成人和他同玩同乐。同时，扔玩具又是一种自我能力的展示。大量研究证明，婴幼儿扔东西，不是坏事，而是特定年龄的一种发展性的行为方式和智能游戏。因此，我们不应给予指责，而要给予赞赏，与他们共同游戏。这样不仅可以增进亲子感情，而且能锻炼孩子的肌肉和大脑思维能力，达到多方面的教育效能。不过，值得注意的是，引导孩子扔物时，要选择安全的周围环境，防止意外事故的发生。

（二）理解性的关怀

理解性的关怀，要求抚育者对婴幼儿的心理有深刻的理解和深切的关爱。宝宝年龄小，而他们的心理世界神秘莫测又非常丰富。他们的心灵蕴含着极为细腻、敏感而又善良美丽的琴弦，让我们像钢琴家熟悉每一个琴键那样去了解每一个宝宝，去帮助他们度过美好的童年，去谱写人生的第一乐章。

我们面对宝宝成长过程中出现的问题，不应厌烦和训斥，而应理解、体贴和关怀。在审美化的抚育中，永远要尊重第一、理解万岁、学会宽容。尊重、理解、宽容，既是抚育者的美德，又是抚育者的智慧和艺术。在亲子交往中，要学会心理上的沟通，行为上的互动，兴趣上的认同。对婴幼儿成长中所释放的各种信息，要善于破译其内在密码和真正的意义。即使是发泄、哭吵和胡闹，也要细心、耐心地倾听和化解。

以破译宝宝的表情密码为例，有人作出了十多种的解析。一是，我吃饱了，有懒散表情；二是，我饿了，有吮吸动作；三是，我心烦，有叫喊声；四是，兴奋快乐，有欢笑雀跃；五是，喜欢满意，有亲切微笑；六是，想睡觉，就打盹；七是，表示不满，常会噘嘴；八是，我要尿尿，会发"嘘"声；九是，要大便，小脸涨红；十是，疾病先兆，会眼神无光。

（三）支持性的帮助

婴幼儿在成长的过程中有不少愿望与要求，但他们既不会讲，也不会做。以10个月的宝宝为例，有些宝宝对抱不感兴趣，要求自己独立爬、坐、站立甚至学走。这显示了婴儿自主自立的生命力。成人要给他们创造条件，爬行时，帮他们扫除周围的障碍物；坐的时候，轻轻地托他们一把；站立时，给他们提供支撑物；学走时，提供必要的扶手……让他们感到你既放手又能给他当助手，他为之高兴。许多男孩子2—3岁时，要玩各种电动小汽车，但起初不会组装，这就需要父母亲给予其帮助。小汽车零件脱落时，也需要父母亲帮忙修理。我家宝宝得到了爸爸为他购买的一套小汽车修理工具，他对此特别感兴趣。他认为爸爸不仅帮他修理玩具，而且还教会他自己使用小工具，因此，他认为他的爸爸是他最亲的人。

（四）积极性的引导

孩子的成长，需要鼓励、表扬和引导。8—10个月的孩子在运动能力和情绪智能上发展很快，他们已经能听懂成人对他们的赞扬。当他们听到大人给予表扬，他们为之兴奋。对宝宝每一个小小的进步，我们都要随时给予鼓励。我们可以为他们竖起大拇指，为他们拍手鼓掌，为他们称好，说他们是乖孩子，也可以用拥抱、抚摸、微笑和奖励等方式。成人的鼓励和表扬不仅能够增进亲子感情，而且也有利于引导孩子进步与成长。

我小孙子2岁时，有一天，在我床上见到一台半导体收音机。他颇有兴趣，将电池拆下来又装上去。我认为这是一种探求欲。他对各种开关都有兴趣。他还用半导体的耳机插头，在磁力画板上乱划乱画，我怕弄坏，给予制止。起初，他坚持要乱画，我不让他画，他还哭了。于是我想，应创造条件让他随心所欲地自由玩耍和画画，对于带有小破坏性、危险性的行为，可以转移他的注意力。我寻找到了好几本画册和一些画笔，让他自由挑选，指导他在画画本上画画。从小获得的积极鼓励与引导，使他对画画的兴趣更浓。进中学后，美术老师说他有艺术上的天赋，这种天赋后来在美术兴趣小组中得到发挥。进大学后，他选择了美术专业，专心从事艺术工艺设计，这成为他未来发展的方向。

第二节　审美化抚育中的实例分析

当代美学家李泽厚提出，21世纪应当是教育学的世纪。重视教育，就需要重视人文关怀和教育审美的研究。我认为,抚育婴幼儿成长,尤其要重视人文关怀和教育审美化的实践研究。

有人说,眼睛是心灵的窗户。父母的眼睛应充满着智慧、真挚和慈爱的眼神。父母应是孩子成长的抚育者、审美者和关爱者。父母要用审美者的眼光去欣赏每一个孩子身上的潜能和每一天的成长与进步。我在历时 20 年的跟踪研究中,深切地感受到:宝宝美好的情感和智慧的孕育,需要抚育者的纯爱、厚爱和挚爱,需要亲近、亲热和亲切。可是,在日常家庭教育中,常常存在着两种截然相反的情况:一类是"直升机家长"全天候对孩子紧盯不放,试图全过程控制孩子的成长;另一类是父母将孩子交托祖辈抚育,很少关心孩子的成长。随着《中华人民共和国家庭教育促进法》的正式实施,现代父母已经进入"依法带娃"时代。养育生命,把孩子培养成人,这是世界上最为重要和艰巨的工作之一,需要引起全社会的关注。

一、抚育中的柔性与刚性的比较和整合

绘画艺术讲究色调,暖色调能使人产生明快、热情与温暖的心理效应。在孩子的人生之初,父母也应给子女的生命画卷铺上富有亲情感的温暖、温柔和温馨的暖色调。

我在 20 年前,曾与亲子教育研究的合作者胡育老师一起写过《抚育中的柔性关怀与刚性养育》一文,发表在《为了孩子》上,现摘录如下,供参考。

(一)两个案例

个案之一:

林林妈妈结婚多年一直没有怀孕,通过多年治疗,终于如愿以偿。她简直喜出望外,对林林异常珍惜。她本身性格较为内向,待人处事也很能体贴他人,所以在抚育林林的过程中特别细致。白天,林林哭吵时,她总是从寻找原因着手,给予精心照料。例如,有一次林林哭吵不安,妈妈给他量量温度,温度十分正常;摸摸尿布,尿布也很干燥;她把林林抱在手里走了又走,但林林还在不停地哭。后来,她细心地察看宝宝身上是否存在异物,结

果发现尿布的橡皮膏带粘住了宝宝的皮肤，是皮肤的疼痛引起宝宝的哭泣！到了晚上，林林妈妈不论有多累，即使半夜三更，只要听到宝宝哭，马上会将林林温柔地抱在怀里，不是喂奶，就是唱着安眠曲哄他安睡。同时，她还用母亲特有的慈爱的眼神注视宝宝，似乎在告诉林林："即使半夜里两三点钟吵醒妈妈，妈妈看到你还是满怀喜悦的。"于是，宝宝就在爱的满足和温暖中进入梦乡。

个案之二：

朋朋的妈妈很年轻，她性格外向，脾气也较为急躁，所以在养育孩子的方式上，显得较为缺少耐心。白天孩子哭吵时，她不是急于制止，便是让他痛痛快快地大哭一场。她认为：小孩哭是一种体育锻炼，过于照顾会宠坏孩子的。她在工作上也有不少不尽如人意之处，所以孩子一哭，她往往会迁怒于孩子。到了晚上，孩子一旦哭吵，她更是心烦意乱，显得很不耐烦。有一天半夜，孩子开始啼哭，正巧碰到她刚和先生吵完架。入睡不久，她就被朋朋吵醒，弄得她心情十分烦躁。她边发火边把朋朋抱起来喂奶。由于妈妈无意识地搂抱过紧，朋朋感到非常不舒服，拒绝吃奶。她便埋怨道："不想吃，就别胡闹。"说完，就将朋朋重重地放回床上，于是，朋朋又哭吵起来，以示抗议。妈妈便再也不理睬朋朋，自顾自地睡觉了，任孩子一哭再哭。最后，朋朋实在哭累了，只好不声不响地重新入睡了。

（二）问题的分析

以上两个孩子接受了两种不同的养育态度和方式。林林从出生的第一天起，就在充满母爱的气氛中感受着妈妈的关爱、体贴和呵护。而朋朋，却感受到冷遇，他幼小的心灵有不愉快的感受和体验。情感是个体精神力量的支柱。父母早期的养育方式与婴幼儿早期的情绪状态，将给人一生带来巨大的影响。

以上两种养育态度和方式，会使宝宝产生极不相同的感受。林林能感知的是：每当他有需求时，有人会关注他并帮助他，他的求助讯号是有效的。而朋朋感受到的是没有人关心他，连自己的母亲也是不可信赖的，他想寻求慰藉，但总是遭到拒绝。这影响了朋朋最基本的安全感、归属感和对人的信赖感的获得。

有调查发现：在所有被忽略的孩子中，不少孩子出现焦虑、注意力不集中、淡漠等问题，有时还具有攻击性行为，有时则显得退缩。调查还发现：5岁以前的情感经验对人的一生具有恒久的影响。一个孩子如果无法集中注意力、性格猜疑、易怒、悲观、常感焦虑并有各种恐惧的心理，未来面对人生的挑战将很难把握机会发挥潜力。

（三）我们的建议

在冷漠中长大的孩子，一般性格多疑，易怒，焦虑过度，注意力难以集中，攻击性行为增多，对自己缺乏自信。

为此，我们要提醒年轻父母注意：千万不要认为宝宝还很小不懂事，就可以随便处置。事实上，一个婴儿从呱呱坠地起，他就有了情绪的感受和情感的体验。因此，年轻父母要学会以爱心、细心和耐心的态度与方式去善待宝宝，以柔性的态度与方式去温暖每一个宝宝，让他们能在温暖、温柔和温馨的环境中成长。

初为父母者一定要记住印度诗人泰戈尔的名言："婴儿喷发出甜柔新鲜的生气，来自父母温柔安详的神般之爱。"

二、三岁看老，柔性关怀的实践

"三岁看老"有科学依据。上海新华医院医生团队跟踪新生儿近十年的研究成果证明：近年来国际健康理论认为的生命个体有一个关键1000天的结论是有道理的。这对中国古代民间流传语"三岁看到老"作了现代表述，就是说生命早期决定着一个人的未来。[1]

联系我个人20年的研究经历，我深感0—3岁的婴幼儿既是一个特别柔软的群体，又是决定未来的群体。他们需要给予特别的柔性关怀，需要我们对他们的

---

[1] 唐闻佳. "三岁看到老"有了现代表述［N］. 文汇报，2020-07-13 (8).

特殊心理需求给予特别的理解和关注。可惜，不少家长对婴幼儿的生理上的需求较为关注，而对他们心理上的需求知之甚少。0—3岁孩子成长中的"怪事""奇事"常使年轻父母感到迷茫和困惑，常有错判和误导，常常为此担心与焦虑。他们常对0—3岁婴幼儿成长中的阶段性、发展性、潜在性的可贵因素缺乏觉察、理解，没有给予积极肯定与进一步培育。这一问题需引起大家的关注。

（一）婴儿抓书撕书怎么办

我在为婴幼儿家长作抚育报告时，不少家长向我提问说，他们的孩子从小就喜欢抓书和撕书，问我该怎么办。

我向他们介绍了以下两个案例。

案例一：一名9个月大的婴儿看到床上有书报杂志，不仅乱抓而且乱撕。父母若加以阻止，他就哭吵不止。为此，父母变换教育方法，选择一些彩色纸张放在他身边。宝宝喜出望外，抓住纸张就边撕边看边听。听到撕纸的声音时，他脸上显露出高兴的表情。

不少家长认为：采用代替物的办法好！后来，我又从有关的婴儿心理学研究资料中看到：婴儿时期孩子的撕书行为，是他们出于好奇心理和动手能力以及触觉发展的需要。婴儿撕书还包含着一种科学探求欲，求知好奇心，对纸质书触摸的感受要求。这对于婴儿来说是普遍、正常的健康现象。不少科学家在婴幼儿时期也有撕书行为，所以，家长不必大惊小怪，而要适当地给予孩子宽容，并学会引导孩子。用替代物的办法，是可取的。让婴幼儿把看书当作一种游戏，也是可行的。若有珍贵的图书，安放到书柜中，或放到婴幼儿触摸不到的地方即可。

案例二：一个2岁4个月的宝宝在翻阅《娃娃画报》时，一不留心把封面撕破了。此时，他奶奶建议，让宝宝与爷爷一起学会补书，以此来培养他爱书的习惯。这一建议得到宝宝欣然接受。他把补书看作一件十分好玩的游戏，一件非常有趣的、可学本领的开心事。补书时，爷爷奶奶给他分三步：第一步，奶奶给他讲爷爷爱书的故事，还说，哪些书是爷爷专门给他买的，要求宝宝以后看书时，要小心些，宝宝欣然接受；第二步，爷爷奶奶用透明胶带示范性地补上一部分，让宝宝边看边学；第三步，把透明胶带剪成几小块，通过手把手的指导，让宝宝补上几处。事成后，宝宝对奶奶说："弟弟把书补好了！以后再不撕了。"从此之后，撕书的行为不再发生。而且，这孩子长大后，对书特别爱护。这说明，对似懂非懂的孩子来说，只要用心引导，爱书的好习惯是不难养成的。

（二）婴幼儿爱发脾气与任性怎么办

有家长对我说，他家的孩子从小聪明、记性好，一教就会，一听就懂，就是爱发脾气，十分倔强，一不称心就要哭闹。例如，有一次，给他吃甘蔗，开始吃得开心。可吃完后，他还要再吃，一次之后，又要一次。他妈妈认为不能什么都依从他，这样任性下去还得了！

还有家长说，他家孩子 2 岁半时，有一次，玩电动车时发现电池用完了，就要求买新电池。那时深夜，超市关门了，他还是哭闹着要他的爸爸妈妈去买，似乎非要满足才罢休，弄得大家焦头烂额。后来，爸爸妈妈还是带他去超市看了一下，发现超市已关门，答应明天再给他买，此事才算平息。

上述情况为何发生？又该如何处置？婴幼儿心理学认为：2—3 岁正是爱发脾气的高峰期，同时，又是孩子心灵的极端脆弱期，加上孩子气质类型及遗传因素的影响，导致部分孩子容易表现出任性。所以，家长在处置时一定要充分理解、耐心分析和积极引导。有个孩子，他 1—2 岁时就很任性，又倔强，有人说他像他的奶奶：想要干的事，一定要做好，表现为有一种顽强精神；也像妈妈，他妈妈平时性格很和顺，但有时会表现得十分倔强，认准的事，一下决心，非要做好不可。任性与顽强之间有区别，也有一定的关联性。对此，家长应认真分析。有时，孩子的哭，也包含对大人权威的挑战。

有医学专家认为：婴儿出生后 3 个月，就有愤怒的情绪要发泄。宝宝虽小，但同样有物质和精神上的需求，加上他们自我情绪控制能力较差，语言表达能力有限，因此，常用发脾气的方式来表达需求和发泄情绪。我认为孩子的有关要求，能满足要尽量满足，可以增进亲近感。如果一时不能满足，也要给予解释。若一时不能化解，也要以冷处理为好。父母首先应当学会接纳宝宝的愤怒，让宝宝适当地宣泄自己的不愉快，在性格上得到均衡的发展。这与毫无原则地溺爱是两码事。孩子发脾气，也可以理解为对父母亲切的表现，因为，对父母发泄有安全感、满足感和归属感。作为父母，千万不可以粗暴与打骂来对待孩子，这会影响幼小心灵的健康发展。

有家长认为：孩子是"蜡烛"，对他"客气当福气"，主张用惩罚教育来获得立竿见影的效果。事实恰恰相反，惩罚教育会给孩子带来恐惧感。山东大学齐鲁医院儿科教授认为这将成为烙在他们幼小心灵上的伤痕。被打过的孩子，当他一见父母再次将手举起，马上就会出现惊吓和回避性动作，这是害怕再次挨打。这是心有余悸的条件反射，这是心理上的恐惧，这还会造成隐性的、潜在性的伤害，这不利于他们健康成长。中国著名的经济学家于光远教授讲过：在他的家里，对孩子不要说打骂，连威胁性语言都不允许出现。让孩子们在和谐的亲情氛围下成长、成才，家庭中的教育民主，不仅可行而且必要，成效极好。

婴幼儿时期在一生的情感发展和性格形成过程中有特别重要的影响。有许多专家都指出，婴儿和父母及看护者之间的良好关系，是婴幼儿时期良好人际关系的基础。[1]

因此，我们要以柔性关怀善待孩子的脾气与任性。脾气是成长的要素，需求的表达；任性与倔强含有意志性格中的顽强和坚强的潜在因素，需要保护和爱护。他们对父母的发泄，包含着对父母的亲切与依赖，应尽可能给予倾听和满足。如果一时不能满足，也要想方设法给他们解释清楚或转移其兴趣与注意，培养孩子延缓满足的心理品质，让婴幼儿能在与父母和谐的相处中，学会彼此理解、尊重和宽容，养成平和的心态和坚强的性格，使其健康成长。

三、理解婴儿的天真之笑

我孙子满 2 岁时，他爸爸给他拍了好几张照片。他妈妈去照相馆取回家后，这孩子抢着要看。他一见自己的彩照，不仅高兴地欢笑，而且还用左右手各拿一张手舞足蹈起来，并拿到大家面前展示他的照片。这显示了 2 岁孩子自我意识、自我认知、自我欣赏的能力在萌发。

---

[1] 杰姆·戈德法布. 天才之路 [M]. 张建民, 等, 译. 西安：西北工业大学出版社, 2002：4.

由于那天他特别兴奋，以至于到下午 2 点他都不想午睡。他父母强制他午睡，他还是不肯睡，而且哭得厉害，还边哭边喊："爷爷！爷爷！"此时，他爸爸将宝宝抱到我身边。我对宝宝见到自己可爱的照片而引起的兴奋表示理解。于是，采用安抚的办法，先给宝宝讲他以前的小故事，让他边听故事，边躺着。过了一会儿，他感到疲劳后由兴奋转入抑制性的安睡状态。这一实例告诉我们，在抚育中要理解、尊重孩子的心态和情绪，用柔性关怀可以取得特殊的成效。

关于婴儿的笑，著名教育心理学家加德纳在《艺术与人的发展》一书中提到：我们应把微笑当作通向婴儿情感状态的钥匙，这是了解婴儿心理的一扇窗户，又是与婴儿进行心灵沟通的桥梁。发展心理学在探索婴儿微笑的意义时认为：婴儿微笑是一种社会性的财富，父母和祖父母应竭尽气力，使婴儿产生这可爱的表情，去理解它丰富的意义。上述实例中，我家小孙子的微笑，既是看到自己照片后自我欢喜的认知性微笑，又是看到父母、爷爷奶奶大家喜欢后的一种社会性微笑。大脑的兴奋使他一时难以入睡。作为父母，应当给予理解和尊重，不可进行强制性的处理。要使孩子安睡，关键在于让孩子有一个温馨的睡眠氛围和愉悦、平和的心境，使他由兴奋转向自然性抑制，进入安睡的状态。这就是抚育审美化所要求的理解性关怀。

第三节　婴幼儿心灵美的早期抚育

抚育之美，美在真诚。真诚地对待孩子，要言而有信。诚信是立身之本，是未来走向社会的通行证。诚信品质要从小培养。

诚信品质如何从小培养呢？我们需要从承诺做起，因为承诺是诚信的试金石。我有一例，可供参考。

孩子 3 岁时的一天晚上，他翻阅起了我给他购买的《手工泥塑》一书，他兴奋地向我提出："爷爷给我买！"当时我想，这年龄段的幼儿喜欢玩泥塑是一件很好的事，这对他动手能力和想象力的培养均有好处，我应当给予他支持。可当时天色已晚，我估计附近商店已经关门，也许不一定有这类泥塑玩具能买，所以我告诉他："爷爷明天去买。"由于他求玩之心迫切，一定要我当天晚上就给他买。我为了让他获得一种彼此的信任感，就带他到附近几家超市去询问。我们一家一家去问，也进去看，结果使他有所失望。此时，他购物之心还没有放弃。我安慰他说："明天，我去大商场买，好吗？"他回答："好的，明天一定要买！"

第二天，在忙完一天工作回家的路上，我想到昨天晚上给孩子的承诺，觉得答应孩子的事，应尽量给予满足，要言而有信，切不可言而无信，否则对孩子的成长不利。

于是，我专程前往大型商场，去买橡皮泥。我发现，种类不少，就选了几样。有单色的橡皮泥，有彩色的橡皮泥……尽可能使孩子玩耍时能有多种选择。

那天，我回家很晚，他还没有睡，一见我，第一句话是："爷爷，橡皮泥买了吗？"我说买了，他十分高兴！迫不及待地要我拿出来，拆开包装盒。他边看图形介绍，边玩了起来，做了各种形状的泥塑。

那时，他妈妈问："爷爷好吗？"孩子说："爷爷好！"

我说："爷爷给你讲的话，不是做到了吗？以后，爷爷的话，你听吗？"他说："听的！"我又说："爷爷答应你的事，一定给你做到！以后，你答应爷爷的事，也要做到，好吗？"他说："好！"

我想这番话，孩子当时虽然不一定完全理解，但可以发挥潜在的影响。我认为，在教育孩子的过程中，一定要真诚地对待孩子，要言而有信。要相信，这种真诚的心，真挚的情，在孩子的心田里，可种下诚信的种子。

我在记下上述日记之后，看到我单位胡育老师在杂志上发表的文章《做说话算数的父母》。她引了康德的名言："诚实胜过所有策略。"她说，幼儿正处于长时记忆发展的阶段，给予孩子的承诺，他会记住几个星期。她在带孩子时，曾对孩子说："你在幼儿园听老师的话，妈妈来接你时，会给你买很好的玩具。"这一承诺，她记在心上，并切实践行。她的感受是：幼儿对父母的言行，有一种特殊的依赖感和信任感。孩子认为，父母的话不会不可靠的。因此，他们对父母的承诺会一直期盼着。所以,我们最好不要随便答应可能做不到的事。一旦答应,就要尽力实现承诺。为了孩子的健康成长,我们要给孩子一种真诚的态度,并在为人诚实的行为准则上作出榜样,使"诚信为立身之本"能真正在孩子心中生根发芽,成长结果。

第四节 给幼儿一双发现美的眼睛

培养好的情感、健全的人格,需要从加强审美教育着手。北京大学在关注人的生活、道德、情感、理智和谐发展的过程中,开设了人文通识教育课,其目的是将心智与情感体验的人文学所怀有的热情与学生进行交流。为此目标,他们选择了美国艺术教育心理学家理查德·加纳罗等撰写的《艺术:让人成为人》一书。该书的主题是让学生获得更大的信心去寻找自我,学会用审美的心态去面对人生。[1]

艺术人生需要从小进行审美教育。法国艺术家罗丹提出:美是到处都有的,对于我们的眼睛,不是缺少美,而是缺少发现。[2] 如何从娃娃抓起,让他们有一双发现美的眼睛呢?儿童教育家陈鹤琴认为,观察是开启幼儿智慧的一把钥匙,同时,他还认为爱美是幼儿的天性,所以他提出,幼儿欣赏美的能力的培养,可从审美性观察着手。[3] 如何从观察着手,让幼儿有一双发现美的眼睛呢?我在前几年与上海市浦东新区金童幼儿园徐玉杰老师一起开展了这方面的合作研究,从以下四个方面进行了探索。

一、审美性观察指导是提高幼儿心理素质的有效策略

审美性观察指导,是指在幼儿对自然、社会和艺术作品等产生审美感知的过

---

[1] 理查德·加纳罗,特尔玛·阿特休勒. 艺术:让人成为人(第7版)[M]. 舒予,译. 北京:北京大学出版社,2007:9,594.
[2] 李振澜,熊光. 中外名言大辞典[M]. 成都:四川辞书出版社,1991:886.
[3] 陈鹤琴. 陈鹤琴全集(第二卷)[M]. 南京:江苏教育出版社,1989:440.

程中进行有效的观察指导。普通心理学认为,一般性观察是指受思维影响的观察活动,人们称之为"思维的知觉"。而审美心理学发现,有另一种受情感影响的观察活动,被称为"情感的知觉",又称为"审美性观察"。这种审美性观察是指情感参与的观察,是一种带有移情性、愉悦性、选择性等情感色彩的审美知觉活动。学龄前儿童在认知活动方面具有强烈的情绪性和情境性,他们常常将自己的童心、童真、童趣,以及好奇、好问、好探究的心理带入观察活动中,这是幼儿审美的特点,对此,我们需要加以爱护和引导。然而,在幼儿心理素质培养的过程中,存在"三重三轻"的问题:重智育,轻美育;在观察指导中,重科学性培养,轻审美性培养;在传统的艺术教育中,重艺术技能与知识的传授,轻审美情趣和艺术欣赏的陶冶。这似乎成为顽症,长期以来得不到应有的重视。

审美教育,可以为幼儿健康人格的形成奠定基础。幼儿审美性观察能力的培养可以使幼儿左右脑的功能得到协调发展,可以使幼儿的知觉过程更有整体性、直觉性、生动性和丰富性,还可以使幼儿的认知更具有形象性、想象性、感染性和弥散性等心理特征。从小进行审美性的观察训练,是一种新颖的"心灵体操",它有助于幼儿心灵美的培养。

艺术智慧的发展不同于一般智慧的发展,它并不一定随年龄的增长而同步发展。如果在幼儿时期缺乏恰当的审美教育,那么幼儿早期的艺术潜能就会随着儿童逻辑思维的发展和认知世界方式与学习任务的改变而削弱、萎缩、消退以至消失。儿童审美心理学研究表明,2岁以后,特别是3岁左右的儿童是审美欣赏发生的敏感期。幼儿期是进行审美性观察能力培养极为重要的阶段,也是幼儿拥有审美的眼睛的关键期。

二、提升审美感知能力是培养幼儿发现美的有效方法

幼儿的审美心理结构主要包括敏锐的感知能力、丰富的想象力、对事物的理解能力等方面的内容。其中,审美感知能力对学前儿童来说是审美心理结构中最基本、最重要的组成部分,因此,幼儿审美能力的培养首先要从敏锐的审美感知能力培养开始。这要求我们在日常的教育活动中,有目的地引导幼儿通过观察去

感受自然万物中的生命形象，去了解自然万物的运动和变化。我们要善于利用这一心理机制，增强幼儿审美感受的敏感性，引导幼儿亲身感受现实世界的运动状态和富有节奏感、和谐感的美的特征，使他们从小具有较为敏锐的感知能力。在日常生活中，我们不仅要引导幼儿以敏锐的眼光去发现大自然的变化和美景，而且要引导他们关注父母、老师、小伙伴的各种友好的行为表现，去感受其乐融融的温暖生活，从中得到美的感受、爱的体验。在幼儿园的学习生活中，要充分发挥幼儿教育的审美培养功能，让幼儿的智慧和情趣在观察周围事物的过程中得到启迪，为他们心灵的成长提供源泉和活水。

三、审美性观察指导是提高幼儿审美能力的有效手段

幼儿主要通过对自然、对社会的观察来获得美的感受。为此，我们在教育实践中开展了以下三个方面的审美性观察指导和操作性研究。

(一) 运用精密观察法培养幼儿欣赏自然美的能力

幼儿的年龄特点决定了他们对自然界的各种变化具有观察的兴趣。因此，我们在日常生活中要善于捕捉幼儿的观察兴趣，引导幼儿对自然界中美好的事物进行细致入微的观察，从细节中发现问题，在平常中发现美景。

自然界中蕴含着无与伦比的美景，这些美景变幻无穷。教师要引导幼儿学会感受大自然给予我们的美。在亲近自然的活动中，上海市浦东新区金童幼儿园的教师带领孩子欣赏野外美不胜收的景色，感受自然界的勃勃生机。幼儿观察花草树木变美的过程，倾听树枝上小鸟的鸣叫声，观看眼前飞过的美丽的蝴蝶和勤劳的蜜蜂，寻觅刚从泥土中钻出的小草……教师还选择适合的取景视角，拍摄照片，记录下自然的美，让大自然中的景物达到最佳的审美效果。幼儿在自然界中探寻可亲、可爱、可赏的美景美物，在内心深处与美好的童话故事产生共鸣，获得自由与欢乐。

(二) 运用观察性学习指导法培养幼儿欣赏品质美的能力

幼儿社会性情感的培养，常常是在社会交往中与同伴做游戏时完成的。他们进入幼儿园之后拥有了同伴，获得了许多社会交往的本领，掌握了一定的社会行

为准则，养成了合群、守纪律、谦让、互助和共享等品质。正如社会认知论倡导者班杜拉所说，人类行为通过对榜样的观察获得。要让幼儿对榜样进行观察性学习，教师需要吸引幼儿的注意力，引导其观察身边榜样人物的行为和结果，从而提高他们欣赏品质美的能力。然而，在幼儿园一日活动中，许多教师发现，幼儿在观察他人行为时常找别人的差错，见到鸡毛蒜皮的小事，就喜欢在老师面前频繁地告状。据教师们的初步统计，平均每天有60%的中大班幼儿要向老师告状，有的幼儿每天的告状次数达5次之多。这不利于幼儿心理的健康发展和品质美的培养。为了改正这一弊病，教师引导幼儿去寻找小朋友的闪光点，还要求他们看得仔细，讲出道理。

审美性观察指导，不仅要引导孩子看到同伴的良好行为，而且要引导他们感受到行为体现出的优良品质。有一次，孩子们做完游戏，忙着洗澡和穿衣时，一个小朋友换洗的裤子找不到了，他哭了起来。坐在旁边的晓杰主动关切地说："我来帮你找一找！"晓杰开始想帮助他找到裤子，但没成功，后来又考虑将自己的裤子借给他……看到晓杰的童心善举，周围的小朋友深受感动，纷纷加入关心同伴的行列。晓杰设身处地关心他人的好品质，使周围小朋友从观察中得到了教育。

在幼儿人格发展的过程中，没有什么比培养爱和善良的品质更重要了。要在幼儿心中播下爱的种子，重要的教育策略就是引导幼儿参与审美性的观察，让他们从观察小动物和关心周围弱势群体中获得同情心。

（三）运用鉴赏指导教学法培养幼儿欣赏艺术美的能力

幼儿艺术教学通过让孩子欣赏或创作绘画作品、雕塑作品、手工艺品、建筑物等，提高对艺术美的感知与表达能力。在幼儿艺术教育中，教师应引导幼儿用鉴赏的眼光去观察和感受作品的造型、色彩、构图等，去观察周围环境中事物的结构、特征、运动模式，并鼓励幼儿运用多种方式表达艺术作品的美。

艺术教学不仅关注幼儿知识与技能的增长，而且重视幼儿审美能力的提升。例如，在引导幼儿欣赏民间艺术作品时，教师与他们一起搜集无锡艺人制作的泥娃娃和金山的农民画，让他们从形象生动、形态各异、色彩鲜艳的大阿福和欢快的农家乐画作中，感受中国民间艺术的独创性，从中获得强烈的美感体验。

要提高幼儿的审美水平，就要提供高质量的艺术作品，发掘幼儿的审美潜能，使他们获得和积累丰富又宝贵的审美体验，形成敏锐的审美能力。名家名作是人类智慧的结晶，教师可以选择与幼儿生活经验贴近的作品让幼儿欣赏，开展"与大师对话"等活动，引导孩子们感受美。比如，上海市浦东新区金童幼儿园选择著名画家丁绍光的作品，让幼儿感受画像中女性的造型美。孩子们将赏画的感受转化为对审美的体验，他们按照对艺术作品的观感和理解，来表现自己妈妈的美丽形象，在画妈妈的过程中，情感得到升华。

审美感知能力的培养，涉及艺术表现能力的提升。在教学实践中，教师先让幼儿观察所画对象，引发幼儿的观察兴趣。比如，画高楼之前，教师利用环境优势，带领幼儿有目的地观察周围林立的高楼大厦，观察风格迥异的各类建筑，引导幼儿将每座高楼看作艺术品来欣赏，来赞美。作画时，教师指导他们描绘出观察到的美景，使每一幅画都凸显童心、童真和童趣，使之情趣盎然，各有特色。

四、培育幼儿审美能力的关键在于提升教师的审美水平

在幼儿审美性观察指导中，教师犹如一位美的使者，除了发挥引导和激励的作用之外，其本身应是美的化身，是幼儿心目中美的偶像。要让幼儿拥有一双审美的眼睛，教师就要拥有一颗超乎寻常、特别敏锐、善于发现美的心灵。在与幼儿的交往中，当美景、美德出现和闪光时，教师应能在第一时间敏锐地觉察并及时地捕捉到，使之成为审美教育的资源。

在与幼儿相处的过程中，成人也要用艺术家的眼光去发现幼儿的智慧之真、道德之善、心灵之美，学会从幼儿的稚拙中看到天真，从玩耍中看到才能，从好奇中看到睿智，欣赏他们成长中的童心、童真、童趣，鼓励他们不断地认识自我，发展自我。

第十章 培育的个性化

20世纪90年代,华东师范大学心理学系缪小春教授主译了儿童心理学教科书《儿童发展和个性》,他寄赠予我,我十分感激,并认真地阅读了全书。此书多处提及婴幼儿发展中的个性差异。相关内容给我留下了深刻的印象。20世纪末21世纪初,我家两个孙辈宝宝相继出生后,我在跟踪研究中发现,他俩的气质类型、性格特征等方面,既有相同点,又有明显的差异。对此,我作了较为详细的观察记录。

第一节 两个不同气质类型的宝宝

桑标主编的《当代儿童发展心理学》一书中提及了影响个性形成的因素——生物因素、社会因素和个体的自我意识等。生物因素主要包括先天气质、体貌体格、成熟速率等。社会因素主要包括家庭、学校、同伴等。先天气质是指情绪反应、活动水平、注意和情绪控制方面所表现出来的稳定的个体差异。气质为性格特征之一,在新生儿阶段即表现出来。比如,有的婴儿安静爱笑,有的好哭,这必然影响其父母或哺育者与婴儿的互动关系,从而影响其性格的形成。国外有专家从九个维度进行了研究,概括得出,婴儿的气质主要有三种类型。第一种,容易护理的安静型。这类婴儿饮食、大小便、睡眠都有规律;心境、情绪比较愉快、积极;乐于探究新事物,在新事物与陌生人面前表现出适度的紧张,对环境的变化容易适应。这类婴儿约占被试总数的75%。第二种,困难型。这类婴儿活动没有什么节律,对新环境很难适应,常常哭闹不止,占被试总数的10%。

第三种，"慢慢活跃起来"型。这类婴儿属于慢性子，约占被试总数的15%。研究表明：气质是影响儿童日后心理健康的重要因素，不过，气质并不是不可改变的，父母的行为能在相当大的程度上改变儿童的气质特点。[1] 我按上述论述，就两个孩子在气质上的差异，作一分析。

一、活动、适应和探索等方面的差异

我家两个宝宝——孙子晓杰和外孙仁仁，总体上均属于容易护理的安静型婴儿。但是，从活动水平维度分析，晓杰的活跃度更高些，表现为兴趣面较广，喜欢的玩具较多。仁仁喜欢的玩具种类没有晓杰多，可对婴幼儿读物的喜欢程度，仁仁更强些。

在适应性上，晓杰有一个明显的特点：他对待环境和小伙伴比较随和。幼托班老师在调查中发现，班级中的19位小朋友喜欢晓杰，晓杰是班上受喜欢的第一名。而仁仁，在幼托班接触的小朋友不多，很少有小伙伴注意他，但在适应能力上有其独特性。表现为，刚进幼托班时，许多小朋友分离性焦虑十分严重，不少孩子见父母离开，哭声不止，而仁仁对此情景作出了议论，引起托班老师的注意。他说："哭没有意思，哭没有用。"他能自找玩具来转移自身的注意力，分解自身的焦虑情绪。因此，老师认为，这孩子虽然从小交友面不广，但有一种自主性的适应能力，十分可贵。

在探索性和执着性上，仁仁特点明显。他喜欢的事，一定要独自去做到。他9个月时，坐车到站，他不要大人去扶他，一定要想方设法自己站起来，表现得十分顽强。

在节律性上，仁仁有早睡早起的习惯。晚上7点左右就睡，早上5点左右起来，即使有时早醒也不哭不吵，能自主寻找玩具，自娱自乐。

二、有关气质类型的分析

关于人的气质类型，古希腊名医希波克拉底（Hippocrates）在《论人的本

---

[1] 桑标. 当代儿童发展心理学 [M]. 上海：上海教育出版社，2003：342.

性》一书中提出，人体内有四种不同的体液，按其体液之不同，人的气质有四种：多血质者，好动；胆汁质者，易怒；黏液质者，行动迟缓；抑郁质者，悲伤易怒。这一假说给后人启迪。到 20 世纪初，精神分析学派荣格（Carl Jung）著有《心理类型学》。他将人的类型分为外倾型（外向者）与内倾型（内向者）。外向者常常与外在的客观世界比较和谐一致，而内向者常常与内在的主观世界比较和谐一致。后来，西方心理学家艾森克（Hans Eysenck）从生物类型学角度，将多血质者与胆汁质者专列为外向者，将黏液质者与抑郁质者专列为内向者。他认为：多血质者的特点是外向又较稳定，表现为开朗、随和、活泼、无忧无虑、善于交际；胆汁质者，外向而不稳定，活泼、敏感与兴奋，又多变、好冲动；黏液质者内向而较稳定，表现为平和、深思、谨慎、可信赖、有节制，但较被动；抑郁质者为内向而又不稳定，表现为文静、不善交际、悲观、刻板、焦虑。他认为：外向者与内向者各有优势与特点，外向者精力充沛，健谈、热情，但易冲动；而内向者认真、细致、安静，但不善于交际。按艾森克的说法，外向与内向的主要差异，不专于行为，还有生物学和遗传素质等方面的原因。此外，他还认为，人格发展是社会化的结果，心理倾向还会受到社会环境与家庭教育、学校教育的影响。

艾森克认为，内向者喜欢在安静的环境中，使用独立的阅览桌椅沉静学习，而外向者喜欢社会化区域，能在听觉和视觉刺激较高的环境中学习，两者对周围环境安静度的要求和适应方式有所不同。[1] 荣格认为，内向者性情羞怯，喜欢独处，情绪不外露，常处沉思中。内向者的优势在于注意力能高度集中，在沉默寡言中深思，他们不喜欢抛头露面，有自我保护精力的功能。有人将内向者比作需要充电的电池，它需要自我储存能量。而外向者犹如太阳能的电池板，需要到外部世界去四处活动，来获得充沛的精力。这是人格形成与发展中的差异。古人云："尺有所短，寸有所长。"外向者与内向者各有优点和缺点。两者的主要区别有三点：一是"充电方式不同"，外向者需要从外部世界获得活力，而内向者需

---

[1] 里赫曼. 人格理论（第八版）[M]. 高峰强，等，译. 西安：陕西师范大学出版社，2005：193.

要从自己的内部世界获得精神能源;二是对刺激的反应不同,外向者喜欢感受和体验大量的外部刺激,而内向者更多的是喜欢体验自己内心的感受;三是交往的广度和深度不同,外向者喜欢广交朋友,内向者交友喜欢少而精、深而久,情深意切。著名科学家爱因斯坦小时候是一位很安静且孤僻的旁观者,一度不被老师看好。后来,学校创造了适合个性发展的教育环境,使他的内向者的优势潜能得到了很好的发挥,为他后来取得学术成就提供了条件。[1]

根据上述类型学的分析,我对照晓杰与仁仁的观察研究,认为他们带有综合特征,两者既有相似性又有差异性。再进行仔细比较,晓杰似乎偏向于外向又稳定的类型,表现为开朗、活泼、随和、无忧无虑、交际面较广。晓杰从小常以微笑对人,交往活动中较活泼。他的幼托班老师对他的评语是:晓杰性格很开朗,他想笑就笑,想哭就哭,想说就说,所以大家与他容易接触。而仁仁,较为内向,平和又平静,兴奋与抑制能力均较强。与晓杰相比,仁仁的抑制能力更强些,想做的事情,一定要做到自己满意为止。仁仁托幼班的老师对他的评语是:一个慢吞吞、笃悠悠的孩子。他做事和动作有一个明显的特点:慢。他吃点心慢,走路慢,说话慢,洗手慢……老师还认为,他慢中有细,观察细致,规则意识强。

有关慢性子孩子的教育问题。有书认为:慢养,可给孩子一个好性格。慢教育有利于孩子成长、成熟、成才。因为慢工能出细活。教育是慢教育,科学是慢科学,艺术是慢艺术。为此,对慢性子要尊重、爱护。如何因人而异,因势利导,因材施教呢?我与仁仁幼托班的黄建春老师进行了合作研究,详见本章第二节《一个慢吞吞、笃悠悠孩子的抚育策略》。

第二节　一个慢吞吞、笃悠悠孩子的抚育策略[2]

黄建春老师对仁仁最深刻的印象是:他做任何事情都是慢吞吞、笃悠悠的。

---

[1] 莱利.内向者优势:如何在外向的世界中获得成功[M].杨秀君,译.上海:华东师范大学出版社,2008:19.
[2] 这部分与上海市浦东新区博山幼儿园黄建春老师合作完成。

吃点心时，别的孩子五六分钟就吃好了，他十多分钟还没吃完。周围小伙伴换了两批，他还是慢吞吞地边看边吃，东张西望，身子扭来扭去，似乎心不在焉，不知道在想些什么。老师催促他几下，他才喝上几口。如果老师不提醒他，他还可以继续张望下去。他走路与参加户外活动，也是这样。他接受老师指令去行动，常常要比其他同伴慢一二拍，有时要慢三四拍。早锻炼自由活动后，老师说："小朋友，把玩具一样一样地送到玩具家里去，然后，跟老师一起做早操。"此时，他略有反应，能将小脚边的小青蛙玩具拾起来，可就是东张西望地看其他小朋友行动，而他自己却将玩具拿在手中，迟迟不去放。其他小朋友跟着老师去大操场做早操了，可他还在小操场慢悠悠地走着。老师催促他多次，他才加快了一点脚步。可是，等他走进早操队伍时，大家早操都做完了！

平时的游戏活动和动作训练中，老师也发现仁仁的不少动作有一定的滞后性。例如，在骑小猪比赛时，其他小朋友动作比较协调，速度也较快，而仁仁的动作既不协调，速度也很慢。

高速发展的信息社会中，各方面的竞争非常激烈。在"时间即生命""速度即效率"的氛围中，这样慢性子的孩子要如何去适应时代的需要呢？这使黄老师有些着急。此时，她提醒自己，教育这样的孩子，切不可操之过急，需要对其性格与气质类型进行仔细分析，因人而异，因势利导和因材施教。

一、认识差异，尊重差异

世界上没有两片叶子是相同的。正因为有了差异，整个世界才千差万别，多姿多彩，灿烂缤纷。

差异心理学告诉我们：个体之间存在着广泛的差异，包括生理结构和机能上的差异，气质与性格类型的差异，也有行为动作、语言表达、认知风格、情绪情感等方面的差异。我们不能用统一的模式、同样的速度去要求幼托班的孩子，而要去适应千差万别、发展各异的孩子。俄国哲学家别林斯基说过，教育以人的天资为依据，才具有真实和伟大的意义。中国古代教育名著《礼记·学记》中也讲过："知其心，然后能救其失也。"现代心理学家艾森克认为：人有外向性与内向性、不稳定性和稳定性的差异。具有外向性和不稳定性特征的人，常常表现为易兴奋、好冲动、敏感、活跃、多变、快速等，而具有内向性和稳定性特征的人，好安静、爱思考、富想象、细观察、动作较慢，但做事细心，能守规则，不鲁莽等。

我在对仁仁的观察研究中发现，他虽然动作较慢，但记忆力很好，掌握知识的速度较快，知识面较广，语言表达清晰，想象力丰富，观察仔细，辨别能力较强。在一次辨认汽车颜色的游戏活动中，老师拿出一辆紫色的玩具汽车来让大家辨色，许多小朋友都答错了，只有仁仁答对。玩开汽车的游戏时，有不少小朋友将车站的名字和顺序说错了，而仁仁却一一给予纠正。他不但记站名十分正确，而且每个车站的前后顺序也说得清清楚楚。有一天，他看到滑梯下面的小屋内有许多孩子在拥挤、吵闹，他跑去告诉老师："老师，老师，那里要爆炸了！"老师问他："为什么说那里要爆炸呢？"他说："你看，这么多人在挤来挤去，这么吵！"原来，拥挤吵闹的场面出现时，在他的想象中，似乎人群在爆炸。

我在仔细的观察中还发现，像仁仁这样一位比较内向的孩子，在群体游戏活动中，规则意识较强。玩具较少时，有小朋友为此争抢不止，他会说："老师说的，不能抢玩具，要等别人玩好再玩。"有时，还要拉老师一起去纠正不守规则的同伴。一次，在进行运动会进场彩排时，仁仁和倩倩两个手拉手走在队伍最前列，老师要求孩子们各自走在黄线的两端，以使队伍整齐。可倩倩就是不依，仁仁急得直叫："老师，老师。"直到倩倩按要求行走为止。

二、研究差异，引导差异

差异心理学认为：气质与性格类型上的差异，具有先天的遗传性、自然选择性和功能上的双重性等特点。不同类型的气质和性格特性，本身不能决定人的社会价值和智力水平。不同的个体类型，都具有积极的一面和消极的一面。多血质的人有朝气、灵活，但缺乏一贯性；胆汁质的人，热情开朗，但任性暴躁；黏液质的人，稳重踏实，但生气不足；抑郁质的人，敏锐、稳重，但缺乏热情。关键在于我们如何引导。比如，胆汁质类型者，一般属于外向型，好冲动，易发火。

就发火发怒本身而言，很难有好坏之别，要看对谁发火，发什么火，发火的分寸如何把握。古希腊哲学家亚里士多德说过，任何人都可能发火，发火不难，但要做到为正当的目的，以适宜的方式，对适当的对象，适时适度地发火，这不容易。

仁仁性格较为内向，在家里有时也会发火，可在幼儿园，他很少发火，很听话，比较安静、安稳。他虽然动作较慢，胆子较小，可做事细心，观察细致。有一次，他从盥洗室出来，拉拉老师的衣服说：" 老师，你看这个垃圾桶坏了！脚不踩，盖子也翘着。" 老师走过去一看，果然如此。从这里进进出出的其他小朋友都没有注意，唯独仁仁观察仔细，能发现问题。这是我们需要培养的好品质。因此，老师不仅修好了垃圾桶，还在小朋友面前表扬了仁仁。

经过长期的相处，老师还发现仁仁的动作发展有一定的滞后性，比如，其他小朋友爬攀登架，不但动作协调，速度快，而且胆子也比仁仁大得多。分析其原因，既与他的内向性格有关，又与他所处的周围环境有关。他家住高层，平时上下都是乘电梯，较为方便。可是，这使得他爬楼梯少，锻炼脚劲的机会减少，势必给他走路动作的训练带来负面影响。再加上他在其他方面受到过于小心的呵护，使他的胆子比其他小朋友要小一些。

对此，如何引导呢？

三、有差异的性格需要有差异的教法

对慢性子孩子的教育，不可性急，要慢慢来。

（一）以亲为先，以顺为主

对于性格较为内向的孩子，教师要更多地亲近他们。仁仁来园时，他常常有礼貌地叫一声：" 老师好！" 此时，老师就亲热地去抱抱他。这可以使他感受到老师可信和可亲。他的脸颊常常紧贴着老师的脸，表现得很惬意的样子。仁仁还将家里最近发生的事一件一件地告诉老师。婴幼儿正处于情绪感受最敏感的时期，又是社会性依恋形成的奠基期。内向的孩子对老师的表情、行为举止、语音语调，常常比较敏感。因此，老师的态度对孩子性格的形成有重要的影响。

由于老师的亲热，这孩子看到老师也特别亲切，常常依偎在老师的身旁。他有几天生病，没有来幼儿园，对幼儿园新教的儿歌，他不熟悉，怕跟不上。于是，老师对他进行个别指导。比如，"小手小手拍拍，欢迎客人进来！小手小手招招，请你下次再来！""大拇指，你在哪里……"这些儿歌仁仁很感兴趣，他不但有学习的愿望，而且学习时注意力特别集中，所以学得很快，还加上动作的配合。老师夸奖他很聪明，他很高兴，很快就融入班级活动之中。

（二）创造机会，多加训练

由于仁仁的动作较慢，所以，玩具常常被小朋友捷足先登。这个时候，他会一个人，不争不吵不抢，做一个旁观者。长此以往，他可能会损失好多锻炼的机会。于是，老师就给予他更多活动的机会，弥补上述的不足。一次，老师见他空着手，就拿出10个大塑料圈，组织其他小朋友与他一起玩。这既有大运动能力的培养，又有小朋友之间的社会性交流。他不仅玩得开心，而且加强了与小朋友之间的交流。

（三）教师参与，师生同乐

仁仁在初进托班时，不像其他小朋友那样抢着玩耍。他有时可以一样玩具也不选，只是东看看，西摸摸，优哉游哉，无所事事。老师见此情景，就招呼他一起来玩拼板拼图游戏。他会告诉老师哪个是圆，哪个是尖，哪个是方形。他会一面放，一面转。他的图形认知能力是很强的，只是不够合群。于是，老师先和他一起玩，见到他的拼图水平很熟练时，就要求他去教其他小朋友如何拼图，让他当小老师。这样做，可以达到师生同乐、生生同乐的目的。

（四）不断鼓励，增强自信

一次画皮球的活动中，老师发现仁仁的握笔手势不对。他用四个手指及大拇指一把抓着蜡笔，在纸面上乱画乱涂。画面上留下的痕迹，不是圆圈，而是条条斜线。于是，老师就手把手地教他画圆圈，还编了儿歌："圆圆圆，像皮球。"当他画了一个基本封口的圆之后，老师表扬他画得好："仁仁的皮球不漏气！"这一下子，在老师的鼓励下，他画圆的劲头来了。在短短的几分钟内，他一下子画了五个皮球。虽然形状不一，有的皮球甚至是尖尖的、扁扁的。老师说那是橄榄球,他开心地笑了!

在父母和幼儿园、小学、中学、大学老师的关心和培育下,仁仁总体发展很好。

初中老师对他的评语是:沉稳守规矩,学习特别认真,平时藏而不露,勤于思考,学习上发展全面,涉猎广泛,成绩优秀,担任班级工作表现出色。

高中部主任说他是一位与众不同的孩子,因为在学校、家庭、社会的和谐天地里得到关爱、教育和滋养,他的成长才能够如此自由、美好。从校园出发,读书论道。

仁仁后来考入大学攻读自主选择的专业。他学习认真勤奋,学风严谨,成绩优秀,与同学相处得很好,受到老师的喜欢,节假日还坚持体育锻炼,这对提升整体机能及培养自主自信自强的品质大有帮助。现在,他正朝着自己自主选择的方向努力奋斗着,相信他的未来发展将更美好。

第三节 成长中"不同步综合征"的分析

一、问题的提出

我见到过一位很有才华的人,各种能力极强,包括学习能力、活动能力、组织能力,甚至表演能力,可称为出类拔萃者。他在回忆录中写道他童年时代有一个毛病,就是憋不住尿,常尿湿裤子,还爱尿床。有一次,他上课时急着想上厕所,还没有等跑到厕所,就尿裤子了。当年,老师给了他特别的关怀,他有需要时,能随时离开教室上厕所,不用报告。就是这样一位憋不住尿的孩子,由于他其他各方面均好,还当选为学校少先队的大队长。他回忆这一童年历史时,感受最深的是老师的包容和尊重有特殊需要儿童的教育环境。我从其他资料也看到,法国有专家在对天才儿童成长过程的研究中,发现在特优、质优超群的孩子身上,有一种发展能力不同步的情况。其实,不仅在天才孩子身上,在一般孩子身上,也有上述情况的出现。某次参加资优教育国际会议时,我认识了一位少年大学生班的班主任,她也给我提及她所看到的成长的"不同步综合征"的种种情况。这更加引起了我的关注。

二、一个案例引起的思考

我在给0—3岁家长作抚育报告时,有家长给我提供了一个实例。男孩1岁9个月时,常尿在身上,父母在给他换裤时问他:"你长得那么大,为什么尿尿事先不讲?"家长还讲:"我们过去多次给你讲过,尿尿拉屎要事先给爸爸妈妈讲一声。这样,我们可以帮你做拉裤子的准备。"

面对上述情况,有家长在分析原因时认为:"我们过去不知讲过多少遍,也许他没有听进去。""人家小孩上厕所都能讲,这也许是与父母打有关。孩子只要一打,他们就记牢,不打不会记牢。后来我们也给他打几下小屁股教育教育他,让他记住。"

又有家长在旁边插话说,他家的孩子也是这样,别的事样样懂,就是上厕所不会讲。因此,他们采用边打边教的方法,告诉孩子:"以后要小便,讲'尿尿',要大便,讲'便便'。"哪知道不到半小时,孩子的裤子又湿了。这使父母十分烦心与困惑。

三、问题的解决

(一) 有关症结

在大人看来,婴幼儿排泄似乎十分简单,可对孩子来说,却很不容易。因为这涉及"尿意与便意"的问题,也与膀胱尿道功能以及遗传因素、精神因素等有关。据调查,如果父母一方有遗尿病史,孩子遗尿发生率为40%,若双方都有遗尿病史,则孩子发生率高达70%。从尿意与便意角度分析,这涉及自我感觉、自我感受、自我意识、自我控制、自我调节等因素。从生理机能上说,还与宝宝括约肌的训练等因素有关。对贪玩孩子来说,这又涉及兴奋与抑制时的机能。当然,也与语言表达能力,担心尿湿的心理恐惧与焦虑有关。有研究还发现,不同性别的孩子、内向与外向的孩子,在这方面的表现也有所不同。贪玩的孩子,一时过度兴奋,忘了上厕所的情况也会出现。对难以控制的孩子,我们千万不要责备,更不可简单训骂。因为此时,孩子比父母更难受。父母的责备不仅会影响孩子的身体健康,而且会给孩子造成心理上的压力,影响孩子的自尊心与自信心,甚至会导致孩子注意力不集中、心理焦躁、多动与孤僻等心理异常。因此,抚育者要给予孩子细心观察、耐心处置,给予积极引导。

(二) 排泄的引导

婴幼儿在排泄能力与习惯形成上,有个体差异。有孩子1岁就能有所控制,一般情况下,1岁半到2岁之间,孩子就能自行控制排泄。家长不能性急,有的婴幼儿会比一般标准稍有延迟。责怪与强制只会使婴幼儿对排泄产生恐惧感。有孩子被责怪后,会误解排泄是不好的,而拼命忍住尿意和便意,这就导致反效果。有专家认为,有效的办法是心理学式的指导法,即父母在细心观察中,发现宝宝有排尿排便的行为或表情时,要主动地问:"是不是要尿尿?"当他点头时,就要及时表扬孩子的聪明。当婴幼儿了解到自己有尿意、便意时,能及时告诉父母时,会得到父母关心与帮助时,他们以后会高兴地主动要求父母帮忙,与父母形成双向配合。孩子尿湿后,父母在帮助其换裤时,切勿责怪孩子,要相信父母的关怀会使孩子顺利渡过难关。若发现孩子热衷于游戏,忘了方便,父母要给予提醒,这样,会使尿湿裤子的现象逐渐减少,以便增强孩子的自控能力和引导孩子主动要求父母关心、帮助。

第四节 早期多元智能的萌发[1]

加德纳有关人际智能、自我认知智能等多元智能理论的提出,给我们研究婴幼儿的情感发展带来了新的视角,也打开了新的窗户。我们的观察对象是一位聪明好学的幼儿,但在人际交往上胆小、腼腆,社会交际能力不太强。在跟踪观察研究的过程中,我们记录下了四则典型案例,并给予分析。

---

[1] 本节基于课题"一名2岁6个月孩子的跟踪观察研究"撰写。合作者:黄建春,上海市浦东新区博山幼儿园高级教师。

(一) 观察记录之一：报名

仁仁2岁6个月时，在妈妈和邻居大妈妈的陪同下前来幼托班报名，他有些紧张。他见到活动室有大型钻洞玩具——"毛毛虫"，见到许多小朋友兴高采烈地从"毛毛虫"的洞口钻进去、钻出来，似乎被吸引住了。他在旁边看了又看，似乎想玩又不敢玩。在老师们的鼓励下，他蹲下身子，一只脚刚想进去，见里面比较暗，又比较深，就赶紧退了回来。在老师的再次鼓励下，他终于鼓起勇气，开始钻洞。可是，钻了五分之一的距离，他挂着要哭的表情又退了回来，接着就哭了起来，叫喊："妈妈我怕。"

在走小山坡时，他也感到害怕。他见到爬梯时，想爬，但又不敢爬，只是看看。

老师带他做其他动作游戏时，发现其小手的精细动作能力较差。比如，用小勺将绿豆从一只碗舀到另一只碗时，他不会用勺，而用手代替；吃糖果时，他选了酸枣糕，可不会剥，在老师的鼓励下，他自己动手剥，但未成功。老师说："要不要老师来帮忙？"他点点头。

仁仁胆小，除因对周围环境有陌生感外，从多元智能的角度来看，胆小的孩子，至少对自己的能力认识不足，认识偏低或认识过低。个体对自己的感受的审视与认知，就是加德纳所说的内省智能，又称"自我感"。如何帮助仁仁提高对自己能力的认知水平，增强其自我感，即重视内省智能的培养，这应是教育研究的重点。

同时，多元智能理论十分重视个体的身体运动智能的发展。加德纳认为，个体不同的行为以微妙的方式结合起来，去进行思维运算。比如，幼儿握勺与抓物，总是先把够物与视物这两个动作结合起来进行。这中间存在着行为动作的复杂化和精细化的过程，这里既有发展的差异性，又有教育的功能发挥等问题。按《上海市0—3岁婴幼儿教养方案（试行）》的要求，婴儿用小勺进食动作训练，从13—18个月就可开始。仁仁2岁6个月了，在用小勺等方面的动作不熟练，反映了他某些动作智能的发展还存在着滞后性，这需要老师在带班中加以注意。

(二) 观察记录之二: "他是一个不说话的人"

　　仁仁来园的第一个月,除了有一个星期因大妈妈离开哭了几天之外,大部分的时间是一个人独处一方,一声不响地在独坐独玩中度过的。平时活动也是自娱自乐。一天上午,老师带小朋友去戏水池看中班的哥哥姐姐抓鱼,好多小朋友开心地与哥哥姐姐呼应着:"哟,这里有鱼。""又抓到了一条了。"可不一会儿,老师发觉在身边的仁仁不见了,急忙四处寻找,结果在小操场的运动器具处找到了。他一个人在一间小屋内自娱自乐着。

　　这一阶段,老师总是千方百计地去亲近他,并与他讲悄悄话,可他采取的态度是:不理不睬、不声不响。有时,老师组织孩子们活动,其他小朋友能积极响应,而仁仁却从不回应,总是一个人坐在教室的一角,不知道在想些什么。有小朋友称他是"一个不说话的人"。如何让仁仁开口说话?又如何让他融入孩子们的群体之中呢?这正是放在老师面前亟须研究的问题。

　　皮亚杰认为,2—3岁的婴幼儿处于自我中心阶段,儿童在这一时期仍锁在自己个人的世界中,他尚不能完全把自己置于别人的地位上。他们是一个单维度的人,是一个孤立的个体,是一个内在的社会人。为此,老师思考,仁仁刚来幼托班还不到一个月,是否要急于让他开口?是否马上要他融入群体之中?是否要马上对老师进行积极的回应?通过仁仁的家人,老师了解到,仁仁在家里话是不少的。所以,老师改变主意,不急于改变仁仁的性格特点,而是更仔细地进行观察,以便进一步了解、应对。

(三) 观察记录之三: "哭没有意思"

　　仁仁来园的最初两个星期由大妈妈陪伴,分离性焦虑主要表现为情绪不安,或一个人独自静坐在小椅子上。他总是在能看到大妈妈的范围内,观察着那些哭闹的孩子,有时还以同情的心态,送餐巾纸给哭闹的小朋友擦擦眼泪和鼻涕。

　　两个星期后,大妈妈不再陪同,他分离性焦虑表现得十分明显。在大妈妈送他来园之后,他总是紧紧地搂抱着大妈妈,不愿走进教室。见大妈妈离开时,他哭叫得十分厉害。他边哭边闹地叫喊着:"我要回家。""我要妈妈！"……老师抱着他，可他还是哭个不停。在不得已的情况下，老师将他抱到园长室，防止影响其他小朋友的情绪。他却从老师手中挣扎出来，独自一个人走到自己的教室，表示不愿在园长室久留。

这一阶段，仁仁总是哭哭停停、停停哭哭，约有一周。到第四周，他表现为不哭不闹、不声不响，总是一个人闷坐于教室的角落。有一天，老师对仁仁说："今天你表现很好，没有哭嘛！"他回答老师："哭没有意思。"据他家人反映，这一阶段，他回家讲得最多的两句话是："哭没有意思。""哭没有用。"他用这话一直在进行着自我安慰，以此来排解自己内心的不安和焦虑。

仁仁用语言来进行自我安慰，这说明 30 个月左右的孩子，不仅能忍受与过去的依恋对象在一段时间内的分离，而且他们的自我意识和自我情绪调控能力也在增强。其中，有些孩子还能用语言自我安慰等方式来宣泄自己的不安情绪或缓解焦虑的心情。仁仁在这方面有较强的情绪自我调控能力，老师就对此加以表扬和鼓励，以更多的亲吻、拥抱、糖果和语言表扬等方式来肯定、巩固他的自我安慰能力。同时，这又为他融入群体提供了条件。加德纳在《智能的结构》一书中也提出，婴幼儿人格智能的形成，如果没有群体来提供相关的参照，那么个体（像野孩子一样）便不可能发现他是"人"这样一个事实。这一实例很能说明这一点。

加德纳说，2—5 岁的婴幼儿正在经历着一场"理性革命"，他们能用符号称呼自己，称呼别人及谈论自己的经验。仁仁在自我缓解焦虑时所说的"哭没有意思""哭没有用"，正是他自我经验的一种表达，显示他能运用语言符号来调控和发展自己的人格智能，我们应对此特别重视。

多元智能理论似乎不强调性格的外在表现特点，而更多地关注其"自我感"及自我调控能力的发展。过去，我们对内向型婴幼儿的负面因素看得较多。通过这一观察研究，我们看到"不说话的人"的内心在说话，而且，一旦他们说出话来，其水平也许会超过他人。这提示我们，对内向型婴幼儿的"自我感"的研究还有更深入和更仔细的空间。

(四)观察记录之四：拼板

十月上旬这几天，仁仁对拼板活动产生了浓厚的兴趣。他一早到幼儿园，就与薇薇等几个小朋友一起拼板。拼了几块后，还招呼老师跟他一起拼，并指着底板对老师说："这里是圆的（指底板上的空缺处），这里也是圆的；这里是尖的，这里也是尖的。你放下去，要转一转，正好，这样就拼好了。"老师认真地听他讲解，并积极回应他的指挥："哦！原来是这样拼的，我明白了。"

老师边说边按照仁仁指点的方法去拼，一会儿就拼好了！仁仁高兴地拍着小手说："对了，对了。"

拼板和拼图等游戏是发展空间智能和动作智能的好工具和好途径，它们可以让孩子从识别图形着手，去培养视觉和运动觉的协调能力，还可以发展孩子的小肌肉群和精细动作等能力。

婴幼儿的游戏有时需要成人参与，他们有时非常喜欢指挥大人。大人的配合可以增加他们的兴趣，加强他们对自我感和成就感的体验。

(五) 体会和反思

这一组观察记录，只是我们进行个案观察研究的第一步，虽有许多不足之处，但也有不少感受和体会。

第一，要把观察研究放在首位。3岁前儿童有其发展和学习规律。教师要做到按幼儿的发展规律来组织活动，这就需要仔细观察和悉心研究，了解幼儿身心发展的特点。例如，在入园初的观察中，我们发现有小朋友能在自我安慰和互相安慰中缓解分离焦虑。于是，我们加以表扬与鼓励，使更多的孩子能够消解焦虑——这得益于观察研究。

第二，要积极倾听婴幼儿的心声。《联合国儿童权利公约训练手册》中讲到："孩子是上帝派下来教育父母的人。"我想，这话包含的另一层意思是，孩子也是上帝派下来教育老师的人。教师在抚育孩子的过程中，要学会倾听和尊重他们。情感心理学要求教师在积极倾听中给予婴幼儿心理上的满足，增强他们的温暖感、信任感和亲切感，使他们在日后的人际交往中，也学会对别人倾听和尊重，增强他们善解人意和与人友好相处的能力。这本身就是一种人格智能的培养。

第三，对婴幼儿的观察研究，要通过表面深入本质。我们对仁仁进行了为期两个月的观察研究。第一个月，由于他对周围环境还处于陌生与不适应阶段，所以处处显得胆小、沉默，他的动手能力也较差。同时，对于性格内向的孩子，大家往往容易低估他们的能力。通过这次个案研究，我们感到，多元智能理论强调的不是行为的外显，而是多元智能的内在结构。随着观察研究的深入，我们发现，仁仁的运动智能和人格智能中的自我感与交往能力在进入幼托班的第二个月得到了较快的发展。例如，他在积木、拼图等活动中表现活跃，往往出乎教师的意料。

后来证明，由于仁仁在成长过程中，多元智能得到了多方面的尊重和引领，他在逻辑数理智能方面显示出优势和强项。

第十一章 操作的精细化

孩子的发展如同小树苗的成长，需要的是精耕细作。只有这样，才能使孩子在成才的道路上，根深叶茂，茁壮成长。教育家叶圣陶在他的文集中写道："最近听吕叔湘先生说了个比喻，他说教育的性质类似农业，而绝对不像工业。工业是把原料按照规定的工序，制造成为符合设计的产品，农业可不是这样。农业是把种子种到地里，给它充分的合适的条件，如水、阳光、空气、肥料等等，让它自己发芽生长，自己开花结果，来满足人们的需要。"[1] 教育的事业，既是花的事业，又是根的事业。十年树木、百年树人。培育小树苗成长，需要我们像园艺师那样给予细心、耐心、精心的培育；需要我们把握季节和生长规律，既不可消极等待，也不能操之过急，拔苗助长。我们应细腻而又敏感地去研究孩子成长中的烦恼和成功时的喜悦，去反思我们培育中的失时、失量和失态，去寻找适时、适度的教育要求与教育策略。

性格决定命运，细节决定成败。叶圣陶在总结自己的教育经验时，特别提及在教育方法上要从最细微处和最贴近的事物入手，绝对不可马虎，如门窗开和关，一定要求轻轻地。对待调皮小朋友绝不可粗暴打骂，要分析原因，对症下药，如果要求过高，惩罚过严，训斥过头，结果往往事倍功半，事与愿违，适得其反。

---

[1] 朱永新. 叶圣陶教育名篇选 [M]. 北京：人民教育出版社，2014：54.

第一节　育婴无小事，时刻留心保平安

一、抚育婴幼儿要特别精心

山东齐鲁医院儿科主任医师王玉玮在《读懂宝宝心，激发正能量》中提到，新生儿不仅仅是一个物质的机体，其自身已经包含着一种神秘的本能。宝宝的心灵神秘莫测，因此，抚育者要特别细心地观察和体会，要有足够的爱心和耐心，要防止宝宝受到伤害。关注婴幼儿的身心发育对其一生都有重要意义。

我在参与抚育孙辈的过程中感受和体验最深的是抚育过程中要特别精心，一定要做到人在心也在，要时刻留心，处处细心。对婴幼儿成长中的问题，要做到全方位、全过程地关注和小心谨慎。一定要做到四心：爱心、精心、细心和耐心，来不得半点马虎和急躁，切不可心不在焉。

二、细心保护婴儿的视觉和听觉

我出差在外，接到家里来电说小孙子出生非常顺利，长得白白胖胖，有9斤多重。我在异常兴奋的同时，想得最多的是，在今后参与抚育的过程中如何精心培育以确保他健康成长。

我认为，婴儿第一个月的照料要格外当心。当时发生的两件事给我印象很深。

一是小孩子出生后第三天，我到医院妇婴室去看望媳妇和孙子。为了留下美好的首次印象，我带了闪光自动照相机。我见到小毛头正在甜睡状态，脸部与嘴角略带微笑，显得十分可爱，于是马上记录下这甜美的形象。当时已经是下午5时，外面正下着雨，天色阴沉沉的光线不好，所以拍照时闪光灯自动亮了。后来有人提醒我，给新生儿拍照不宜用自动闪光相机。

事实上，这个时期，新生儿各种器官均处于极端脆弱阶段，各个方面均需要特别细心的照料。

另一件事发生在孩子出生后的第10天。我很想了解一下他的听觉反应。按照德国心理学家普莱尔 1882 年的研究，婴儿刚生下来时是耳聋的。当时的理由是：新生儿外耳道和中耳间的通道内被胶质液体和羊水堵塞而造成暂时性耳聋。后来有人研究发现：当母亲在婴儿看不见她的地方呼唤婴儿的名字时，10—12 天的婴儿会把头转向母亲的方向，而对其他妇女的呼唤则无反应。我在小孙子出生后第 10 天，当他又哭又吵时，在离他耳朵三四十厘米处吹了几声口哨，他似乎有听觉反应，哭声停了下来，口哨一停他又哭了。这是我当时的观察记录。最近的研究表明：听觉在胎儿期就已经存在，这为音乐胎教提供了科学依据。

总之，感觉是心灵的门户，文化的窗口，个体对大千世界和自我的认知都要通过这一渠道。初生婴儿的头 1—2 个月，正处于多种感觉器官发展的关键时期。因此，保护好新生儿的感觉器官，使其机能不受损伤和破坏，成了保证婴幼儿身心健康的基础和关键。年轻父母在照料婴儿时要格外当心，处处细心，同时，又要有耐心等待其自然发展，切不可操之过急，以免造成不必要的损伤。

三、担心的事与需要留心的事

我在给婴幼儿家长做报告时，有家长给我讲述了一件令人担忧的事。她说她家宝宝 4 个月时，有一天躺在床上，宝宝爸爸在洗碗，宝宝妈妈在打电话，没想到孩子一会儿工夫就爬到床边，一个翻身，从床上跌到了地板上，头向下，十分危险。好在被挡了一下，虽然头向下，碰到前额，但没有碰到"天灵盖"和后脑。宝宝妈妈急得哭了起来，奶奶心跳得厉害。直到第二天，一提此事，大家还心有余悸。因此，这位妈妈建议我在讲课中，把抚育中的安全问题作为第一专题，提醒家长要切实保护好婴幼儿的生命安全。

有关注意安全一事，江西省读者王文育医师看了我《抚育者的眼睛：一位爷爷对孙子的心理解秘》一书后，结合自身从医经验，编印了《如何当好爷爷奶奶——抚育幼小孙辈的常识和方法问答》。内容切合实际，有可操作性。

我将他手册中有关安全方面的内容作一摘录，供参考。

不论有什么理由，把小孩单独关（锁）在屋内，都是十分危险和错误的，很可能就在大人短时离开的片刻发生事故。但是，生活中又常常有要短时离开一下房间的时候，即使大人不离开房间，也有不和小孩待在一起的时刻。为了提防在这段时间内发生意外事故，必须注意房间里的安全条件。大人要反复确认以下几个问题。

热水瓶、饮水机、玻璃器具，是不是都放在小孩够不着的地方？

药品都收藏好了吗？小孩拿不到吗？

有小孩可能接触得到的有毒有害物品吗？如洗衣粉、油漆、汽油、火柴、打火机、杀虫剂、农药等。

有什么小刀、钉子、刀片、破玻璃、有棱角的带刺的物品是小孩能拿到的吗？

有什么可吞入食道，造成异物堵塞的东西能被小孩子拿到吗？如硬币、纽扣、别针、弹珠、整粒可吃的硬果、硬糖等。

有小孩子可以接触到的电器开关、插头和煤气开关吗？这些电器开关、插头都安全吗？煤气、液化气关了总阀吗？

窗户安全吗？小孩是否够得到窗户？有没有从凳子爬上桌，再爬到窗口的可能？水、火有什么不安全的地方吗？

孩子有可能走到阳台上去吗？会爬上阳台吗？阳台有安全防护吗？

屋内较重的家具、电器摆放得是否安稳妥当？是否有被小孩倾倒或攀登的可能？

屋内是否有悬挂的绳带等有可能被小孩拉扯、缠绕、悬吊的物品？

生活中可能存在许多导致意外事故的隐患，家长千万要保护好小生命的健康与安全，要时时留心，慎之又慎，细之又细，万无一失。

第二节　把握机会之窗，让孩子舒心成长

神经科学研究发现，孩子在 3 岁之前，有一个培育亲情依恋感和自主自由活动能力的机会之窗的敞开时期——敏感期。关于敏感期的研究，为我们提供了有

效把握发展时机的机会,可让孩子在机会之窗敞开之时,得到春风的吹拂,阳光的照射和雨露的滋润。

我在小孙子1岁9个月零7天时,写过一篇把握机会之窗,让宝宝自由玩耍的日记。日记题为《让宝宝玩得痛快——机不可失,时不再来》,现摘录如下。

今天,我外出指导工作,累了一天,又没有午睡,只想一回家就好好休息。可走到小区的路口时,我见到阿姨和晓杰。我想,还是应该多陪陪晓杰。我要争取一切机会,利用一切时间,在宝宝这一特殊年龄段给予其特殊的关爱和抚育。因为0—3岁是婴幼儿脑机能、感知觉、认知、语言、情绪、社会性发展的特别重要的时期,我要不失时机地参与宝宝的交往和引导,使他发展得更好些,争取事半而功倍的教育效果。想到这里,我忘记了疲劳,主动提出:"现在,晓杰由我来带吧。"我还说:"我可多陪他玩玩,让他多观察观察,多活动活动,以便有更多的见识。"

那时,晓杰似乎也特别兴奋,很亲热地向我身上扑来。我将他放到推车里,朝着附近的社区会馆方向走去。

社区会馆的儿童活动区,有滑梯、电摇车、电动车,还有小小自行车等,玩具品种很多。面对多种玩具,我想,还是进行自由活动为好,让晓杰从小学会自主选择。而我在他身旁给予小心保护。我见他眉开眼笑,欢乐地跑到电摇车处,对孙悟空造型的电摇车抱了又抱,亲了又亲,还独自一人爬了上去。管理员说:"要买票。"于是,我将钱交给晓杰,让他去付钱,以便让他从小懂得某些游戏规则。

晓杰从管理员手中拿到了活动券之后,朝电摇车走去。路上,他见到一辆电动坦克车,他的兴趣就转移了,要先玩电动坦克。我想,这也好!在婴幼儿的活动中,要给予孩子更多的自由度和选择权。我见他手里拿着一元钱的硬币,熟练地将硬币放进电动坦克的投币孔,电动坦克就启动了。此时此刻,晓杰显得异常兴奋,似乎懂得了启动与投币间的因果关系。接着,他又去玩滑梯。我还是让他自由自主地选择活动项目。他熟练地朝滑梯方向走去，见旁边有旋转的转盘钟，他饶有兴趣地去拨弄转盘。他玩了几下，我教他数数。他数了几下："1、2、3、4……"没有坚持往下数，也许数数对他有一定难度。他只有1岁9个月，我没有继续要求。我想，晓杰现在尚处于无意注意的认知阶段，没有必要勉强进行认数方面的练习。不到合适的年龄段，过早、过高要求的认知训练可能会使婴幼儿的活动兴趣下降，还有可能使其产生厌烦情绪，这对今后的学习会有负面影响。

晓杰在玩电动摩托车时，我发现他一个人转动有一些困难。我就坐在他的旁边，尽可能让他自己去把握扶手和方向盘，适当地给他一些帮助，使他玩得更高兴。

总之，今天下午，他玩的内容较多，有滑梯、有电摇车、有电动坦克等等，他又能自主选择，所以特别开心和舒心。我在旁边保护他，使他增强安全感。以上活动，既培养了他的独立能力和胆量，又增进了祖孙的亲密感，一举多得，事半功倍。

我在参与抚育小外孙的过程中，对敏感期的把握要因人而异、因势利导的问题，有了新的认识。有研究认为：婴幼儿时期是语言发展的敏感期。在抚育实践中，我发现语言发展有很大的个体差异性。我家小外孙的语言之窗开得较早，他在18个月时，特别喜欢学话和说话。有一次，我们带来了他表哥学钢琴时的照片，他抢着要看照片。有亲戚对他说："叫你奶奶也买一架钢琴给你！"又有亲戚说："你奶奶买架钢琴毛毛雨。"没想到，他一下子就连续不断地对奶奶说："奶奶买。""毛毛雨。""奶奶买毛毛雨。"时隔不久，他妈妈带来了一盒英语卡片，他饶有兴趣地要妈妈教，而且学得快，念得准。不久以后，他还学会了自行打开播放器，自学"迪士尼神奇英语"和"小蜜蜂英语"。他边听边念，不仅掌握了不少英语单词，而且培养了学习英语的兴趣。

育儿的精细化，要求父母和祖辈在宝宝情感与语言潜能发展的敏感期及时把握时机，让幼苗在机会之窗开启之时，接受更多的春风、阳光和雨露的滋润，从而舒心成长。

第三节　用心解难题，把脉要精准

一、问题的提出

《上海大众卫生报》2019年登载过一篇文章，讨论小孩子咬人怎么办。文章认为：用打和罚的办法不管用，因为这不能解决问题，孩子仍会重犯同样的错误。那么，如何从根本上解决问题呢？文章认为，大部分孩子还不会说话，用肢体语言表达自己的想法，是一种正常现象。咬人是婴幼儿的一种沟通方式，可以理解，要用适当的方法来引导。上述意见总体上看，是正确的，是可取的，但对于如何引导，说得还不具体。

早在20年前，我对婴幼儿咬人的问题曾做过专题研究。我认为：我们在保护幼小生命的生理健康与安全的同时，也要呵护好幼小心灵的心理健康和精神生命发育中的种种难题，不能冤枉孩子，让他们的心灵受到不良影响。我们应以科学的态度、平和的心态，细心分析孩子成长过程中遇到的问题，精心呵护，用心引导，处理得当，让孩子获得一生中特有的一种交往体验，上好人生初次交往的一课，使他们从自己的亲身经历中，懂得如何去深度地理解自己和他人，为未来交往提供和解与谅解的体验，使人生的心态更平和，使自己的性格更开朗。

二、孩子咬人之事如何处理

有孩子入园第三天，回家时家人发现他脸的左侧有三个深深的牙齿印，很明显，他被小朋友咬了。妈妈问他："你今天被人咬了？""是的。"宝宝委屈地回答。

他妈妈又问他："为什么有人会咬你的脸呢？"他半天也没有开口，可能他还太小，说不清楚或者根本就不会说。妈妈猜测，或许是宝宝和其他小朋友发生了争执，于是也就没有深究下去。

园长事后告诉家长，被咬的那天，这孩子表现很好，没有和其他小朋友发生争吵。咬他的是一位平时十分文静的小女孩。老师问她："为什么要咬人？"她说："我喜欢他！"当了解这一情况之后，大家表示理解和谅解，没有计较。

可是，事隔一个半月后，咬人的事又发生了。这次是宝宝咬了别人，而且一天连着咬了三个人。上午一次，事情发生在9点户外活动时，他突然张口咬了旁边一个小朋友，老师发现后立即制止他，并教育他不准咬人。哪晓得当天下午他妈妈去接宝宝时，老师告诉妈妈，宝宝下午又咬了两个小朋友，而且咬得比较厉害，其中一位还是中班的男孩。

此事引起了宝宝父母的担忧和焦虑：自己的孩子怎么会有这么野蛮的攻击性行为？该如何教育呢？一开始，他们还想把孩子关在家里，想打他的嘴巴来告诫他不准咬人，但思索再三，觉得这一办法不妥当。所以，他们隔天又把这孩子带到幼儿园，向被咬孩子的家长赔礼道歉，同时向园长和老师做了咨询。园长认为：这纯属婴幼儿在长牙期，牙床发痒引起的。园长和老师建议家长，在家多给宝宝咬一些甘蔗、面包干、五香豆之类的食品，来消除他的痒感。

此事发生后，如果急于用打嘴巴的办法来进行矫治，会给宝宝造成误解，认为咬人是不对的，而打人是可以的。如此一来，宝宝以后是否会模仿大人去打其他小朋友呢？因此，首先应该弄清咬人行为产生的原因与性质，寻找对策，才能对症下药，加以纠正。

2—3岁的宝宝咬人，是一个具有普遍性的问题。2岁宝宝习惯用嘴去感觉事物，这是他们了解外部世界的一种途径，也是他们自我放松的一种方式。这个年龄的宝宝咬人并无恶意。刚刚学步的孩子还不懂得用语言表达他们的感受，所以常常喜欢通过咬人这种方式来表达他们的兴奋和激动。

那么，这孩子为什么爱咬人呢？可能是由以下因素造成的。

首先，长牙发痒引发咬人的行为。这个年龄段的孩子处于生理发育的高峰期，快速生长有时会带来生理上的不适感，如关节痛、肌肉酸等。长牙时期，牙龈黏膜受到刺激，会让孩子感到牙痒痒，不少孩子就会因此而咬人，因为他们有强烈的咬东西的欲望而无法得到满足。

对策是给孩子一个可以满足咬的需要的替代品，比如毛巾之类的软物，也可以让他们吃磨牙棒和青苹果等，来缓解这一特殊时期的特殊需要。同时，应多给予孩子一些纤维丰富的新鲜蔬菜及水果，如白菜、菠菜、苹果、雪梨等，将这些蔬果切成丝或细粒状，可以让孩子有更多的咀嚼机会。

其次，语言贫乏导致咬人的行为。2岁的孩子已经学会了走路，随着他们活动能力的增强、活动范围的扩大，交往的需要快速地发展起来。但是，由于语言贫乏，又不懂得如何与人交往，所以他们常常用推、拉、咬等非常手段来引起同伴的注意，以此实现交往和表达意愿的目的。

对策是让孩子学会使用语言。当宝宝因为心里不满而咬人时，要让他明白：生气和不安时，有比"咬"更好的表达方式。他可以说："我不要。"如果他不能把自己的意见表达清楚的话，可以向大人求助。比如，宝宝有时候咬人，其实是因为他很喜欢对方，想要和对方做朋友而不知道如何表达，这时，家长就要告诉宝宝："可以说：'我很喜欢你，我们做朋友好吗？'"家长可以和宝宝一起做这样的对话练习，帮助宝宝学会用语言和别人交流，而不是用嘴和牙齿去和别人交流。

再次，咬人是一种发泄。2岁的孩子往往表现出强烈的自我中心。有些孩子感到不满时，会通过咬人的方式发泄出来。比如，父母外出没有带上宝宝，宝宝有一种不满的情绪要发泄，于是，当父母回家之后，宝宝就会咬爸爸妈妈。

对策是，让宝宝多玩安静的游戏，或者尽可能保证宝宝睡眠的充分。研究证明：高强度刺激是引起咬人行为的最常见的因素之一。拥有安静的睡眠，并且睡眠充足的宝宝一般较少用牙齿咬人。让宝宝多玩安静的游戏，保证其充足的睡眠，可以平静宝宝的情绪，即使他们心里有不满，也不至于采取咬人这种极端的方式。当宝宝出现不满情绪时，家长也可以用安静的游戏来转移其注意力，让他们尽快忘记刚才的不快。

最后，咬人是一种模仿。有时候宝宝咬人是一种社会性模仿。宝宝的好奇心总是特别强烈，当他们看到其他小朋友咬人时，会觉得这是件很新奇的事，于是自己也会尝试着去咬人。由于这阶段的宝宝模仿能力特别强，所以群体中的咬人事件往往频繁发生。

对策是，明确地告诉孩子，咬人是不好的行为。宝宝缺乏一定的是非观念，常由着自己的好奇心随意模仿。这时候，就需要家长明确地告诉宝宝：咬人是一种很不好的行为，爸爸妈妈、老师和同伴都不喜欢，还会伤害到别人，不是一个好宝宝的行为。家长应该对宝宝反复强调这种思想，当看到宝宝有咬人的倾向时，就要用话语或眼神严厉地制止，让他明白，爸爸妈妈不希望他这样做。

特别需要注意的是，如果是由于某些品德上的原因而引起的咬人，如小气、霸道、过强的表现欲等，家长要给予特别的关注，以免影响宝宝性格的形成。如果发现宝宝习惯性地咬人，还是请儿科医生加以诊断为好。有的幼儿由于药物治疗导致情绪不稳，这种情况可以通过调整药物进行改善。

针对宝宝的咬人行为，我的建议如下。

第一，反思，先预防。如果你家宝宝不幸被咬，不要以为这只是小孩子之间发生的小争执而忽略了此事，应当让宝宝通过切身感受知道咬人是一种错误行为，咬人会伤害别人，带给别人疼痛，不应该去模仿。这样，就可以达到预防的目的。

第二，耐心，重教育。宝宝发生咬人事件后，也不要过于担忧而去责怪孩子，应该认识到宝宝咬人大多是由婴幼儿生理和心理特征引起的，还不属于攻击性行为。家长要耐心对待，帮助宝宝分析原因，然后进行认真的教育，以免咬人变成其不良的行为习惯。如果有可能，要带宝宝去向被咬的小朋友道歉，让宝宝了解咬人的后果。

第三，缓解，多关心。在日常生活中，家长要做好防止宝宝咬人的措施，平时给宝宝吃些面食、饼干之类的食物，以满足其咀嚼的需要。家长也可以给宝宝咬咬甘蔗之类的水果和干净柔软的织物来缓解牙痒。如果家长在平时就采取适当的措施来满足宝宝特殊时期的特殊需要，咬人行为就会减少。

第四节　细心耐心育自主

2—3岁婴幼儿的情感发展处于充满众多矛盾的时期，他们既渴望自主、独立，又想依赖大人；在行为上，既想"金鸡独立"，当一名"超级的杂技演员"，但又因体力不支而"摇摇欲坠"，时时刻刻需要成人加以保护。可是，如果大人真的给予他们更多的关心与帮助，他们又会大发脾气或撒娇不止……因此，年轻的父母和其他抚育者，对早期发展过程中特殊年龄段的孩子，要特别讲究抚育策略。

一、父母在抚育中要特别冷静与理智

埃里克森在分析2岁幼儿的自主感时认为，这时期的婴幼儿常常会用双手顽强地抓住物体，然后又以挑战的姿势抛开它；他们有时会坐在一旁堆砌玩具，当玩具堆砌到很高时，他们又会马上用力将之推倒，重新再堆砌；他们有时与父母缠绕不放，又会突然变卦，将父母猛力推开等等。这一切都是2岁婴幼儿自主感的特殊表现，他们既不满足于狭窄空间的生活环境，又担心超越自我环境而产生疑虑、羞怯和害怕。由此，父母对待这一阶段的孩子，在态度上要特别冷静、理智，要注意掌握抚育策略的分寸。因为，婴幼儿自主感的建立，不但要求他们付出巨大的努力，而且还要求父母有极大的耐心。学步儿童常常会反抗不符合他们内心需求的"好意""善意""美意"。父母在与2—3岁婴幼儿相处的过程中要学会好言相哄，要忍耐幼儿无礼的态度，有时还必须允许孩子们去尝试一些他们不太可能做得到的事情。要鼓励孩子们参与新的挑战，不断提高他们自身的能力感和耐挫感。在具体操作时，要注意如下三点。

第一，要给予婴幼儿一定的信任，在某些方面给予其充分的自由，让他们在自由自在的活动空间中自由自主地玩耍。只要是不带危险和大的破坏性质的活动，都可放手放心地让他们去玩耍，不要过多地干预。

第二，对于带有危险和大的破坏性质的活动和行为，要加以限制，不可放任，包括打人、咬人……因为对这些行为的放任可能会造成伤害事故，对幼儿的发展极为不利。

第三，在行为习惯训练时，切不可操之过急。前面讲到婴幼儿有其特定的秩序要求，我们要细心体察，耐心等待，尊重幼儿秩序感的发展，否则，就会阻碍他们的自信心和自尊心的发展。

二、重视游戏在 2 岁儿童情感发展中的独特作用[1]

埃里克森在讲到 2 岁儿童自主感发展时强调，要非常重视游戏功能的发挥。这一阶段，游戏正是婴幼儿自主、自我发展的重要途径之一。

这一阶段，婴幼儿的游戏有许多特点，其中一个明显的特点是游戏具有重复性。他们总是进行一些带有重复性的游戏，这是自主与疑惑、肯定与否定、好奇与探索等心理交织的表现。

下面有两个案例，可以说明这一心态。

案例一：喜欢重复做同样事情的孩子。

图书角里，津津将书架上的图书一本一本拿下来，然后有选择地将封面写着"认字"两字的图书一一排列成行。有时，别的小朋友顺手拿掉一本，他要么大声嚷嚷，要么一把抢过图书，迅速放回原来的位置。每次他选择到图书角玩，基本上是重复以上将图书排列成行的动作。

他到搭积木的地方，总喜欢摆弄用布做成的六面图。每张图上面分别标有 1—6 的序号。每一次，他都喜欢将拼图按序号由小到大排列。同样，如果有谁拿掉其中一块，他马上会作出强烈反应——大发脾气。而且，他到这个地方玩六块拼图时，排列顺序总是不变。

重复做同一件事的现象在幼托班中比较常见，栋栋经常用积木堆高，堆到 5—6 块积木后，就会推倒重来。一次，老师走过去鼓励他再堆高些，同时旁边加了两根柱子，想显出房子的特征，他却说："不要这样嘛！"并将其一把推倒，使之又恢复至原来的高度及形状。

思考与分析：

我们看到，2 岁 6 个月左右的孩子总是喜欢重复做同样的事情。这是正常行为还是反常行为？如果是正常行为，其原因和作用是什么？如何利用孩子的这一年龄特征，将他们引向更高的发展水平？

---

[1] 这部分与上海市浦东新区泾东幼儿园黄建春老师合作研究。

意大利著名的幼儿教育家蒙台梭利在《童年的秘密》中写道:"一件事引起了我的特别注意:一个 3 岁左右的小女孩,不停地将一些圆柱体放到不同的容器中,然后又将它们取出来。这些圆柱体的大小不同,都正好可以放进容器相应的孔里,就像用软木塞子塞进瓶口一样。我惊讶地发现,女孩做这个练习是如此的兴致勃勃,而且她一遍又一遍地重复着。她并没有表现出任何想要加快速度或提高动作敏捷性的愿望,就只是不断地重复着这个练习。出于一种习惯,我准备数数女孩重复这个练习的次数……女孩一共重复做了 42 遍。然后她停了下来,就好像刚从梦中转醒似的,并满足地微笑着。她的眼睛炯炯有神地环顾四周,甚至丝毫没有发觉我们曾打扰过她。后来,我也没有发觉有什么明显的原因让她停止了这个工作。"[1]

蒙台梭利在观察中还发现,这种重复练习的现象在幼儿的所有活动中经常不断地发生,而且一项练习的各种细节教得越细致,越可能成为幼儿无穷无尽地重复练习的对象。她指出:"每当儿童经历了这样的体验之后,他们就像刚刚得到了休息,充满了活力,好像获得了某种极大的快乐。"[2]

由此可见,2 岁 6 个月左右的婴幼儿出现的重复练习的行为,不是反常行为,而是一种极好的正常行为。它可以帮助婴幼儿发现自己的潜力,进一步完善自我。为此,我们不仅要理解和尊重这一行为,而且要鼓励和引导这一行为,使婴幼儿的潜力向更高水平发展。

案例二:塞满了,才满足。

顺顺在自主游戏的时间来到娃娃家,他拿着一个玩具面包机,走到"喂小动物吃东西的地方",继续他前一天的工作(前一天,他在面包机里塞了好多好多绒线做的小花)。今天,他又对准面包机上有小孔的地方,十分认真和仔细地将塑料小叉子塞进去。塞了一会儿,他将面包机摇了摇,里面发出"骨碌碌"的声音,他知道这是叉子在往下落。他看到面包机的上半部又留出了不少空间,于

---

[1][2] 玛利亚·蒙台梭利. 童年的秘密 [M]. 蒙台梭利丛书编委会,编译. 北京:中国妇女出版社,2012:114-115.

是，又将小叉子一个又一个地往里面塞，似乎非要塞满才肯罢休，其投入的程度和专注的神态，出人意料，令人钦佩。

幼托班中，喜欢朝着带小孔的容器中塞东西，而且非要塞满才肯罢休的孩子远不止顺顺一个。前几天，明明也向玩具热水瓶里塞了好多塑料小积木。昨天，在娃娃家里，囡囡掀开玩具电饭煲的盖子，发现里面有满满的一锅积木，自言自语地说："怎么搞的？都是积木。"说着，就将之"哗啦啦"地倒在地上。萱萱见此情景，一把夺过玩具电饭煲，将地上的积木一块一块地拾起来之后，又重新塞进去，并说："这是饭饭啊。"

教师在整理玩具积木时还发现，放积木筐的两根塑料杆的小孔里也塞满了小珠子、小纽扣等小东西，这些小宝贝真是"无孔不入"。

思考与探索：

幼托班孩子这种非要将小孔塞满后才满足的心理现象，引起了我们的思考。孩子们为什么那样喜欢塞东西呢？其原因何在？我们应如何引导？

我们认为，其原因大体上有以下三种。

其一，是由好奇、好玩、好探索的心态引起的。2—3岁的孩子，正处于对周围世界充满好奇心的时期。蒙台梭利认为，1—3岁的幼儿，正处于细节和手的活动敏感期，他们对小孔等细节特别敏感，总是喜欢用小手去触摸和探索，这是他们了解外部世界奥秘的一种努力和工作。顺顺、明明、萱萱的这种塞物活动，正反映了他们的好奇心和探索欲。也许，他们想知道面包机、热水瓶、电饭煲里的空间或孔眼，是否可以放东西，可以放多少东西。

其二，是空间智能的萌发。加德纳在《智能的结构》一书中指出，空间智能，又称为视觉空间思维能力，它是一种对容积、体积、容量以及整个视觉世界的把握能力。这种能力在不到3岁的儿童身上已经开始有所表现。幼托班的孩子正处于这个年龄段，他们对有空间感的物体表现出如此大的兴趣，其注意力和投入程度超过我们的预想，这反映出了他们的空间智能正在萌发之中。

我们不禁思考：可否利用婴幼儿塞物的心理需求和对空间探索的独特兴趣，去探索婴幼儿空间智能的早期培养方法？于是，我们在日常的区角活动中，对孩子们的塞物兴趣，不但不批评，反而加以欣赏和鼓励。为此，我们设计了迎合他们塞物兴趣的玩具材料，如有大孔、小孔的网兜和色、形、大小相匹配的"饼干"与"娃娃"等。我们还参与他们的游戏，和他们一起比一比谁塞的东西多，看哪些孩子能按要求和指令去填塞。由于孩子们年龄小，他们塞物时有乱塞和硬塞的现象。在参与孩子游戏活动的过程中，我们逐渐引导孩子明白：想要在容器中塞更多的积木，最好将积木玩具排排队，放整齐。另外，我们还有意地将空间、色彩、形状等概念融合在塞物活动中。这样做，既满足了孩子们的兴趣，又培养了孩子们的空间智能及其他智能。

其三，是想象的火苗在点燃。婴幼儿的感知觉和情绪感受发展明显。到了2—3岁，他们接触外部世界的活动在增多，他们想象的火苗也在点燃之中。

顺顺向面包机塞"小花"，是受"喂小动物吃东西"游戏的启发而产生的一种联想与想象。他将玩具面包机想象为一种有生命的物体，仿佛它也会像小动物那样肚子饿了要吃东西。萱萱将地上的积木重新填进"电饭煲"，并认为"这是饭饭"。这非常明显地展示了这一年龄段孩子的一种天真的想象。他们将积木作为"饭饭"——食品来对待。对这种童心，我们在过去的游戏活动中常常有所忽视。通过观察和思考，我们认识到，对幼托班孩子的想象之火苗要倍加珍惜。

爱因斯坦曾经说过，想象力比知识更重要，因为知识是有限的，而想象力概括着世界上的一切，推动着世界，并且它是知识进化的源泉，严格地说，想象力是科学研究中的实在因素。我们想到：达尔文创立进化论时，他关于"生命之树"的形成是起源于想象；弗洛伊德将人类的无意识比作冰山的底部，也是一种绝妙的想象。他们的想象力的形成，都与童年时代丰富想象力的培养有关。那我们对儿童想象力的培养，是否可以从婴幼儿开始？可否从"塞东西"抓起呢？

于是，我们除了在区角活动中鼓励他们进行塞东西的游戏之外，还设计了一些与塞东西相关的富有想象力、操作性的游戏活动。比如，给"小动物"喂食。我们将张大嘴巴的"小动物"贴在有大孔的纸盒上，将它们一个一个地请了出来，告诉宝宝们："小白兔、小黄狗和小花猫，没有吃早饭。它们肚子饿不饿？"孩子们说："饿。""那我们喂什么样的食物好呢？""小白兔喜欢吃什么？""小黄狗喜欢吃什么?""小花猫喜欢吃什么?"孩子们七嘴八舌地说:"小白兔喜欢吃萝卜、青菜……小黄狗喜欢吃肉骨头……小花猫喜欢吃小鱼……""那我们把萝卜、青菜、骨头、小鱼……喂给它们吃好吗?"此时此刻,小朋友的热情可高啦!他们按自己的想象,用小纸片撕成了各种"食物"(其实孩子们只是撕了一些碎片),一边喂给小动物吃还一边说:"小狗,给你吃块肉。""小兔兔,给你吃胡萝卜……"

  这一活动既满足了孩子们的兴趣,又培养了他们的想象力,由此受到了欢迎。

第十二章　精心育苗　潜心研究

第一节　我的研究之路

我是一位儿童心理学研究工作者，我对心理学情有独钟，对它的迷恋始于1952年在中等师范学校学习时。由于我喜欢心理学等原因，学校领导在我1955年中师毕业时，就保送我进华东师范大学教育系学习。在大学四年中，我受到了多位全国著名的心理学教授的关怀、爱护和指导。这使我进一步对儿童心理学研究有了更加强烈的追求，它成了我为之奋斗终身的事业。20世纪60年代，儿子和女儿相继出生。我受德国普莱尔、瑞士皮亚杰和我国陈鹤琴等教授的影响，也对自己子女的成长过程进行了跟踪研究。在研究过程中，我又受到了中国心理学会原会长潘菽教授和全国儿童、教育心理学研究会原理事长朱智贤等教授的关心、鼓励和指导，这使我在理论和实践的结合上，取得了一些成绩，前后参加并主持了五个国家级教育课题的研究。1996年10月22日，《上海家庭教育报》以头版整个版面的篇幅，报道了对我的专访，题目是《关于家庭中情感教育采访答记者问——"一个被人忽略的神秘世界"》。1997年12月5日，《上海家庭报》记者发表了专访文章，题为《漫长的破译》，详细介绍了我对女儿成长的跟踪研究过程，其中写到我坚持写观察日记长达29年的事迹。同年，我小孙子出生后，我对他的跟踪观察研究做得更为勤奋和系统，力求做到时时观察，天天记录，月月整理。同时，我还进行了现场拍摄，积累了一千多张照片。

1998年8月，我与南京师范大学朱小蔓教授合著了《儿童情感发展与教育》

一书，由江苏教育出版社出版，该书获江苏省高校人文社会科学优秀成果一等奖。朱小蔓教授希望我把对小孙子的跟踪观察研究和儿童情感发生、发展与教育研究结合起来，力求在这方面取得原创性的研究成果。1999年6月，上海市教育委员会开始组织力量，成立课题组，进行"0—3岁婴幼儿早期关心和发展的研究"，我参加了课题组的研究工作，并把我的个案研究列入整个课题研究之中。到2002年，课题组将我对小孙子的个案跟踪研究作为总课题研究的一个子课题，要求这一研究更加科学，更加规范，更加深入，还要有特色，要拿出研究成果来。当年，《健康娃娃》杂志社的章煜编辑和孙悦老师向我约稿，我以这几年积累的观察日记为素材，结合总课题组的要求，以小孙子逐月的心理变化和情感发展轨迹为主题，写出了一篇篇的短文札记，在《健康娃娃》杂志上逐月发表，持续三年。在这阶段，我收到了许多家长的热情来信，他们除了表示认同、赞赏和热情致谢之外，还提出了各种问题进行咨询，并希望我把札记结集成书，以便让更多的家长阅读和分享这一研究成果。

在这里，我结合多年来跟踪研究的体会，就婴幼儿的早期关怀模式，他们的情感发展与抚育策略等问题，谈几点认识。

第一，保证婴幼儿健康发展应采取整合型的关怀模式。过去，人们对0—3岁婴幼儿的关怀，偏于生理保健和医学护理。我发现，年轻家长重视婴幼儿生理发育保健较多，重视其心理健康保护较少；重视婴幼儿动作技能和智力开发较多，而重视婴幼儿情绪、情感、社会性发展和人格的早期培养较少；在家庭教育的观念上，人们对早期教育的重要性认识较多，而对婴幼儿早期教育的复杂性认识较少。这三"多"三"少"使不少家长急于望子成龙、望女成凤，对孩子早期潜能开发的期望过高，甚至不惜工本加大智力投资力度，并给予过多的要求和过度过量的训练，大有拔苗助长的趋势。这需要引起我们的极大关注。

发展心理学最新研究成果认为：从个体发展史来看，每个新生儿降临人间，在生命之初即存在着许多关键期。脑神经科学的最新研究发现，人脑由数万亿个脑细胞组成，其中可能有1000亿个活跃的神经细胞，其突触发挥着极其重要的传递功能。新生儿在其出生之际大脑神经元的总数已接近成人，然而突触的数量则远远低于成人。婴儿出生后，由于适宜的外部环境的大量刺激和良好的营养条件，其突触数量才会迅速增加。0—2岁又是早期生命处于非常脆弱的时期，需要无微不至的关怀和慎之又慎的爱护。

关于当代婴幼儿抚育模式的研究，使我们认识到重视婴幼儿早期的发展，不仅要关注婴幼儿的生理需要和身体保健，还要关注婴幼儿的种种情感的需求和心理健康。今天儿童健康发展的关怀模式，已经由医学模式为主向生理、心理和社会文化教育整合型的方向发展。因此，年轻的父母在早期抚育时，不仅要懂得婴幼儿的健康保健和疾病护理，还要懂得婴幼儿的心理和学会与宝宝进行情感交流。父母要学会创设温馨的环境，用温暖的亲情为建立美好的人际交往关系奠定基础，为孩子进入社会留下美好而又深刻的印迹，为高层次情感发展与人格健全奠定基础。

第二，婴幼儿成长研究应走人文关怀和科学方法融合之路。关注婴幼儿发展，应采取自然科学和社会科学整合性研究方法为好。有心理学研究者从生物学和文化学交互作用的角度研究婴幼儿发展轨迹，并开发出了一套具有文化敏感性的父母关爱模式。研究者在研究新生儿头几个星期的目光接触、对应微笑和发声传情中，获得了很有价值的成果，并认为早期跟踪观察和写好婴幼儿成长日记特别重要。日记可以使年轻父母在抚育中研究，在反思中与宝宝共同成长。

随着和谐社会的建立和年轻父母整体素质的提高，早期抚育正由粗放型向精致、精细型方向发展。父母承担的角色也不断丰富，他们不仅是抚育者，同时也是保健者、研究者和反思者。父母和祖辈在抚育婴幼儿的过程中，在一种亲近而自然的氛围中，记录下亲子交往的过程及所思所感，可以获得教育成功的经验，吸取教育失败的教训，从而提高自己的抚育水平，把人文关怀和科学抚育结合起来，走两者融合之路，使宝宝成长得更聪明更活泼更健康。

0—3岁的婴幼儿作为一个特殊的群体，它有众多的未知性问题存在。孩子的成长既有连续的、线性的进步和确定性、一般性的特征，又有更多的不确定性，如自然性、自发性、自主性、情境的特异性、个体的差异性等。这要求我们研究的视角和抚育的观念，从依靠儿童医学、保健学与发展心理学原理，转向范围更为广阔的人类学、社会学、生态学、文化学和教育学等视角。从教育学观点来看，维果茨基认为，3岁前的早期儿童是按照自己的大纲学习的。这给我们出了一道棘手的难题，对广大年轻的家长来说，更是难上加难：对0—3岁的儿童，任何向上或向下的偏离，即过早或过迟实施教学，从发展观点看，总是有害的，会对儿童的智力发展产生不良影响。为此，我们特别需要开展具有适切性的抚育模式研究和实践，从中寻找适合0—3岁婴幼儿发展水平的抚育原理和有关策略。只有这样，才能使婴幼儿的成长更健康！

第三，应重视婴幼儿情感的早期培育。婴幼儿早期教育，不仅要重视生理保健和智力开发，而且要关注情绪、情感发展和健康人格的培育。

人之初决定未来方向。脑科学研究证明，3岁奠定人一生发展的基础。培养优秀的下一代，越早开始越好。从出生到3—4岁，是人脑活动最频繁的时期，它是奠定一生智力、情绪情感和人格的关键期。婴幼儿早期情绪情感将会影响其终身发展。孩子的自信或自卑、乐观或悲观、主动或被动、合群或孤独、富有同情心或无情，都与这时期有关。婴幼儿情绪情感品质对其一生道德发展和社会化发展进程影响极大。

0—3岁婴幼儿的需要，要尽可能地给予理解、尊重和满足，这对培养孩子的自信心非常重要。作为他们的父母，首先要懂得爱孩子，要让孩子从小生活在温馨关爱的家庭环境中，这会使孩子的脾气变得更温顺，性格更自信。反之，如果早期接触暴力、侵略或缺少关爱，就会在孩子头脑里留下难以磨灭的负面影响。父母应多陪婴幼儿玩智力游戏或开展户外活动，这有利于孩子的大脑发育。父母还要给孩子多朗读，多讲故事，多提供丰富多彩的感受自然、体验生活和获得成功的机会。

我们知道，婴幼儿时期是依恋感形成的关键期。依恋是个体生命早期的情感联结，是婴幼儿与抚育者之间一种积极的充满深情的感情联系。依恋早期发展可分为四个阶段。第一阶段，无差别的社会反应阶段（0—3个月）；第二阶段，有差别的社会反应阶段（3—6个月）；第三阶段，特殊的情感联结阶段（6个月至30个月左右）；第四阶段，目标调整的伙伴关系阶段（约2岁以后）。也有人认为，依恋感形成的关键期在4岁。总之，在这一阶段建立温馨的亲子关系和良好的人际关系，可以为孩子今后向高层次情感发展奠定基础，为未来社会体验留下深刻的印迹和满意愉悦的基调。

婴幼儿时期是爱心和秩序感发展的敏感期。爱是社会情感的核心内容。这是特别需要被爱的时期，无微不至的关怀会为他们今后有爱心提供基础。秩序感形成的敏感期从1岁或1岁半持续到4岁，这是最适宜形成良好行为习惯的时期。[1]

婴幼儿时期是获得自主感和建立自信感的最佳时期。婴幼儿在不停的活动和扩大交往中获得运动、语言、认知和交往等各种能力，是独立性和自主性发展的时期。这是婴幼儿自我感、自主感、自信感、能力感、控制感、价值感开始发展的时期。2—3岁孩子常说的一句话就是："我自己来。"这个阶段尤其需要信任、关注、尊重、爱护和榜样的引导，培养自信是成长成才的基础。

婴幼儿时期是社会性情感和人格形成的敏感期。婴幼儿时期包含人生的第一个心理反抗期，是"小能人"成长期，是从依恋、依赖、依从向自主、自信、自我要求独立的过渡期。处于心理反抗期的婴幼儿表现出强烈的自主意识和独立要求，要摆脱大人的约束，自己要干自己的事，爱发脾气，同时，情绪趋向丰富。这是婴幼儿开始懂得自我调节情绪的时期，也是婴幼儿道德感开始萌发的时期。因此，不少发展心理学书籍用"又可爱又可怕"形容2岁左右的婴幼儿。对2岁左右的婴幼儿讲道理是非常困难的，需要抚育者冷静、理智、讲究策略。表2是我整理的一张有关婴幼儿情绪、情感与行为特征及发展要点和抚育策略的简表。

---

[1] 杰姆·戈德法布.天才之路[M].张建民，等，译.西安：西北工业大学出版社，2002：11.

表 2　婴幼儿抚育策略简表

年龄特征	教育策略
依恋的 0 岁	通过关注性满足，发展依恋感
好动的 1 岁	通过安全性保护，发展安全感
自主的 2 岁	通过支持性参与，发展信任感
"听话"的 3 岁	通过尊重性引导，发展秩序感
模仿的 4 岁	通过榜样性示范，发展自主感
好问的 5 岁	通过积极性鼓励，发展探求感
合群的 6 岁	通过合作性互动，发展认同感

以上策略，实践证明有不少可取之处，但还不完善，需要继续探索。

第四，婴幼儿抚育应把握五个原则。婴幼儿阶段，抚育者关注的第一位应是孩子的生理和心理健康。孩子在自我发展上要自主自信，在人际交往中要同情讲理、合群合作，在认知上要好奇好问好探求。我们要把握以下五个原则。

一是以亲情为先的原则。

抚育者要创造温馨的亲情氛围，以多种方式对婴幼儿表达正向的情感，包括亲抚、拥抱、伴随、关注、同玩同乐等。通过个案跟踪研究，我深切感受到：亲而不教也有效，亲而又教效果更好，不亲而教等于无效。亲情是激发婴幼儿进行观察性学习的动力和接受教育影响的催化剂。

二是以自由为主的原则。

对婴幼儿不宜过多地限制和束缚，要给予他们更多的自主空间，让婴幼儿在自由自在中开心，在"自说自话"中开口，在"自作主张"中开窍，在自主活动中开胃……

三是以活动为育的原则。

抚育者要让婴幼儿在丰富有秩序的教育环境中得到成长，鼓励他们形成好奇、好问、好探索的品质。在参与婴幼儿游戏活动的过程中，抚育者要发挥教育功能，但不要过多干预或包办。婴幼儿是"大玩家"，玩是他们主要的学习课程和生活内容，玩物增智，玩中育情，玩能健身。陈鹤琴说，小孩是生来好动的，以游戏为生命的。罗素说，爱玩耍是幼小心灵最显著的特征之一。因此，若要孩子幸福和健康，就必须给孩子提供玩耍的机会。

四是以观察为重的原则。

在抚育婴幼儿的过程中，观察和关注起着极为重要的作用，包括对婴幼儿表情、行为、动作和需求的敏感度，对孩子需求信息判断的准确度，以及给予其认同和满足的程度，都对其发展具有重要的影响。关注与漠视、允许与限制、悦纳与拒绝、主动满足与被动满足、温馨与粗暴，都会影响婴幼儿情感和性格的发展。抚育者的眼睛是婴幼儿精神生命成长的太阳，抚育者首先应是观察者、研究者、反思者和关爱者。关注其情感需求，尊重其自主发展的培育模式，才有助于婴幼儿身心健康、智慧发展、情感丰富、人格完美和道德高尚。

五是以引导为要的原则。

这是日新月异、日长夜大的岁月，也是充满矛盾的冲突岁月，要求我们特别耐心、细心、精心地抚育婴幼儿，同时也要求抚育者特别冷静、理智地处理问题，把握好分寸，切不可操之过急，急于求成，更不可粗暴与打骂，要因势利导，要让婴幼儿在引导中发展，在鼓励中成长，在关爱中得到培育。

"路漫漫其修远兮，吾将上下而求索"。我在几十年从事儿童心理和情感发展与教育的研究中，深感问题多多，影响儿童成长的因素又极为复杂。婴幼儿是一本无字天书，要读懂它谈何容易！探索婴幼儿早期发展规律的研究，寻找适宜的教育模式，还只是处于起步阶段。我愿将个案跟踪研究继续下去，为我国儿童教育心理学的发展尽心尽力！

第二节　研究道路上的新探索

早在 1989 年，我去四川乐山参加全国发展与教育心理学专业委员会的学术年会。会议期间，我与昆明师范学院院长卢濬教授同住一室。他是皮亚杰的学生，他在与我聊天中谈及皮亚杰对三个孩子进行跟踪研究的情况。他是《皮亚杰教育论著选》的译者。我认真拜读了此书，深受教育和启发。皮亚杰提及，研究儿童心理要在主体自己的动作的协调中找到其起源。他认为，人类生命有创造力的时间是从出生到出生后18个月之间。我们在对婴幼儿进行研究时，不要忘记在说话之前，就已经在动作中开始了。[1] 皮亚杰上述的提示，使我认识到在研究婴儿情绪、情感和认知发展中，还要重视动作发展的研究。于是，我在小孙子出生后的第三天，去医院探望儿媳和孙子时，对小宝宝的动作，进行了观察研究。

当天的日记有如下记录。

今天下午我初见宝宝时，他正在安睡，过5分钟后，他醒来笑了一下。我拍拍他身子，他很安静！我抚摸他的小手时，他把我的手指握住不放。听他妈妈说，昨天上午护士来看他时，这小宝宝还把护士的衣服抓住，不放手，而且很有劲。护士说，这宝宝出生才两天，有这手劲，将来会有出息。我回家后，从《发展心理学》的书上看到，新生儿具有巨大的潜能。单单是新生儿无条件反射的本能就有70多种，我想上述的抓握反射，就是其中之一。

有关婴幼儿的动作发展，我在第三章《好动的一岁》呈现了专题性的研究，现补充一个案例。宝宝18个月后，我对他的画画动作进行了研究，其间写过一篇日记。

我小孙子，从小喜欢画画，在他出生18个月时，我给他买了磁性白板、画纸和画笔。在白板上画了几个圆圈后，他发现白板上会出现各种图像。对此，他感到十分好奇，颇为兴奋。婴幼儿的自我感觉和认知活动在画画划划中进行着。他每画一次，总要给我看看，还高兴得手舞足蹈。我想，他手的动作给他带来人生早期的创造活动。这一行为动作正展现了他的认知与技能的发展，是他自我创作活动的新尝试，值得赞赏！

---

[1] 皮亚杰. 皮亚杰教育论著选 [M]. 卢濬，选译. 北京：人民教育出版社，1990：1, 252.

我联想到，目前的教育评价常常过于注重结果，而忽视儿童在自主活动中所获得的自我成就感和快乐。为此，我们需要随时随地发现孩子自主活动中的进步。皮亚杰提示我们，在婴幼儿说话前更多地关注他们自主活动中所产生的认知、情绪、情感的发展，尤其要关注其好奇心、探究欲和创作欲的发生和发展。

我后来在对小外孙的观察研究中，对他的动手能力和兴趣爱好的情智发展给予了特别的关注。

他18个月时，我给他买了一个小玩具——手动遥控小机器人。宝宝十分喜欢，不过，开始操作遥控杆时略有困难。18个月幼儿的小肌肉尚未发育完全，难以驾驭这个动作。我意识到，这玩具对婴儿的精细动作和因果关系理解均有一定挑战，所以其创造力和兴趣爱好的培养还需要指导和协助，也要让他自主动手来练习操作。在我的帮助下，他可以自主动手玩这一玩具，显得既兴奋又开心。由于我陪伴他一起玩耍，他对我表现得特别亲热，"外公、外公"叫个不停，声音又亲又响，非要我陪伴在他身边。为此，我常常随叫随到。我想，婴幼儿成长过程中，智慧、潜能、行为动作和情绪情感的发展，既需要在动手动脑中，也需要在亲情的交往中实现，使婴幼儿得到好奇心、探究欲、归属感、亲近感的满足。这要求抚育者在心理层面给予婴幼儿深层次的理解、尊重和珍惜，以及积极和及时的回应。

有关婴幼儿早期创造力、动手能力和好奇心的培养，我最近从心理学杂志上看到，有研究者认为，创造力的形成和培养与自主求知及审美情感有关，与尊重、鼓励、好奇心的培养有关。好奇心是探索未知事物的一种欲望，它起初产生于内在的自发性需要，加上及时积极地满足与鼓励，就会转化为一种兴趣，成为认知和创造的内在动力。[1]

婴幼儿来到这个世界不久，他对一切处于未知状态，所以好奇心、探求欲特别强烈。我们可以从动手能力发展着手，激发婴幼儿的好奇心、创造力和学习兴趣。

---

[1] 张亚坤, 陈宁, 陈龙安, 施建农. 让智慧插上创造的翅膀：创造动力系统的激活及其条件 [J]. 心理科学进展, 2021, 29 (04): 707-722.

我随后近20年的跟踪研究证明，抚育者在婴幼儿时期给予的理解、尊重和鼓励对孩子的成长发挥了积极的作用。我的小孙子和小外孙，一位在动手能力上有很好的发展，在学习工艺美术设计和动手操作方面表现出色，一位在数理能力上有很好的发展，在学习工程理论和技术方面表现出色。这为有关科学育婴的心理学研究提供了实例。当然，他们未来之路还很长，创造力的培养和研究，还需不断地深入和探索。

第三节　兄弟交往中的各美其美

孩子很小的时候起，就对同伴交往特别有兴趣。如果家中有兄弟姐妹，由于彼此年龄上相近，在兴趣形成和发展阶段上相似，他们彼此成为社会交往的伙伴。在交往中，哥哥姐姐常常会充当榜样，给弟弟妹妹以更多的照顾和关心。他们同伴关系的发展有利于社会性认知、社会性情感和社会性人格的培养。当然，他们在相处中也会有各种矛盾和冲突，还会给父母、祖辈带来更多的烦恼，关键在于如何处置与协调。

我在参与小孙子和小外孙抚育的过程中，对他们俩的相处做过研究，并撰写了有关日记。

日记之一《兄弟俩》摘录如下。

　　小外孙1岁半时他表哥4岁半。一天中午，哥哥来看弟弟，弟弟非常高兴。哥哥见弟弟在玩皮球，边上有几只皮球，哥哥从中选了一只皮球来玩，弟弟马上从哥哥手中把这只皮球抢了过来，不让哥哥玩皮球，似乎还表示："这是我的皮球，你怎么可以玩呢？"此时，哥哥表现出谦让。随后，哥哥见到沙发上有几本《婴儿画报》，就随手翻阅了一下，弟弟不让哥哥拿《婴儿画报》，非要哥哥把画报放下。我在旁边观察着，看兄弟俩如何相处。我见哥哥说："他还小，长大后会知道的。"这一表达，似乎说明4岁半的哥哥能理解和谅解弟弟的这一行为，他还认为："弟弟长大后会懂得哥哥看画报是应当被允许的。"

此时，旁人问我："对弟弟这一行为如何看？"我说："1岁半的婴儿正处于自我中心意识的萌芽阶段，对自己的东西有所认识，有所了解，所以要加以维护。这样的行为可以理解，不必过于担忧。"

事实证明，弟弟长大后对哥哥表现得特别亲热，处处以哥哥为榜样，他们兄弟俩的关系也越来越亲。

日记之二《突然变好》摘录如下。

前几天，弟弟对哥哥发脾气。而今天，弟弟对哥哥又表现得特别亲近。表现一，他一醒来就要到哥哥房间去；表现二，他先看哥哥玩玩具，没有用手去抢；表现三，哥哥教他玩玩具时，他似乎特别专心地听着。此时，外婆说，这宝宝一下变好了，像哥哥那样变成"好和头"了。我想，这也许是哥哥前阶段对他谦让后，他在向哥哥学习。

此时，我想到三四年前，我家老太太对婴儿期孩子的脾气作过评议。她说，这个时期的孩子的脾气变化大，说变就变，一会儿像小狗，一会儿像小猫，一会儿吵闹，一会儿和顺，如同夏天的天气，一忽儿下雨，一忽儿晴朗，所以不必过于担心，而要注意观察、理解和引导。因为婴幼儿的情绪状态处于不稳定阶段，这是正常现象。关键在于，大人要学会理解，要有耐心，而不能用简单的方法对待，要善于关心和引导。

日记之三《兄弟之间》摘录如下。

我女儿陪小外孙看图识字，"小猫""小狗""小松鼠"……还让小外孙和他表哥一起听磁带，两个孩子在床上边听、边唱、边跳，其乐融融。

过了一会儿，小外孙看到一块磁性白板，他拿起画笔画画。哥哥发现弟弟画画的姿势不规范，前去纠正。可弟弟不愿意，似乎表示："我在画画，要你来干预什么？"

我想，这是一二岁孩子与三四岁孩子之间的矛盾与冲突。一是哥哥出于好心，而弟弟不理解；二是弟弟过于自信，不愿意哥哥干预。

这一现象正是婴幼儿在同伴交往之际，基于特殊情景下的特殊矛盾所引发的特殊表现。我们要善于化解。此时，我女儿抱了我孙子一下，表示对哥哥行为的理解和肯定，可弟弟看了这情景，就哭了起来。面对这一情况，我女儿一手抱着哥哥，另一手抱着弟弟，表示对哥哥和弟弟都喜欢。那时，弟弟由哭转笑，皆大欢喜！

日记之四《与哥哥相处》摘录如下。

小外孙1岁9个月，有一天下午，我去接他。他回家看见哥哥后表现得十分热情，先到自己房间将他认为好玩的玩具都拿出来给哥哥玩。他听外婆说，哥哥的鞋子还没穿，于是马上将自己的一双鞋拿给哥哥穿。但是，他发现哥哥的脚与他的鞋不匹配，又去将哥哥的拖鞋拿出来给哥哥穿。外婆看了说："弟弟现在会给哥哥献殷勤、拍马屁了！"

3个月前，弟弟1岁半时，他的自我中心意识表现得很强烈，他的玩具不让哥哥碰，他的枕头不让哥哥坐。他的外婆说："这宝宝日长夜大，半年前，还与哥哥争抢玩具，现在变得快，不仅和哥哥在一起不争不吵，而且还会主动将自己的玩具拿出来和哥哥一起玩，表现出对哥哥的友好、亲热、分享和尊重，还知道有些玩具原是哥哥的，他应主动还给哥哥。"这引起我的关注和思考。

上述变化，说明弟弟的个体社会化进程正在加速发展。他在与哥哥的相处中，学会了尊重、礼貌。他们彼此之间的情感智慧和交往品质在各美其美、美美与共中得到提升。我感到欣慰和喜悦！

上述日记有关婴幼儿在家庭生活中兄弟姐妹的社会性交往，友爱谦让品质的形成，以及如何协调、化解矛盾冲突，还有许多内容需要深入探索。

小孙子与小外孙交往所表现出来的那种谦让和理解令我感动。小外孙对他哥哥的那种热情、友好和主动亲近的行为令人赞美。在后来的相处过程中，哥哥一直称赞弟弟的好学上进，并为之感到骄傲，弟弟也一直佩服哥哥的平和为人和热情谦让。他们相处中的互敬互爱，令我深感欣慰。

在中国亲情文化中，常将兄弟比做手足，兄弟之情情深意切、真诚可贵。在家庭生活中，兄弟姐妹之间的爱应是一种亲密无间、相互信赖的爱。这种爱虽然没有母爱那样细腻、父爱那样博大，却有真诚真实之情，成为兄弟姐妹精神世界的一部分,这一情愫带有文化基因的影响。我从小孙子和小外孙婴幼儿期的交往中,也看到了他们父母一代兄妹情感所给予的影响,其中包含着家风家教给予他们的熏陶。

第四节　与天使共处的感受与体验

一、家庭是天使的摇篮

有人这样描写与孩子相处时的感受和体验:"婴儿是真正的天使——天国的使者,她的甜蜜祥和的睡眠,她在睡梦中闪现的谜样的微笑,她的小身体喷发的花朵般的浓郁清香,都透露了她所来自的那个神秘国度的信息。"[1]

我在研究儿童情感形成和发展时,认真地阅读了马克思青年时写给他父亲的信,他写道:"我们要为自己所经过的情感体验建立一个丰碑,使我们的情感重新获得在行动中的地位,这丰碑就是父母的爱、家庭的情。"[2]他把家庭看作人类情感最美好、最丰富的资源所在地。他把父母的心比作爱的太阳。这种父母的爱,给马克思展现了一个新的世界、爱的世界和追求美的世界。这激起了他为人类的解放事业和自身完美而奋斗的美好理想和不懈努力的坚强意志。

人类之爱是人们生存的基因,是人际维系的根本。家庭是天使的摇篮、亲情的源头、育爱的良种。人对美的追求始于人之初。我国古代思想家李贽写过《童心说》,他认为:"童心者,心之初也。"[3]它"绝假纯真,最初一念之本心也。若失却童心,便失却真心;失却真心,便失却真人"。[4]

二、一篇述评引起的思考

最近我从《心理发展与教育》杂志上看到一篇专论《养育是一种幸福的体验吗?养育倦怠述评》。

---

[1] 周国平. 宝贝,宝贝 [M]. 南京:江苏人民出版社,2010:52.
[2] 马克思,恩格斯. 马克思恩格斯全集(第四十卷)[M]. 北京:人民出版社,1982:8.
[3][4] 李贽. 焚书 [M]. 北京:中华书局,2009:98.

该文认为：21世纪的欧洲，在养育领域发生了一系列的重要社会变化。政府提出了一些美好但实际上难以得到彻底贯彻的养育目标和养育原则。在这样的背景下，养育者的倦怠问题越来越严重，表现出极度耗竭感、情感疏离感和养育的低效能感。由于缺乏养育的有效策略，父母不能从角色付出和养育行为中获得成就感。[1]

我在与部分年轻家长的接触中了解到，其倦怠感和低效能感也时有发生。有家长为了使孩子早日成才，在孩子两三岁起就频繁开展语言类、乐器类、绘画类等多种培训，甚至多种语言集中培训，这使孩子感到疲惫不堪。这不是科学的养育，必须引起注意。

造成上述情况的因素很多，在现实的家庭教育中，由于受到功利主义、急于求成、望子成龙、望女成凤等因素的影响，一些家长产生了养育的倦怠感和焦虑感。因此，家长需要转变教育观念，要以博爱之心、平常之心对待自己和孩子。抚育孩子要有所为有所不为，不可要求过高、过多、过急，要随遇而安，要从实际出发，把孩子的健康快乐成长放在早期抚育的中心位置，要坚持健康第一。教育本身是"慢"教育，要顺其自然，实行生态化教育。要按生态文明的理念来抚育孩子，要尊重自然，顺应自然，保护自然，让孩子在自然和谐的家庭氛围中得到发展。

新生儿作为自然之子，身上具有天真纯朴之美、依恋亲情之美、好动探索之美、自主发展之美、好奇好问之美……我们要学会观察、发现、理解和欣赏他们的成长之美，让孩子在人生之初就得到生态美的滋养，让他们在自然美、生态美的激励下身体更健康，心情更愉快，未来更幸福。

三、抚育中的幸福感受和体验

我在参与孙辈孩子的抚育过程中，伴随他们共同成长，其乐无穷。正如古诗

---

[1] 程华斌，刘霞，李艺敏，李永鑫. 养育是一种幸福的体验吗？养育倦怠述评[J]. 心理发展与教育，2021（1）：146-152.

文中所写："含饴弄孙，尽高堂之乐。"与孙辈相随，我感受到了无尽的亲情之乐，温暖之感，有的是幸福和享受，很少有焦虑和倦怠。有关的幸福体验，我从观察日记中选取几则与大家分享。

小外孙 7 个月时，来到我家和我们常住一起，这为我直接参与抚育提供了条件。在他 7 个月大时，我写了一篇日记，题为《外公有办法》，现摘录如下。

  这一阶段，我经常抱他到户外活动，开阔视野。我抱他来到大楼的门口，他看见人来人往，似乎十分好奇和开心。我发现这年龄段正是好奇心的剧增时期，对环境极感兴趣，是开始学会观察的阶段。他对我抱他外出玩耍，不仅感到舒服，而且感受到探索欲的满足。这时，他对看的需要不亚于吃的需要，他的心理需要开始超过生理需要。他对抱有三要，一要舒服，二要走动，三要拓展视野。因此，我抱着他时常变换姿势，让他看看小狗小猫，看看各种行驶的车辆，看看公园里人们的各种运动。这一切，使他对我的亲切依恋感大有增强。我女儿说，现在他喜欢外公已经超过了喜欢妈妈。当然，到了晚上还是依恋妈妈第一。我每天下午 4 点到 5 点常常带他外出玩耍。人世间，真热闹，有树阴，有花草，小朋友，满地跑，很好看，真欢乐。这时候，他既不吵，又不闹。他妈妈说："外公真有办法！"外婆也说，外公带小孩有一套办法。将来做学术研究时，我也有了生动的素材和具体的实例，可谓一举多得。

宝宝有了更多的户外活动，可以接受阳光浴、空气浴和绿色生态的自然浴。婴幼儿心理研究需要通过现场的个案观察，了解婴幼儿更接近自然的生活状态和更真实的心理活动。户外活动为此提供了条件。同时，户外活动也是最好的身心休息，可以充分享受天伦之乐，获得最舒畅的精神享受。

让孩子在抚育者的怀抱中健康、快乐、幸福地成长，不仅有利于其愉悦感、安全感和幸福感的获得，也有利于对其高情智、高素质的培养。

下面两则事例令我动容。

我 80 岁时患重病住院治疗近一年，家人为此担心，常来看望。外孙看望我时，带了他的一篇作文，题目是《冬日暖阳》，现抄录如下。

冬日暖阳

寒冷在封锁着大地,我们寻找着那一丝暖阳。

1月的下午,我坐在藤椅上,寒冷覆盖在我的身上,皮肤失去了知觉。我呆滞地凝望着前方,如同冰雪一般沉默,心中触景生情,不禁有了一丝悲伤。我闭上眼睛,静静地想着心中的事,感受着寒冷对身体的侵蚀。

那种奇怪的感觉从身上的某一点开始散布开来,仿佛身上的薄冰慢慢融开了。我知道那是暖阳,可冬日的暖阳太过轻微,一睁开眼,它就会消失。它只能用安静的心去感受。我闭着眼,感觉知觉又一点点恢复了……

我所想的是外公的病。外公因病做了手术,从此生活不便,还要接受种种治疗。我还记得曾有几次,一家人默默坐着,一言不发。是啊,这的确是一件令人伤心的事,就如同冬日一般,固执得几乎不放出一丝温暖。

可是,冬日竟也有暖阳。那么,又有什么境遇会使人毫无温暖之感呢?

我沐浴着阳光,心中回想着几周来的事,仿佛心中也冒出了些许阳光。那是一家人的团结啊!母亲操办了家中的大小事务,从服药到吃饭,母亲样样事都管理得十分妥帖,不让外婆太过操心。舅舅为外公找好医院,联系单人病房,让治病过程顺利安心。我与表哥也常常到家中看望外公,让他颇感欣慰。尽管一切似乎笼罩在无边的寒冷之中,但如今用心品味,那一丝暖阳已经透射进来。

人世间的真、善、美是永恒的,仅凭这点,人类也决不会被完全的寒冷所包裹。即使在最困苦之境地,如冬日,如病痛,也能有所温暖,如暖阳,如亲情。所缺的只是一颗善感的心。这种温暖是从寒冷的缝隙中穿透进来的,只有闭上眼,静下心,才能感受。只要我们感受到了,生活也就充满了希望。

我睁开眼,投入了美好的生活。

在我生理、心理上经受煎熬之时,这篇作文如同冬日的暖阳,给我带来了温暖和力量,使我感到了亲情的宝贵、人间的幸福和战胜痛苦的希望。这正如文中所表达的:"人世间的真、善、美是永恒的。"亲情中的善感之心,在温暖着我这一患病之人，它给了我战胜病痛的力量，而且使我对未来充满希望。我在这样温暖的家庭中，调整好自己的心态，以积极的情绪去战胜疾病，争取早日康复。现在，病后六年了，医生与周围的人均说我康复得很好。我说，这要感谢家人的亲情，包括孙辈的暖阳。

我对这暖阳的感受，不仅来自孙辈的作文，还来自孙辈感人的行动。

外孙长大后，他在各方面发展均好，对我的亲情有增无减。他个性内向，不善言表和外露。在近期的一次家庭聚会上，由于病后手术给生活带来了诸多不便，我经常要离开餐桌做病理上的处置。此时总有外孙相伴，他形影不离，主动给予照顾和护理，这一行动得到了大家一致的赞赏。

事后，我给他发了信息："十分感谢你时时处处对我的关心，每次我外出护理时，你总是给我照顾和方便，你这自觉主动的行为给我带来了温暖，我为之感动和感激！我为有这样的外孙而感到幸福和骄傲！"

他的回复是："照顾外公是应该的，是我应尽的孝心，我也感受到了阳光和快乐。"

多么美好的亲情和美德，我每次想起此事，感受到强烈的获得感和幸福感。我从中体验到，抚育孩子成长不是苦差事，而是特别美好的精神享受的历程。用真心去播种美德，日后会在阳光雨露的滋润下开花结果。不求回报的回报，是最真最美的回报。

以上事例，讲的是外孙的故事。我孙子对我的亲、对我的爱也和他弟弟一样。他在海外学习时，常常来信息向爷爷奶奶问好，自报平安。还说，爷爷奶奶身体健康，是他最大的心愿！因此我回信中也写道："天地有爱，人间有情，相互牵挂，健康同行，每次看到你的来信和祝愿，我们倍感幸福。你在我们心目中，无论是人品还是心态，都表现得大气和大方。你独自一人在海外求学，十分艰辛，又很努力，我们深感欣慰！祝你在成长成才的道路上心想事成！健康、快乐、幸福！未来更美好！"

以上几个实例，均是我切身的感受和真实的体验，所以我对养育孩子没有倦怠感，只有愉悦感、获得感和幸福感。

最近，我特地请外孙参与了本书的初审，他的评价是："书稿很好，在真实的情感和案例中阐述教育理论，使读者能读得进去，并且实践性很高。"

还有他的自评："我喜欢在安静的环境中思考，独自工作时我的效率高，我常常会进入自我对话的状态中。我喜欢软件工程，因为其具有数学的抽象性，同时又对日常生活和工业界有现实的价值。"

我与他交谈中，问及为何对数学抱有如此浓厚的兴趣，常常沉醉其中。他给我的回答是："好玩，数学游戏能与现实生活联系。"他的回答令我惊喜，这是多美的心态啊。在学习中抱有好玩的心态，这是科学审美化的境界。

我为他的学习生涯达到了自由自主自在的心境层面而感到高兴与赞赏。这使他的人生进入对科学美的欣赏和好玩的游戏领域，使自我心智得到解放，这是其身心健康、生活愉快、人生幸福的内在心理基础。他在学习过程中不仅童心不泯，童趣提升，而且又将感性和理性和谐整合。我为之感到高兴。

我把抚育当作精神生活上的一种超级享受，当作祖孙一起经历的情感体验之旅；当作现实生活的文化之旅；当作晚年生活中的一片彩霞，所以，只有获得感和幸福感，没有倦怠感和焦虑感。

四、抚育者的角色定位和心态

我认为，抚育者既是养育者、关怀者，更应是审美者、学习者和反思者。在与孩子相处的过程中，要抱有敬畏之心、学习之意，要用审美的眼光欣赏他们的天真美，让他们的童心美、生态美在抚育者的审美中得到升华，成为人格美、心灵美、科学美和人生美。

我在抚育过程中的平和豁达心态得益于与我孙子、外孙心灵上的交流，以及儿子的"慢"教育和女儿的"顺"教育的启发。

现将我孙子初中班主任给他的评语摘抄如下。

> 你的可贵之处在于平和而又大气。平和令你宠辱不惊，平和使你宽厚待人，平和也使你和身边的每一个人都相处得很好。平和使你豁达大度，从不斤斤计较，但你又绝不随声附和，绝不会人云亦云。在同龄人中难得的大度

大气大方和富于质疑的精神在你身上得以展现,为此,老师和同学都钦佩你,愿你永远保持这一精神状态和人格特征,继续努力。

后来,他进入了高中和大学,上述的精神状态和人格特征一直保持着。因此得到了老师和同学们的喜爱和赞赏。现在,他在海外求学,能适应那里的环境,在异国他乡,与那里的老师和同学相处得也非常融洽,他时常来信说:"一切很好,请爷爷奶奶放心。"我们也为之欣慰。

有人写道,用一颗平和的心看人间万象,静听花开的声音。平和平静来自内心,花开有声,风过无痕,一切遵循自然,这是一种生态美、心灵美的体现。

有位学者在《外孙女的成长日记》中写道:儿童对家庭也有独特的贡献(这种贡献并不是他们有意去做的)。那就是儿童作为新生事物,他们的不断成长、进步会给整个家庭带来生机勃勃的向上气息。儿童的天真无邪可以洗涤家庭,对儿童的亲昵可以增加父母亲的感情,对儿童的关怀可以增进家庭成员的和睦。

我认为,儿童平和、豁达、大度的心态和性格还为我们摆脱功利、焦虑和倦怠的情绪带来了积极影响。因此,我们要向儿童学习。

在抚育的过程中做到心无旁骛、真诚相爱、从容淡定,保有平和之心,就能宁静致远,有利于孩子的健康、幸福、快乐成长和人格的完美。

根据我参与抚育孩子成长的感受和经验,我认为抚育者的心态对自己应该平常和平和,对孩子应该宽容和宽松!抚育者要给予柔性关怀,为人要宁静致远,千万不可强制孩子,这样会伤害其柔软的心灵,影响其身心发展。对婴幼儿,要根据精神生命的生态学原理,让他们自然自主自由,这样的成长和发展才能让孩子含苞待放、开花结果。维果茨基的文化育儿论观点认为:3岁前的儿童要按照他自己的大纲进行学习,他们的成长具有自然自发性,不是由母亲的教学大纲所决定的。[1] 从我自身抚育的经验来看,3岁前的婴幼儿不是要让他们一味地听我们的话,相反,我们要学会倾听他们的话。实践证明,今天我们尊重他们,明

---

[1] 维果茨基. 维果茨基教育论著选 [M]. 余震球,选译. 北京:人民教育出版社,1994:378.

天他们会尊重我们，而且让他们自主自由自然地得到发展，他们的智能和个性发展会比我们想象的还要好。

我的心态：抚育者的爱应该是一种无私的爱、天性的爱，不带任何功利心的爱，是无条件的爱。它应该是真爱和纯爱。我在与孩子们的相处中，感受到他们身上存在着一种特有的吸引力和转化性的功能。他们身上的那种纯真之心会使抚育者不求回报的爱转化得到超常的回报。他们将在婴幼儿时期关爱过他们的每个人的爱转化为一种超常的真爱和纯爱。这是天使般的爱，特别真实、淳朴，使人感到特别的温暖。这种爱还具有转化和辐射功能，从对父母、祖辈的爱转化、辐射为对自然、社会、科学、人生的爱。

正如《程氏遗书》中论及家庭教育时所说的："故善养子者，当其婴孩，鞠之使得所养，全其和气，乃至长而性美，教之示以好恶有常。"[1]

这种爱能转化，把天使般的爱转化为心灵美和人性美，使自然美提升为生态美和社会美，使人性更加善良，心灵更加美好，心态更加平和，意志更加坚强，学习更加自觉，学风更加严谨，为人更加真诚，人格更加完善。

抚育者的爱越纯越真，越能使孩子的情绪、情感得到纯化和优化。如果父母带有功利、虚荣、攀比之心或用简单粗暴的态度对待孩子，会使他们的情绪、情感发生异化甚至恶化。

心灵的变化不是物的变化，它靠的不是压力，而是真爱和柔情。一旦心灵得到了真诚的滋润，爱就会得到绽放。婴幼儿身上的爱的能量和创造力是巨大的。不少科学家创造才能的激发得益于他们童年时期父母给予的呵护。

最近的心理学研究认为：人的创造力在于情感及关系需要的满足。他所需要的是自主、求知和审美，情感关系有了自主性，他们的兴趣、热情和自信就会得到激活。创造力培养的蝴蝶理论为智慧插上了创造的翅膀。[2]

有关抚育者的心态，我外孙小学时写了一篇作文《我的母亲》。谈及他母亲

---

[1] 程颢，程颐. 程氏遗书 [M] // 朱熹. 朱子全书外篇. 上海：华东师范大学出版社，2010：80.
[2] 张亚坤，陈宁，陈龙安，施建农. 让智慧插上创造的翅膀：创造动力系统的激活及其条件 [J]. 心理科学进展，2021，29（04）：707-722.

的心态，现摘录如下。

我 的 母 亲

我的母亲是一位可爱的中年妇女，她热爱着自己的生活，是个开朗的人。她热爱自己的家庭。我的家庭年龄跨度较大，我的曾外祖母96岁。还有80岁的外祖父母需要照顾，她的担子自然不轻。

我的外祖母一直为家务操心着，平时有争执时，母亲还是十分耐心地给予照顾，经常会让着她。外祖母生病时，母亲总是在她身边关心着她，帮助她康复。我外祖父经常看书，做研究，外出做报告，在家的时间本来就不是非常多，家务帮不了多少。一般情况下，收拾餐桌、打扫除尘等家务都是由外祖母、母亲和老太太（曾外祖母）分担。在与老太太争着做家务时，母亲是从不让步的，非得争个一段时间，才让老太太跟她一起做。

母亲每年必要带家人出去旅游。她常说，要趁老太太走得动的时候，多带她出去玩。考虑到老太太不能走动太多，母亲选择了邮轮旅游。母亲花在家庭上的钱总不会少，母亲看到家人旅游回来幸福的样子，听到老太太说："我喜欢去旅游，看看这个世界。"也许是她最幸福的时刻了吧。

那母亲对我怎么样呢？她的思路是"该玩的时候就要玩"。在寒假里，她虽然给我报了一个课外班，但下课后有时间就会带我玩，去看电影，去打乒乓，去饱餐一顿，因为这是寒假。为了让我好好玩，她付出了不少时间和金钱。而在辅导我学习时，她总能找到适当的方法。比如说，在做课外教辅时，有一些简单的内容，她让我口答，而不是写下一大堆；在学习基础口译时，她跟我一起练听力，说要比比谁学得好，这是想提高我的积极性吧。

正因为如此，我们全家没有一个人是不佩服我母亲的。我想，每个人都应该有我母亲这样的心态吧。

第五节　生态美的育婴理念和操作要点

习近平提出："我们要深怀对自然的敬畏之心，尊重自然、顺应自然、保护自然，构建人与自然和谐共生的地球家园。"[1]

有关生态学和生态美，马克思早在1844年就提出了"人化自然"的思想。[2] 后来，恩格斯在《自然辩证法》中也提出，人源于自然，自然是生命之母，人与自然是一种和谐共存、共生的关系。人与自然、社会是有机的统一体。他们共同的理想是要让"每个人自由发展"，成为全面发展的人。

我们理解的生态美，是让新生儿顺其自然，在保留婴幼儿天性中质朴美的基础上，在早期交往之中，发挥父母和祖辈各美其美的抚育功能，让婴幼儿在与小伙伴共玩共乐中，其天性得到淳化、文化、美化、诗化，在健康、快乐、幸福中获得各种潜能的充分发展，在自然的生态环境中得到自主、自由的成长。

在抚育婴幼儿的过程中，我们应当秉持上述生态文明思想，把婴幼儿看作自然之子、天国的使者，从他们身上发现自然美的天性，深怀敬畏之心，抱有学习之意，去尊重、顺应和保护好婴幼儿的身心健康，使他们身上的自然美、生态美逐步得到提高，向着真善美的方向提升，使他们从小就能获得更多的安全感和幸福感，为他们的终生发展奠定基础。

一、生态美的育婴理念

早在1998年，我与朱小蔓教授合著《儿童情感发展与教育》一书时，在其前言中写道："创造完美的生命是我们的教育信念。"一个孩子出生后，首先将情绪和情感作为沟通、表达、连接外部世界的讯号。情绪较之认知，原始作用更早，动力性更强。儿童健康的自我感、归属感、依恋感、安全感、幸福感和自主感的形成和获得，始于婴，成于幼。他们交往中的快乐，探求中的兴趣和审美中的愉悦，需要我们给予理解、尊重、鼓励、欣赏和赞美。[3] 这需要我们用美的心态去抚育婴幼儿美的心灵。

---

[1] 习近平. 论坚持人与自然和谐共生 [M]. 北京：中央文献出版社，2022：292.
[2] 马克思，恩格斯. 马克思恩格斯全集（第42卷）[M]. 北京：人民出版社，1979：126.
[3] 朱小蔓，梅仲孙. 儿童情感发展与教育 [M]. 南京：江苏教育出版社，1998：5.

二、生态美的理解和感悟

生态美学研究认为：生态美是一种关系，是人与自然和谐的关系。有人认为：依赖于自然基础的亲近、和谐、共生、共在关系，就是生态美；它是在自然美和社会美的基础上，对自然的审美关系。[1] 它是介于自然美和社会美之间，是自然美和社会美在更高基础上的统一。这种人与自然的和谐美，体现在对婴幼儿成长的抚育中，我认为：婴幼儿是自然之子，天国的使者，抚育者一方面要遵循自然发展规律，保留其原生性、本源性的纯粹纯朴的天真美的本性，尊重、顺应和保留好自然美之根，使其生根发芽，开花结果；另一方面，要创造良好的抚育环境，通过审美化、个性化和精细化的抚育策略，让婴幼儿在自然美的基础上，向生态美、心灵美、社会美的方向提升，为每个孩子美的生命，为他们实现审美化生存理想奠定基础。

在抚育 0—3 岁婴幼儿的过程中，如何形成和建立互敬互爱、互存互融、美美与共的亲情关系，我有下列感悟。

> 婴幼儿的心田是一块奇异的土壤，
> 今天你播下爱的种子，明天能获得美的收获；
> 今天你播下美的种子，明天能获得善的收获；
> 今天你播下善的种子，明天能获得幸福快乐一生的收获。

所以，我们让婴幼儿从小得到关爱、和谐和尊重，获得真善美的熏陶，就能让他们在成长的道路上自身趋于完美，并和社会协调发展。

对我们的孩子，今天你尊重他们，明天他们会尊敬你；今天你倾听他们，明天他们会听从你；今天你用审美的眼睛去看他们，明天他们会用敬仰的目光看你；还会时时处处以你为他们行为准则的榜样，自觉地向你致敬和学习。

因此，养育下一代不是负担和苦差，而是美好而甜蜜的事业和幸福快乐的精神享受。

---

[1] 黄秉生，袁鼎生. 生态美学探索——全国第三届生态美学学术研讨会论文集 [M]. 北京：民族出版社，2005：311.

三、生态美的抚育实践与操作要点

在儿童心理发展研究领域中有社会生态学方法论的研究,其要点是:在人的行为与自然环境中,在关键期内接触到释放的刺激物,就会导致印刻、印记现象的发生,其中母婴依恋就是一例。有人把上述研究扩展到个体出生之后,在社会交往和社会环境接触中,个体会产生情绪、情感等方面的变化,也会有类似印刻、印记现象的产生。社会生态学研究将发展看成是人与环境相互作用的产物。[1] 在婴幼儿发展时期,特别要重视微系统的影响,即儿童处于直接的、面对面的交流中所受到的影响。我在抚育孙辈时,重视发挥关注的视觉效应和手抱与"心抱"的整合,其结果产生了深厚的祖孙之情,其乐无穷,这就是发挥微系统功能的结果。除了微系统的影响,还有小系统、中系统、外系统、大系统等环境给予孩子的综合影响,包括婴幼儿和父母的亲密接触及相互交流等。这一切,形成了影响正在成长中的儿童身心发展的社会生态学理论。[2]

我在参与抚育的过程中,在学习发展心理学和生态美学原理的过程中,开展了生态美的抚育方式的实践研究,形成了若干抚育要点,现概括如下,供大家参考、交流和批评指正。

生态美的抚育要点主要包括:一个中心、两个出发点、三个生态化操作策略、四个原则、五个环境创设。

一个中心:

抚育要以婴幼儿健康快乐成长为中心。一切以健康第一,快乐为上,让小生命来到这世界,第一感受是亲人们无微不至、体贴入微的关心、关切和关怀。在生命的头三年,要以玩为主,让他们在玩中乐、玩中学、玩中成长。

---

[1] 勒弗朗索瓦. 孩子们——儿童心理发展(第九版)[M]. 王全志,孟祥芝,等,译. 北京:北京大学出版社,2004:83.
[2] 同上:85.

两个出发点：

要以孩子的自主发展和和谐发展为出发点。0—3岁阶段，要让孩子在自由自在中开心，在"自作主张"中开窍，在"自说自话"中开口，在自由活动中开胃。在与孩子交往时，要常怀敬畏之心，尊重、顺应、保护孩子，使其和谐发展，要以和为贵，态度和善，语气和缓，问题和解，以情动人，以爱育人，互敬互爱，不发火，不打骂，不粗暴。

三个生态化操作策略：

其一，抚育审美化策略。这一策略有四个要点：欣赏性观察、理解性关怀、支持性帮助、积极性引导。抚育之美，美在真诚。心中有爱，眼中有光。

其二，培育个性化策略。在抚育中因材施教，因人而异，要一把钥匙开一把锁，学会认识个性、尊重个性、研究个性、扬长避短，给予人生出彩的机会，让每个孩子在个性化培育中，都能得到潜能开发和适性发展。

其三，操作精细化策略。抚育最柔软群体的心灵健康，需要精之又精，细之又细，慎之又慎；需要精心呵护、精细入微、精耕细作。育婴无小事，时刻留心保平安。

四个原则：

第一，示范原则。重榜样，做示范，以身作则最重要。言而有信为立身之本。给孩子的承诺，尽力做到，因为婴幼儿在观察、学习、模仿中长大。

第二，有序原则。格赛尔通过50年的研究得到结论：儿童发展都有序，又有时间表，不可操之过急，不可拔苗助长，要循序渐进，顺育结好果。

第三，量力原则。柔软群体要柔性关怀。父母的焦虑、孩子的苦恼在于父母期望过高，给予孩子过大压力，使孩子负担过重。因此，"慢"教育提倡有理有节有度的抚育。让婴幼儿在轻松快乐中成长，后劲会更足，发育会更强健，未来发展会更美好。

第四，协调原则。对子女的要求要前后一致，父母与祖辈对孩子的要求要相互一致，要与其生理、心理发展水平保持一致，与周围环境的现实协调一致。要承认家庭与孩子成长的多样性，不能强求一律，要求同存异。不能要求全方位的完美，要有选择性地适性发展，避免因孩子的无所适从而带来不必要的苦闷与烦恼。

五个环境创设：

生态学重视环境的创设，环境包括大、中、小、微系统。好的环境刺激给婴幼儿美的印象，有利于婴幼儿早期发育。儿童心理学家、教育家陈鹤琴倡导为儿童营造良好的环境，认为环境好，小孩子就容易变好；环境坏，小孩子就容易变坏。所以，他提出要从小创设游戏、劳动、科学、音乐、绘画、审美、阅读等环境，为其一生做人奠定基础。[1] 我从现实出发，归纳了五个育儿环境：一是和睦的家庭环境；二是民主平等的育儿环境；三是丰富的文化环境，包括艺术观赏环境；四是安静的学习环境，包括科学、自然、阅读环境；五是良好的人际交往环境，帮助孩子从小养成与人相处、以礼相待习惯的人文环境。为婴幼儿创造美的成长环境，让他们从小得到真善美的熏陶，为一生的幸福、快乐、有为奠定基础。

总结过去，展望未来，我们看到联合国教科文组织2021年11月面向全球发布的报告——《一起重新构想我们的未来：为教育打造新的社会契约》。它要求我们从生态学视角，重构人与自然、人与社会、人与自身的共生共存的和谐关系。这就需要我们持续深入地开展儿童、青少年成长中的生态美学心理学和生存全程中的关怀教育学的研究，让每一个孩子的生命充满阳光和向上的朝气，在和谐的美美与共的环境中茁壮成长。

---

[1] 陈鹤琴.陈鹤琴全集（第二卷）[M].南京：江苏教育出版社，2008：636.

附录一

一本百科全书式的育婴好书

冉乃彦[*]

我的老朋友,上海市教育科学研究院的特级教师梅仲孙,在85岁高龄完成了跟踪二十年研究孙子、外孙的成长纪实。我向他学习并热烈祝贺!

我与梅老师相识几十年,一直保持联系。我俩现在都在进行跟踪研究。

我深知跟踪研究二十年实属不易,没有对孩子的爱,没有对教育研究的执着,不可能完成这项艰巨的工程。

我有幸看到其征求意见稿,感觉它是一本婴幼儿心理和教育方面的带有百科全书式的好书。

我认为本书有不可多得的四大特色。

一、亲自跟踪,亲历孙子外孙成长二十年

梅老师作为爷爷、外公,从孙子、外孙出生到成年,彼此始终保持密切联系。从唱着儿歌,怀抱着他们入睡,到他们成年,进行朋友式的谈话,他掌握了丰富的第一手资料,记了二百本跟踪观察日记。

这种亲历所掌握的资料,绝不是坐在屋子里读几篇调查材料所能比拟的。通过观察不会说话的婴儿,从他的表情就能够判断,他是饿了、困了、想尿尿了,还是孤独了?别人哭闹的时候,为什么入托的小外孙却说"哭没有意思""哭没有用"?梅老师获得的都是真实的第一手资料。

---

[*] 冉乃彦,家庭教育研究专家,任职于北京教育科学研究院。

梅老师获得的孙子、外孙的各种信息，不是任何人都能够得到的。这不仅是因为血浓于水，也是因为亲密陪伴下的深度理解和信任。

从小到大地跟踪观察孙子和外孙，梅老师拥有充分的根据，去说明两个个性不同的孩子，应该接受不同的教育方法。

二、深入研究，提出从实践中得出的创见

梅老师的跟踪和其他爷爷、外公不一样，他本身就是一个研究者。他是带着强烈的探索愿望去进行观察、思考的。

发现孩子 2 岁半入托的哭闹现象比较严重，他运用自己丰富的心理学知识，认为应该遵循这个年龄段孩子的特点，将入园改为弹性时间，亲人可以适当陪伴，收到很好的效果。

他亲自体验了许多让家长困惑的婴幼儿身上的种种现象，例如特别贪玩，爱扔东西，爱发脾气。

他通过亲自实践，总结出"顺心、称心、耐心"的三点婴儿入睡法；总结出"说、看、摸三结合"的幼儿识字法。

他提出，"抚育中的审美化"要做到：欣赏性的观察，理解性的关怀，支持性的帮助，积极性的引导。

三、综合分析，运用了古今中外的科研成果

梅老师是一名科研人员，他在跟踪研究中，不仅亲历进行观察实验，还大量借鉴了古今中外的科研成果。

除了引用著名学者的相关研究论述，梅老师还引用了幼儿园老师、家长的研究成果。更重要的，当然还是自己根据跟踪研究的实际情况，进行了综合分析。

书中指出，低龄孩子的游戏是自发、独自的，因此，不适合有规则的游戏。

玩，对于儿童来说，实则探索。孩子的所谓破坏活动，实则也是一种探索（例如，孩子把袋装茶叶倒出来，孩子的撕书行为……）。

四、具体指导，为广大家长、教师献计献策

梅老师的书，既为科学研究增砖添瓦，也为广大的家长、教师服务。因此，心中始终有读者的梅老师，采用了许多通俗易懂的表述方式。

本书的很多标题是生动的教育金句，让读者一看到标题，就会得到理念方面的深刻启示。例如："入托入园是婴幼儿走向社会的第一步""玩是孩子的生命"……

梅老师在书中，用大量篇幅为家长、老师解除困惑和支招。这是身处第一线的家长和教师最需要的。例如：

入托入园的"三准备"；

入园前的大小便适应训练；

孩子奇怪的"咬人问题"是怎么回事？怎么解决？

天冷了，孩子不愿意加衣服怎么办？

成人在儿童游戏时，如何参与其中，做合作与支持者……

根据婴幼儿的年龄特点，梅老师特别重视安全问题，强调抚育的精细化，不仅从原则上指出"育婴无小事，时刻留心保平安"，而且给出了许多实用的操作方法。

我读了梅仲孙老师这本书，收获是多方面的。不仅对原来知道的教育理论有了更深刻的理解，也掌握了许多解决问题的有效方法，而且对我们正在进行的小学一至六年级的跟踪研究也有许多启发。

我相信这本书的问世，会为婴幼儿研究、家庭教育探索提供重要的根据。它将会受到广大研究人员、家长、教师等教育工作者的欢迎。

附录二

赐我一双审美的眼睛

王文育[*]

  2003年,我女儿生了个女儿,我幸福地做了姥爷。不到一年,我儿子生了个儿子,我又做了爷爷。有了外孙女和孙子,我自知随着身份的改变,我的责任和义务也不一样了。如何当好姥爷和爷爷?如何在抚育外孙女和孙子的过程中扮演好姥爷和爷爷的角色?是我必须思考的重要问题。为了寻找答案,我购买了《抚育者的眼睛:一位爷爷对孙子的心理解秘》这本书,并开始阅读它。我之所以钟情于这本书,一是因为它的作者梅仲孙先生是一位做了爷爷姥爷的人,是一位对自己孙子外孙的成长进行了跟踪观察研究的教育家,我主观上就有一种亲近感、认同感、信任感。他的书一定符合我的口味,值得学习阅读。二是书的内容非常实用,观点明确,通俗易懂,能为读者解答抚育婴幼儿时遇到的许多疑惑和难题。三是本书脱离了一般育儿书的老一套,把情感的抚育和心理健康的保护提到了和生理保健和医学护理同等重要的地位。四是本书针对婴幼儿生命开始的前36个月,给出了常见问题的应对策略,便于读者在一定时间节点上发现处于萌芽状态的问题并及时预防处理。

  在参与抚育孙辈的过程中,由于阅读了这本书,学习了这本书,我大获裨益,克服了不少落后和狭隘的想法,增加了许多有益于孙辈成长的抚育知识和手段。

  一直以来,我和相当多的人都认为抚育婴幼儿就是要喂饱穿暖、无病无痛、

---

[*] 王文育,江西省修水县中医院中医师。

我自己的儿女就是在这种抚育环境下长大的，饿了喂吃，冷了加衣，病了找医生。我根本没想到，婴幼儿也有心理和情感的需求，更没有想到这种需求的满足程度会影响其今后甚至一生的发展。过去，即使有过对孩子心理情感关照的行为，我也不会意识到其意义。比如，孩子哭闹，既不饿也不冷热时，我们会将其抱起来哄哄，认为这是躺久了，身体不舒适；孩子高兴，露出笑容，我们会偶尔报之以亲热，但不知道这是给其重要的情感慰藉，会有益于他今后情感世界的升华。通过学习该书的有关章节后，我明白了婴幼儿的依恋感有其先天性、自然性和本能性。婴幼儿从生理生命降生的那一刻起，精神生命也同时降生了。生理饥饿需要喂食，精神饥饿需要抚爱和关怀。情感交流、发展、培养萌芽于婴儿的早期，我们要让孩子在人生之初，就赢得关怀和信赖。我在参与抚育孙辈时，尽量做到和做好对孩子情感的关心和爱护，尽量用心地多抱抱他们，多亲近他们，多和孩子笑笑，聊聊。我在换取了孩子的高兴与欢笑后，自己也获取了天伦之乐的满足。

两三岁的孩子咬人、撕书、到处乱画……我以前总认为这是不好的行为，应该制止，不能让其自由发展。梅先生在书中提出，这些现象的发生都与孩子的情感心理有关。"2岁宝宝习惯用嘴去感觉事物，这是他们了解外部世界的一种途径，也是他们自我放松的一种方式。""有的心理学家还将撕书作为幼儿早期学习欲望的表现……""……实际上他是处在涂鸦期，画画是他的发泄途径，能给他带来极大的满足……绘画和音乐是婴幼儿生活中不可缺少的'精神乳汁'。"根据梅先生阐述的道理、观点和方法，我在对待和处理孙子、外孙女咬人、撕书、乱涂乱画的情况时，不再感到气恼、紧张和无奈，而是在理解和友善的心情下进行劝阻和引导。对于孙子和外孙女涂涂画画的行为，我有时还予以鼓励和表扬，促使孩子充分发挥自己的才干。结果是，孩子们都会慢慢收敛直至停止那些带有破坏和伤害性的行为，甚至能主动检讨自己的不对。我孙子4岁时，有一次不小心将一个比他大的伙伴推倒在一个浅水池内，在我们双方大人都未责怪他时，他却一再地责怪自己，不断地说"对不起"，还自己打自己的手。我觉得一是他确实知道自己错了，二是说明这孩子生来心地善良。这也证明了"人之初，性本善"，婴幼儿是与生俱来的纯洁、善良、诚实。在他们的这个年龄段并没有恶意的作为，而是心理情感的表露。

作为医生，我觉得这本书对我的业务水平提升也有很大的帮助。婴幼儿哭闹是常见的就医现象。以前遇到这样的情况，如果找不到明确的生理病理原因，就很难作出适当的处理。现在就多了一条为就医者支招的途径，比如询问大人，孩子是否有人陪伴？是否离开熟悉的环境、熟悉的抚育者？是否喜欢到光亮热闹的场合？并告诉家长尽可能针对性地采取措施。中医学理论中的病因学有喜、怒、忧、思、悲、恐、惊等七情致病的提法，但以前很少应用于儿科病人，特别是婴幼儿病人。人们普遍认为儿童很少有情感变化，往往不太重视情感对婴幼儿的影响并加以处理。学习本书后，我对中医理论和技术在儿科、婴幼儿科的应用有了更全面、更深入的理解，比如，儿童厌食病、夜啼病、遗尿病等都应考虑心理情感因素。以上是我在有了孙辈后阅读、学习《抚育者的眼睛：一位爷爷对孙子的心理解秘》一书后的几点粗浅体会。

总的来说，该书确实是一本好书，值得所有有抚育婴幼儿责任和义务的人，包括孩子的父母、祖父母、外祖父母及其他家庭成员都认真地读一读。还有一些因工作关系，需为婴幼儿提供服务的专业人员，如儿科医生、护士，托幼机构的教师、护理员等，也值得读一读。

最近获知《抚育者的眼睛——一位爷爷对孙辈的心理解密与成长纪实》一书即将出版，并有幸拜读了本书的审阅稿。我十分钦佩梅老先生的敬业精神。老先生在耄耋之年为了孩子们的幸福成长，不辞辛苦，废寝忘食。衷心祝愿《抚育者的眼睛——一位爷爷对孙辈的心理解密与成长纪实》早日付梓面世。我以一位孩子家长的身份感谢梅仲孙先生和所有编辑、审稿者为该书付出的心血和劳动。

本书在保留了《抚育者的眼睛：一位爷爷对孙子的心理解秘》基本内容和面貌的同时，增加和丰富了许多新的内容，并且在编排上作了大幅度的调整。前五章，针对不同年龄段需要重点关注的问题分别阐述。后面几章则一章节一个主题进行讨论，实在是匠心独运，方便读者有选择性、针对性地阅读，十分值得赞贺。增加的第七章"祖辈抚育 隔代情深"为祖辈参与抚育婴幼儿进行了多角度的分析论证，为祖辈在抚育婴幼孙辈过程中如何做、做什么提供了非常切实的建议。我相信一定会受到和我一样当了爷爷奶奶姥爷姥姥或即将当爷爷奶奶姥爷姥姥的人的喜欢。

我深信《抚育者的眼睛——一位爷爷对孙辈的心理解密与成长纪实》一定会深受广大读者的喜爱，一定会为抚育婴幼儿这一人类必不可缺的宏伟工程发挥更大的作用，作出更大的贡献。鉴于我只是一个普通的当了爷爷和姥爷的人，一个普通的读者，只知道从该书中获取营养，在读该书时增长知识，从未考虑也无能力对该书作出评议。我能说的就是，再次感谢梅仲孙先生，感谢编审，感谢你们在十几年前为抚育婴幼儿事业奉献的一份爱心，更感谢你们在十几年后的今天再次为抚育婴幼儿这一神圣的事业捧出一颗赤诚的心。

赋诗一首

金秋九月读华章，
百苑丛中独自香，
满卷皆呈关爱智，
行行尽见诲人方。

梅公德品高馨雅，
乐善勤施抚幼纲，
不畏遐龄重出手，
堪为我等立标扬。

附录三

你把眼睛里的秘密给了世界

董爱凤[*]

我是梅老师 84 届的师范学生。拜读梅老师的研究著作，我感到非常荣幸、非常骄傲，同时又非常惭愧。老师耄耋之年还在科学研究，想着为广大的家长、教师指导服务，真是令我敬佩、敬重、敬仰。这是老师对后代的爱，对教育研究的执着。因为有如此大爱，才会完成这项艰巨的工程。三个月来细细品读书稿，我又增加了对梅老师著作的亲近感、认同感、信任感。我与老师不惑中年、古稀之年和耄耋之年的三次印象深刻的相遇，现在想来还是令我感动感慨。

1980 年 9 月，我从一位农村初中毕业生成为了中师生。同年，我成为中年梅老师的学生。老师第一次上课前的情景，我记忆犹新：上课前 2 分钟，预备铃声响起，有的同学还没有完全安静下来，一位身高一米七左右、背有点驼、衣着朴素、眼睛小小的中年老师出现在了讲台旁。他用一双炯炯有神的眼睛注视着大家，等待着学生安静下来。上课开始了，同学们听到了一口带有较浓重的本地口音的普通话，接触到了从未学过的学科——心理学。老师用渊博而系统的知识、诙谐而幽默的上海普通话、潇洒而灵动的教姿、生动贴切的例子，由浅入深收放自如地传授了第一堂心理学知识课。下课铃声响起，同学们意犹未尽，没有同学离开教室。一堂课下来，同学们既感到亲切又充满期待：下堂课，梅老师还会上什么？记得当年教科书编印还不是很齐全，老师都是自编讲义教授知识。从此以后，梅老师的心理学课成为我们师范学生喜欢的、期待的、实用的、探究的一门

---

[*] 董爱凤，上海市松江区辅读学校原校长。

课。40多年了，说到梅老师，同学们念念不忘的还是梅老师用独特的视角诠释儿童心理学知识的样子。

2004年8月的一天，我与梅老师又见面了。那时，老师已经步入古稀之年，但他仍然精神矍铄，两眼炯炯有神，讲座的风格依然诙谐而幽默。那是上海市松江区中山小学暑期培训德育教师队伍。老师以《有情的教育和教育的有情》为主题给全体教师阐释了他的教育理念。虽然时间只有半天，但是梅老师讲座的影响是深远的。中山小学的老师们拜读了梅老师与朱小蔓合著的《儿童情感发展与教育》一书，由此得到了很多启发。学校德育队伍综合素质的提升、学生综合素养的提升、学校德育成果的积累等后续，离不开梅老师的启发和指导。

2021年3月14日，我和梅老师在网上见面了。老师已经是耄耋老人了，他把凝聚了自己研究成果的心爱著作《抚育者的眼睛——一位爷爷对孙辈的心理解密与成长纪实》交予我分享，并且让我一起审阅，我深感荣幸和惭愧。荣幸的是，我又可以做老师的学生了，可以学习、借鉴老师的著作为生活所用，可以通过学习老师的著作领悟老师身上的探索精神。一位耄耋长者还默默耕耘在教育的园地里，为抚育婴幼儿研究做贡献和奉献，学生敬佩、感动、感慨。惭愧的是，学生是一个普通小学和特教工作的退休教师，虽然有过抚育经历但是对于抚育知识知之甚少，学习甚少，比较茫然。

拜读了梅老师的专著，回望抚育孩子的经历，我深受启发，感悟颇多。我发现，我的育儿观需要很认真地梳理与反思。

首先，孩子的抚育是需要树立明确理念的。我对孩子就像对待野外花草树木一样任其生长，甚至对将来把孩子培养成怎样的人都没有具体想法，更不要说精细做法，只是照着身边家庭和社会的大气候养着孩子。对于0—3岁孩子怎么抚育更加没有概念，纯粹是把孩子当小动物养：饭能够吃完吃饱，衣服能够穿暖穿干净，身体尽量少生病，回家看到孩子不吵不闹就知足了。

拜读了本书，我感到抚育孩子不是圈养小动物或者小宠物，是需要科学方法的。正如书中所说：婴幼儿从生理生命降生那一刻起，精神生命也同时降生了。所以，在抚育婴幼儿时，要把情感的抚育和心理健康的保护放到和生理保健及医学护理同等重要的地位。我们在抚育孩子时,很少想到他们也有心理和情感的需求,更没有想到心理和情感需求的满足程度会影响其今后甚至一生的发展。我们就是有过对婴幼儿心理和情感的关照行为,也没有意识到它的深远意义。

第二,孩子的抚育是需要从牵手到放手的。我的儿子小时候生活在一个三代同堂的家庭。白天请奶奶帮忙照顾。记得儿子可以爬行时,奶奶怕地上脏,就让孩子在床上玩,在床上时又怕他跌到床下,总是让他坐在原地自己玩点小玩具。所以,儿子的爬行能力没有得到有意识的训练,只会往前趴或者爬一点点拿个东西,不会往后倒退爬。

我从本书中看到,早在1882年,德国生理学家兼心理学家普莱尔就在《儿童的心理》一书中,专门研究了婴儿早期的爬行动作。他认为婴儿早期的爬行是他四肢舒展的需要,是满足婴儿机体感觉活动快感的信号,同时也是学走路的第一步。

当代心理学也认为,婴儿早期爬行,既是一种综合性很强的强身健体活动,为以后的站立和行走打下基础,又能促进大脑发育,扩大认识世界的范围。因此,爬行是婴儿智力发展的源泉,是启动先天素质或遗传结构的动力因素,它可以帮助孩子在移位中发展空间知觉,有利于双眼辐合与协调,有利于探索周围的环境,有利于思维和解决问题能力的培养,有利于体力和意志力的锻炼。

机不可失,时不再来。不过将来,我可以对后代和亲朋好友的后代宣传这些理念、知识和技能,让我们的后代健康快乐地成长。

第三,孩子的成长是需要引导和指点的。孩子在婴幼儿时期,父母需要引导其睡、吃、爬、行、玩、表达、树立安全意识等,需要引导其培养良好的生活习惯、社会交往能力等。孩子小学到中学阶段,父母需要引导其养成良好的学习习惯,鼓励其努力学习。这一阶段,孩子的独立意识越来越强,青春期的特点不可忽视。父母要充分信任孩子,给予孩子独立思考的空间需要越来越大。父母与孩子既是家人,又是师友。孩子在学习课程上的选择、高中学校的选择、大学及专业的选择等要充分与孩子一起探讨分析,指点思路和方法,最后让孩子慎重写下志愿,切不可不尊重孩子的意愿,包办代替,导致孩子的学习没有动力、没有目标，最终完成的是父母的心愿而不是自己的理想，甚至谁的目标和理想都没有实现。

梅老师书中提到庄子的《齐物论》。庄子在《齐物论》中强调，要以开放平和的心态去观察万物和待人处事。他提出"吾丧我"的理念，前一个"吾"为"本真的自我"，后一个"我"是指主观的个人情感，总的意思是要以开放的心态，平等的精神去破除自我心中的思维模式。对此，在家教中，父母既要有自我的责任感，又要克服以自我为中心的种种偏见。

纵观犬子30年的成长经历，他在刚刚工作时就曾经与我们探讨我们这一代的家教方式。可以说，很多孩子是在不自然、不自主、不自由中成长的。许多父母对孩子的培养目标以考上大学为主，其他方面不考虑、不明确，也不研究。当孩子结婚典礼的人生转折之际，作为父母为孩子说什么祝福的话，成为我们育儿的大反思。最后，我们归结为两个字——"平""顺"，即在今后繁杂琐碎的生活和工作的日子里，要时刻保持平和的心态，顺畅地度过每一个属于自己的朝朝暮暮，要记住：世事千帆过，前方始终存在的一定是温柔与阳光。这也印证了庄子的某些思想内核。

最后，祝《抚育者的眼睛——一位爷爷对孙辈的心理解密与成长纪实》成为广大研究人员、家长和教师的智慧钥匙、育儿宝典、良师益友。

后 记

本书完稿的过程中，我时常怀念过去培养和鼓励我从事心理学研究的诸位老师。20世纪50年代，华东师范大学教育系有当时心理学界著名的"五虎将"：张耀翔、萧孝嵘、谢循初、左任侠、胡寄南教授。他们均给我们上课并当面解疑。尤其是教我们儿童心理学的萧孝嵘教授，他不仅白天上课，而且每周二晚上给我们个别辅导，对我寄予厚望和鼓励，为我终身从事这一领域的研究奠定了志向和专业基础。

1978年，我们迎来了科学的春天。当年，我作为上海市心理学界的教师代表出席了全国心理学代表大会。会议期间，我收到了我国现代心理学奠基人之一、大会主席潘菽教授的亲笔来信。他在信中写道："现在，我国心理学的普及工作有一个根本问题：自己的研究成果太少。"他要求我把教学和研究结合起来，拿出自己的研究成果。他还写道："现在要写一本普及心理学知识的书，其本身就应该是一项研究工作，否则就难以对大众有益。"为此，我下定决心按潘老的要求，在发展心理学的领域专心学习，潜心研究。会议期间，我还认识了北京大学杰出的心理学家孟昭兰教授，她后来赠送给我她的《婴儿心理学》等多部专著和有关学术资料。时隔几年，北京师范大学著名儿童心理学专家朱智贤教授推荐我为全国儿童心理与教育专业委员会委员，还派他当年的博士研究生董奇专程来沪对我作学术专访。董奇后来赠送我他的专著《心理与教育研究方法》，对我用生态学方法进行现场的个别跟踪观察研究大有启发和帮助。华东师范大学的缪小春教授于1991年将他翻译的美国儿童心理学教材《儿童发展和个性》赠予我，给我学习与研究。桑标教授主编的《当代儿童发展心理学》等有关著作对我从事这一研究也有很大的帮助。这次，他在百忙之中还为本书写了序言，给予肯定和鼓励，我十分感谢！

我在从事儿童情感发展和婴幼儿成长中的审美化研究过程中还得到了北京师范大学博士生导师朱小蔓、檀传宝和张志勇等教授的关心和鼓励。檀传宝教授还为本书写了序言《祖孙之间的"美美与共"》，对我的研究给予赞赏。

此书的形成，上海市教育委员会原副主任夏秀蓉、张民生等有关领导也给予了关心和指导，上海市教育科学研究院普通教育研究所的汤林春所长和周卫、胡育、黄娟娟、李莉等同志给予了多方面的关心和帮助，胡育还参与了合作研究。原国家课题"0—3岁婴幼儿早期关心和发展的研究"负责人张民生老师还专门为本书写了新的序言，给予鼓励和肯定。

在写作中，由于我不会使用电脑，所以有不少同志在协助制作电子稿的过程中付出了辛勤的劳动，有成英同志，还有申淑敏老师和她的儿子。申淑敏老师母子俩为书稿电子版的修改给予了无私的帮助，付出了大量的精力，我对此十分感激！

为了使书稿的内容和文字能够达到精益求精，我还请北京教育科学研究院家庭教育研究专家冉乃彦、南京晓庄学院钟芳芳博士、江西省修水县中医院王文育中医师、我原同事方玲湘老师、我过去的学生董爱凤老师等帮助我审稿，帮助我进行了文字上的推敲和修改，他们有的还写了读后感。

《抚育者的眼睛：一位爷爷对孙子的心理解秘》一书出版时，中国福利会出版社责任编辑孙悦老师为此付出了大量的精力和热情。华东师范大学心理学系李凌副教授也给予了关心和肯定。原奉贤教师进修学院杨蕴石老师在《新民晚报》发表了介绍文章，得到了很好的社会反响。

在初稿的撰写过程中，我对两个宝宝的研究得到了我的家人——90多岁的太外婆、我的爱人、我的儿子和女儿的大力支持。我的儿子和女儿还参与了书稿的修改、定稿和制作。

此书最大的支持者是我的小孙子和小外孙，他们健康快乐成长的历程为本书带来了许多精彩。

孙子对我书稿中所写的内容给予了高度的信任，当我就用词上如何确切表述与他讨论时，他来信说："一切由爷爷定夺。"

外孙对书稿看得十分仔细、认真，对用词也提出了修改建议，还对书稿予以好评。

所以，我认为此书不是我一个人的作品，而是我们一家四代人合作的产物，是全家爱心的结晶，也是众多关心者参与共同完成的成果。

本书的出版意向确定于2018年5月，我院举行我的著作《教育中的情和爱》的新书发布会时，上海教育出版社副总编辑袁彬、教育和心理学编审谢冬华、廖承琳、徐凤娇均参加了会议，他们对我的研究给予了肯定和鼓励。随后确定要对我的原作《抚育者的眼睛：一位爷爷对孙子的心理解秘》进行再充实。

在这三年的写作中，原负责本书编辑工作的廖承琳十分热情，与我作过十多次的通信联系，一再鼓励我精益求精完成著作。后因工作上的需要，此书稿的最后编辑工作由钦一敏负责，她工作认真负责，编辑工作严谨细致，我们共同致力于使本书能体现科学性、人文性、可读性和可操作性的结合，为奉献给广大读者精品力作作出努力。

在本书即将出版之际，我要向所有关心此书的同志们致以最诚挚的感谢！

由于我的健康、年龄和学识上的原因，书中尚有许多不足，恳请读者批评指正。致谢！

梅仲孙
2022年2月28日